小城镇水业及垃圾处理行业培训丛书

项目管理

李　健　高沛峻　编著

中国建筑工业出版社

图书在版编目（CIP）数据

项目管理/李健，高沛峻编著．—北京：中国建筑工业出版社，2005

（小城镇水业及垃圾处理行业培训丛书）

ISBN 7-112-07780-X

Ⅰ．项...　Ⅱ．①李...②高...　Ⅲ．①城市污水-污水处理-项目管理②城镇-垃圾处理-项目管理　Ⅳ．X799.3

中国版本图书馆 CIP 数据核字（2005）第 113175 号

小城镇水业及垃圾处理行业培训丛书

项目管理

李　健　高沛峻　编著

*

中国建筑工业出版社出版、发行（北京西郊百万庄）

新　华　书　店　经　销

霸州市振兴排版公司制版

北京密东印刷有限公司印刷

*

开本：850×1168 毫米　1/32　印张：11　字数：300 千字

2005 年 11 月第一版　2005 年 11 月第一次印刷

印数：1—3000 册　定价：**28.00** 元

ISBN 7-112-07780-X

（13734）

本社网址：http://www.cabp.com.cn

网上书店：http://www.china-building.com.cn

加快城镇化进程，是适应国民经济发展的需要，也是城镇化发展客观规律的要求。小城镇的发展是城镇化的关键，而作为小城镇建设重要组成的基础设施项目管理在小城镇发展中可谓举足轻重。本书系统介绍了小城镇水业及垃圾处理行业项目管理的专业知识，全书共八章：第 1 章概述了项目管理的概念、发展概况及其知识体系；第 2 章至第 7 章依次介绍了水业及垃圾处理基础设施项目的分类及建设程序、策划与决策、项目管理组织、实施过程管理、竣工验收与项目后评价、运营管理。第 8 章列举并分析了重庆、云南、深圳、焦作等地区污水及垃圾处理项目的运行情况，以及荷兰供水管理值得借鉴的成功经验。

* * *

责任编辑：于 莉 胡明安 姚荣华
责任设计：崔兰萍
责任校对：刘 梅 关 健

小城镇水业及垃圾处理行业培训丛书
编　委　会

前　言

我国现有约2万多个小城镇，这些小城镇在我国城镇化进程中扮演着吸收农村富余劳动力、带动农村地区经济发展、缩小城乡差别、解决“三农问题”等十分重要的角色。

我国政府向来非常重视小城镇的建设和发展问题，先后出台了一系列政策措施，鼓励小城镇的健康可持续发展。然而，随着人口的增加和社会经济的发展，小城镇在基础设施建设和运营方面出现了很多新问题，如基础设施严重短缺、管理能力和效率低下、生态破坏日趋严重等。这些问题都迫切需要我们认真研究解决。通过调查，我们发现除了政策和资金方面的问题之外，影响小城镇发展的关键是人才缺乏和能力不足，主要表现在：

（1）缺乏熟悉市场经济原则、了解技术发展状况与水平的决策型人才，尤其是缺乏小城镇基础设施总体规划、总体设计方面的决策人才。从与当地政府的沟通来看，很多地方官员对小城镇总体规划与总体设计的认知程度不够，对相关政策法规的执行能力不足。

（2）缺少熟悉现代科学管理知识与方法的管理型人才，如小城镇建设所需的项目管理、项目融资与经营方面的人才，缺乏专业的培训。

（3）专业技术人员严重不足，缺乏项目建设、运行、维护、管理方面的专业人员。在16个调研点中，有1/3的地方基本上没有污水处理、垃圾处理和供水设施运行、维护和管理方面的专业技术人员；1/3的调研点在污水处理、垃圾处理、供水设施方面的专业技术人员能力明显不足。

(4) 对政策的理解和执行力度不够。相比较而言，我国东部地区关于基础设施的相关政策已经比较完善，实际执行情况较好；而西部许多小城镇只有一些简单的地方管理办法，管理措施很不完善，对国家政策的理解和执行能力很弱，执行结果差异较大。

针对以上存在的问题，2002年12月5日，建设部与荷兰大使馆签订了“中国西部小城镇环境基础设施经济适用技术及示范”项目合同。该项目是中荷两国政府在中国西部小城镇环境基础设施建设领域（包括城镇供水、污水处理和垃圾处理）开展的一次重要的双边国际科技合作。按照项目的设计，项目设计的总体目标是通过中国西部小城镇环境基础设施的经济适用技术集成、示范工程、能力建设、市场化机制和技术政策的形成以及成果扩散等活动，促进西部小城镇环境基础设施发展，推进环境基础设施建设的市场化进程，改善环境，减少贫困，实现社会经济可持续发展的目标。

根据要求，我们开展了针对西部地区小城镇水业及垃圾处理行业的培训需求调研、培训机构调查、培训教材编制等几个方面的工作，以期帮助解决小城镇能力不足和缺乏培训的问题。

据调查，目前国内水业及垃圾处理行业的培训教材的现状是：一是针对某种专业技术人员的专业书籍；二是对于操作工人的操作手册。而针对水业及垃圾处理行业的管理与决策者方面的教材很少，针对小城镇特点的培训教材更是寥寥无几。

本丛书在编写过程中，力求结合小城镇水业及垃圾处理行业的特点，从政策、管理、融资以及专业技术几个方面，系统介绍小城镇水业及垃圾处理行业的项目管理、政策制定与实施、融资决策以及污水处理、垃圾处理、供水等专业技术。同时，在建设部、荷兰使馆的大力支持下，编写组结合荷兰及我国东部地区的典型案例，通过案例分析，引进和吸收荷兰及我国东部地区的先进技术、管理经验和理念。

本丛书共分六册：政策制定与实施，融资及案例分析，项目管理，垃圾处理技术，污水处理技术，供水技术。

本丛书可作为水业及垃圾处理行业的政府主管部门、设计单位、研究单位、运行和管理人员及相关机构的培训用书，同时也可作为高等学校的教师和学生的教学参考用书。

目 录

第 1 章　项目管理概述

1.1　项目及项目管理概念

项目的历史已甚为久远，中国的长城、都江堰、埃及的金字塔、苏伊士运河等已被人们誉为早期成功项目的典范。随着科学技术的发展、环境的需求，项目管理这门新兴的交叉学科诞生了。20 世纪 90 年代以来，由于进入了全球知识经济的时代，项目及项目管理的应用与发展也进入了一个全新的时代，项目管理的理念和方法也有了新的发展。

1.1.1　项目

“项目”一词已经越来越广泛地被人们应用于社会经济和文化生活的各个方面，不同的机构和专业从自己的认识和角度出发，各自有对项目定义的表达。

1. 已经提出的定义

美国项目管理协会（Project Management Institute，PMI）认为，项目是为完成某一独特的产品或服务所做的一次性努力。

联合国工业发展组织《工业项目评估手册》对项目的定义是，一个项目是对一项投资的一个提案，用来创建、扩展或发展某些工厂企业，以便在一定周期时间内增加货物的生产或社会的服务。

世界银行认为，所谓项目，一般是指同一性质的投资，或同一部门内一系列有关或相同的投资，或不同部门内的一系列投资。

国际质量管理标准《项目管理质量指南（ISO 10006）》对项目定义为：具有独特的过程，有开始和结束日期，由一系列相互协调和受控的活动组成。过程的实施是为了达到规定的目标，包括满足时间、费用和资源等约束条件。

2. 项目的定义

从以上定义可以看出，项目的含义是广义的。从最广泛的含义来讲，项目是一个特殊的将被完成的有限任务。它是在一定时间内，满足一系列特定目标的多项相关工作的总称。它包含三层含义：项目是一项有待完成的任务，有特定的环境与要求；在一定的组织机构内，利用有限资源（人力、物力、财力等），在规定的时间内完成任务；任务要满足一定性能、质量、数量、技术指标等要求。

由此可见，项目是为完成某一独特的产品或服务所做的一次性努力，它是建立一个新企业、新产品、新工程或规划一项新活动、新系统的总称。

3. 项目的特征

项目区别于日常运作有以下特征：

（1）惟一性　任何项目都是惟一的，例如建设一项工程，它不同于其他工业产品的批量性，一项新产品的开发也不同于其他生产过程的重复性。或者是项目所提供的成果有自身的特点，或者其时间、地点、内外部的环境，自然或社会条件是不同于其他项目的。因此项目总是独一无二的。

（2）一次性　任何项目作为总体来说都是一次性、不重复、有限的。它历经前期策划、批准、设计和计划、施工（生产、制造）运行全过程，最后结束。这是项目区别于其他常规运作的基本标志，也是识别项目的主要依据。项目有确定的起点和终点，没有可以完全照搬的先例，也不会有完全相同的复制。项目的其他属性也是从这一主要的特征衍生出来的。

(3) 目标性 任何项目都有一个与以往其他任务不完全相同的预定目标，项目目标应描述达到的要求，能用时间、成本、产品特性来表示。目标允许有一个变动的幅度，也就是可以修改。不过一旦项目目标发生实质性变化，它就不再是原来的项目了，而将产生一个新的项目。

(4) 约束性 任何项目都只能在一定的约束条件下进行。一般来讲，项目有时间限制、资金限制、人力资源和其他物质资源的限制以及技术、信息资源的限制和自然条件、地理位置等许多限制条件。

(5) 整体性 项目中的一切活动都是相互联系的，构成一个整体。不能有多余的活动，也不能缺少某些活动，否则必将损害项目目标的实现。

(6) 寿命周期性 项目的生命周期实质上是项目的时间限制。整个寿命周期划分为若干特定阶段，每一阶段都有一定的时间要求，都有它特定的目标，都是下一阶段成长的前提，都对整个生命周期有决定性的影响，在这个期限中项目经历由产生到消亡的全过程。

(7) 组织的临时性和开放性 项目团队在项目进展过程中，其人数、成员、职责都不断变化，某些人员可能是借调来的，项目终结时，团队要解散，人员要转移。参与项目的组织往往有多个，甚至几十个或者更多。他们通过协议或合同与其他的社会关系结合在一起，在项目的不同阶段以不同的程度介入项目活动。可以说项目组织没有严格的边界，是临时的、开放的。

1.1.2 项目管理

从20世纪70年代开始，项目管理作为管理科学的重要分支，对项目的实施提供了一种有力的组织形式，改善了对各种人力和资源利用的计划、组织、执行和控制的方法，从而引起了广泛的重视，并对管理实践做出了重要的贡献。科技的发展，新的环境，动态的市场，更激烈且高水平的竞争，要求企业善于应付潜在的形势及其经营环境带来的新挑战，项目管理显得更为重要。

1. 项目管理的概念

项目管理一词有两种含义。其一是指一种管理活动，就是项目的管理者在有限的资源约束下，通过项目经理和项目组织的合作，运用系统的观点、方法和理论，对项目涉及的全部工作进行计划、组织、指挥、控制和协调，实现项目立项时确定的目标的活动。其二是指一种管理学科，即以项目管理活动为研究对象的一门学科，它是探求项目活动科学组织管理的理论与方法。前者是一种客观实践活动，后者是前者的理论总结；前者以后者为指导，后者以前者为基础，就其本质而言，两者是统一的。

基于此，项目管理可以定义为：项目管理是以项目为对象的系统管理方法，通过一个临时性的专门的柔性组织，对项目进行高效率的计划、组织、指导和控制，以实现项目全过程的动态管理和项目目标的综合协调与优化。

所谓实现项目全过程的动态管理是指在项目的生命周期内，不断进行资源的配置和协调，不断做出科学决策，从而使项目执行的全过程处于最佳的运行状态，产生最佳的效果。所谓项目目标的综合协调与优化，是指项目管理应综合协调好时间、费用及功能等约束性目标，在相对较短的时期内成功地达到一个特定的成果性目标。

项目管理的日常活动通常是围绕项目计划、项目组织、质量管理、费用控制、进度控制等五项基本任务来展开的。

2. 项目管理的特点

项目管理与传统的部门管理相比最大特点是项目管理注重于综合性管理，并且项目管理工作有严格的时间期限。项目管理必须通过不完全确定的过程，在确定的期限内生产出不完全确定的产品，日程安排和进度控制常对项目管理产生很大的压力。具体来说表现为以下几方面：

（1）项目管理是一项复杂的工作。项目一般由多个部分组成，工作跨越多个组织，需要运用多种学科的知识来解决问题；项目工作通常没有或很少有以往的经验可以借鉴，执行中有许多未知因素，每个因素又常常带有不确定性；需要将具有不同经历、来自不同组织的人员有机地组织在一个临时性的组织内，在技术性能、成本、进度等较为严格的约束条件下实现项目目标等等。这些因素都决定了项目管理是一项很复杂的工作，其复杂性甚至远远高于一般的生产管理。

（2）项目管理具有开创性。由于项目具有一次性的特点，因而既要承担风险又必须发挥创造性。这也是与一般重复性管理的主要区别。我们又常称项目管理为创新管理。

（3）项目管理需要集权领导和建立专门的项目组织。项目的复杂性随其范围不同变化很大。项目愈大愈复杂，其所包括或涉及的科学、技术种类也愈多。项目进行过程中可能出现的各种问题多半贯穿于各组织部门，它们要求这些不同部门做出迅速而且相互关联、相互依存的反应。但传统的职能组织不能尽快与横向协调的需求相配合，因此需要建立围绕专一任务进行决策的机制和相应的专门组织。这样的组织不受现存组织的任何约束，由各种不同专业、来自不同部门的专业人员组成。

（4）项目经理（或称项目负责人）在项目管理中起着非常重要的作用。项目管理的主要原理之一是把一个时间有限、预算有限的事业委托给一个人，即项目经理，他有权独立进行计划、资源分配、协调和控制。项目经理的位置是由特殊需要形成的，因为他行使着大部分传统职能组织以外的职能。项目经理必须能够了解、利用和管理项目的技术方面的复杂性，必须能够综合各种不同专业观点来考虑问题。但只具备技术知识和专业知识仍是不够的，成功的管理还取决于预测和控制人的行为的能力。因此项目经理还必须通过人的因素来熟练地运用技术因素，以达到其项目目标。也就是说项目经理必须使他的组织成员成为一支真正的队伍，一个工作配合默契、具有积极性和责任心的高效率群体。

（5）项目管理的方式是目标管理。项目管理是一种多层次的目标管理方式。由于项目涉及的专业领域往往十分宽广，而项目管理者谁也无法成为每一个专业领域的专家，对某些专业虽然有所了解但不可能像专门研究者那样深刻。因此，现代的项目管理者只能以综合协调者的身份，向被授权的专家讲明应承担工作责任的意义，协商确定目标以及时间、经费、工作标准的限定条件。此外的具体工作则由被授权者独立处理。同时，项目管理者还应经常反馈信息，检查督促并在遇到困难需要协调时及时给予各方面有关的支持。可见，项目管理只要求在约束条件下实现项目的目标，其实现的方法具有灵活性。

1.2 项目管理的发展概况

项目管理，主要是工程项目管理。从实践角度讲自古有之，它起源于古代的建设，如中国的古长城、都江堰，埃及的金字塔等是古代的工程项目。没有管理，这些项目是不可能完成的。但把项目管理作为一门科学来研究，比“管理学”要晚得多。

项目管理作为一门科学和一种特定的管理方法最早出现于美国，它是伴随着实施和管理大型项目的需要而产生的。当时，大型的建设项目、复杂的科研项目、军事项目和航天项目的出现，使人们认识到，由于项目的一次性和约束条件的确定性，要取得成功，必须加强项目管理，引进科学的管理思想、理论和方法。于是，项目管理作为一门科学而出现。从20世纪20年代起，美国就有人开始研究工程项目管理，在当时“科学管理”与经济学领域成就的基础上，项目计划管理方法和经济分析方法有了一定进展。1936年，美国在洪水控制和水利工程中提出了直至目前仍在沿用的“效益与费用比”的基本准则。

20世纪50年代，各种学科的科学家从不同角度开发了许多理论与方法，如美国在“北极星导弹计划”中，利用计算机管理，开发出“计划评审技术”（PERT），这一技术的出现被认为是现代项目管理的起点；美国在其他项目中还开发了武器系统费效分析方法等技术。由此，项目管理的理论与方法逐渐发展成为管理科学领域的一个重要分支，为项目管理学科的进一步发展奠定了基础。

20世纪60年代，美国在“阿波罗计划”中，通过立案、规划、评价、实施，开发出著名的“矩阵管理技术”，还成功开发了“国防部规划计划预算系统”（PPBS）。1962年，美国为解决航天技术落后于苏联的问题，召开了“全国先进技术管理会议”，出版了会议文献汇编《科学、技术与管理》。随着项目管理理论与方法的发展和学术研究的需要，欧洲于1965年成立了一个国际性组织——IPMA（International Project Management Association），几乎所有欧洲国家都是其成员；美国于1969年成立了项目管理学术组织——PMI（Project Management Institute）。

20世纪70年代，美国在“能源自主计划”中，将以前积累下来的管理技术进一步完善和系统化，形成新的评估方法。

20世纪80年代，从项目管理实践总结提高的理论性著作开始出版，如1983年美国出版了由30多位教授、专家和高级管理人员撰写的《项目管理手册》，论述了项目组织、项目寿命周期、项目规划、项目控制、项目管理中的行为尺度等问题。同年，美国国防部防务系统管理学院组织编写了《系统工程管理指南》，该书理论与实践结合，是美国30多年实践经验的总结，并不断补充，于1986年出版了第二版，1990年为第三版。该书基本上以美国国防部指令DoDD 5000.1《重大和非重大防务工程项目采办》和MIL—STD—499A《工程管理》为基础编写的，对实现武器装备系统的费用、进度、性能的综合优化，提高系统效能和战备完好性，起了重要作用。美国项目管理协会从 1976 年开始进行将项目管理的通用惯例上升为“标准”的工作，经 10 年努力，于 1987 年正式出版了《项目管理概览》。

进入 20 世纪 90 年代，项目管理科学有很大发展，学术研究活跃。1992 年在意大利，IPMA 召开了第 11 次国际学术会议，1993 年 10 月，IPMA 召开了第 24 次国际学术会议。1995 年 9 月中旬，在俄罗斯的圣彼得堡召开了国际项目管理会议，主题是促进世界各国，特别是发展中国家和正处于经济转变中各国的项目管理的发展，评价与讨论全球国际项目管理的合作问题（包括专业术语、知识体系、项目管理人员教育等）。1996 年 6 月，在法国巴黎召开了 IPMA 的又一次国际项目管理会议，主题是“迎接 21 世纪的挑战”，共组织了五次圆桌会议，有来自 25 个国家的 90 篇论文在会议上报告。1996 年 12 月，印度项目管理联合会举办了国际项目管理学术会议，这是他们 1995 年成功组织第一次国际项目管理学术会议后的延续。1996 年的会议有 400 名代表参加，国外代表达 150 人。会议分为公用事业、石油和天然气、交通运输、通信、制造、财务和信息服务；对工程研究与发展等专题进行了研讨。

随着学术研究的进展，项目管理理论和方法趋向成熟，在许多国家，项目管理已成为一门多维、多层次的综合性交叉学科，项目管理的范畴也发展为全寿命管理，即从项目的需求论证、前期决策、实施运营，直到项目淘汰为止。在项目管理中，已广泛应用于工业工程、系统工程、决策分析、计算机技术与软件工程理论等，发展成为一门综合交叉学科。管理理论与方法不断有新的突破，如在理论上，已形成了复杂巨系统（高度不确定性、多目标、多维变量）的决策和各种资源配置与控制运行等理论；在方法上，已形成了许多有效的随机网络与风险评审方法（VERT，Q-GERT），开发了专用软件，并与计算机结合起来形成了项目信息管理系统（PIMS）、项目管理决策支持系统等。

1.3　项目管理知识体系

项目管理知识体系（Project Management Body of Knowledge，PMBOK）现在已经成为一个有固定含义的专有名词，它专指由一些项目管理专业组织，例如美国项目管理学会（PMI）、国际项目管理协会（IPMA）、英国项目管理学会（APM）等所制定的项目管理标准化文件。这些项目管理标准化文件主要规定项目管理的工作内容和工作流程，具体包括项目管理中所要开展的各种管理活动，所要使用的各种理论、方法和工具，以及所涉及的各种角色的职责和它们之间的相互关系等一系列项目管理理论与知识的总称。

1987 年 8 月，美国项目管理学会（PMI）正式发布了《项目管理知识体系》（The Project Management Body of Knowledge)，这是世界上第一个项目管理知识体系。PMI 项目管理知识体系对项目管理学科的最大贡献是它首次提出了项目管理知识体系的概念。

项目管理知识体系的重要意义在于它确立了项目管理学科和专业的基础，它规范并统一了项目管理学科和专业的内容和范围，为项目管理的理论研究和实践活动提供了必要的平台。到目前为止，国际上已有美国、英国、德国、法国、瑞士、澳大利亚等国的十几个版本的项目管理知识体系，中国“中国项目管理研究委员会”于 2001 年 5 月推出了《中国项目管理知识体系》(C-PMBOK)。

项目管理知识体系既是项目管理理论研究的基础，又具有很好的实用性，因而兼有理论和实践意义。同时，项目管理知识体系还是项目管理专业组织对项目管理专业人员进行专业认证的依据。

1.3.1　项目管理知识体系构成

可以说正是有了项目管理知识体系之后，项目管理才确立了它的科学地位，项目管理才被更多的人所接受。由于目前各国都有其各自版本的项目管理知识体系，因而体系构成也不尽相同，本书将选择目前国际上影响最广、最具代表性的美国项目管理学会（PMI）项目管理知识体系（PMBOK）的体系构成做简要介绍。

PMI项目管理知识体系（PMBOK）使用了“知识领域”（Knowledge Areas）的概念，将项目管理需要的知识分为九个相对独立的部分，每个部分就是一个知识领域。这九个方面分别从不同的管理职能和领域，描述了项目管理所需要的知识、方法、工具和技能。这九个方面分别是：

1. 项目集成管理

项目集成管理是在项目管理过程中，为了正确协调项目所有各组成部分而进行的各个过程的集成，是一个综合性过程。开展项目集成管理的目的是要通过综合与协调去管理好项目各方面的工作，以确保整个项目的成功，而不仅仅是某个项目阶段或某个项目单项目标的实现，其核心是在多个冲突的目标和方案之间做出权衡，以便满足项目利害关系者的要求。

这项管理的主要内容包括：项目集成计划的编制、项目集成计划的实施、项目总体变更的管理与控制。

2. 项目范围管理

项目范围管理是在项目管理过程中，计划和界定一个项目或项目阶段所需和必须完成的工作，以及不断维护和更新项目范围的管理工作。开展项目范围管理的根本目的是要通过成功的界定和控制项目的工作范围与内容，确保项目的成功。

这项管理的主要内容包括：项目起始的确定和控制、项目范围的规划、项目范围的界定、项目范围的确认、项目范围变更的控制与项目范围的全面管理和控制。

3. 项目时间管理

项目时间管理是在项目管理过程中为确保项目按既定时间完

成而开展的项目管理工作。开展项目时间管理的根本目的是要通过做好项目的工期计划和项目工期的控制等管理工作，确保项目的按时完成。

这项管理的主要内容包括：项目活动的定义、项目活动的排序、项目活动的时间估算、项目工期与投产计划的编制和项目作业计划的管理与控制。

4. 项目成本管理

项目成本管理又叫项目费用管理，是在项目管理过程中为确保项目在不超出预算的情况下完成全部项目工作而开展的项目管理工作。开展项目成本管理的根本目的是全面管理和控制项目的成本（造价），确保项目的成功。

这项管理的主要内容包括：项目资源的规划、项目成本的估算、项目成本的预算和项目成本的管理与控制。

5. 项目质量管理

项目质量管理是在项目管理过程中为确保项目的质量所开展的项目管理工作。开展项目质量管理的根本目的是要对项目的工作和项目的产出物进行严格的控制和有效的管理，以确保项目的成功。

这项管理的主要内容包括：项目质量规划、项目质量保证和项目质量控制。

6. 项目人力资源管理

项目人力资源管理是在项目管理过程中为确保更有效地利用项目设计的人力资源而开展的项目管理工作。开展项目人力资源管理的根本目的是要对项目组织和项目所需人力资源进行科学的确定和有效的管理，以确保最有效使用参加项目者的个别能力。

这项管理的主要内容包括：项目组织的规划、项目人员的获得与配备、项目团队的建设。

7. 项目信息与沟通管理

项目信息与沟通管理是在项目管理过程中为确保有效、及时地生成、收集、储存、处理和使用项目信息以及合理地进行项目信息沟通而开展的管理工作。在人、思想和信息之间建立联系，这些联系对于取得项目成功是必不可少的。开展项目信息与沟通管理的根本目的是要对项目所需的信息和项目管理者之间的沟通进行有效的管理，以确保项目的成功。

这一部分的内容主要包括：项目信息与沟通的规划、项目信息的传送、项目作业信息的报告和项目管理信息与沟通管理。

8. 项目风险管理

项目风险管理是在项目管理过程中为确保成功，识别项目风险、分析项目风险和应对项目风险而开展的项目管理工作。开展项目风险管理的根本目的是对项目所面临的风险进行有效识别、控制和管理，把有利事件的积极结果尽量扩大，而把不利事件的后果降低到最低程度。

这一部分的主要内容包括：项目风险的识别、项目风险的定量分析、项目风险的对策设计和项目风险的应对与控制。

9. 项目采购管理

项目采购管理是在项目管理过程中为确保能够从项目组织外部寻求和获得项目所需各种商品与服务的项目管理工作。开展项目采购管理的根本目的是要对项目所需的物质资源和劳务的获得与使用进行有效的管理，以确保项目的成功。

这一部分的主要内容包括：项目采购计划的管理、项目采购工作的管理、项目询价与采购合同的管理、资源供应来源选择的管理、招投标与合同管理和合同履行管理。

PMI 项目管理知识体系这九个方面的内容又可以分成三个部分：其一，是涉及项目全局性和综合性管理的部分，包括项目集成管理、项目范围管理和项目风险管理；其二，是涉及项目目标性和核心性管理，包括项目成本管理、项目时间管理和项目质量管理；其三，是涉及项目专项性和保障性管理的部分，包括项目信息与沟通管理、项目采购管理和项目人力资源管理。

1.3.2　项目管理知识体系的知识范畴

项目管理是管理学科的一个分支，同时又与项目相关的专业技术领域密不可分，项目管理专业领域所涉及的知识极为广泛。目前国际项目管理界普遍认为，项目管理知识体系的知识范畴主要包括三大部分，即项目管理所特有的知识、一般管理的知识及项目相关应用领域的知识。

可以看出，项目管理学科的知识体系与其他学科的知识体系在内容上有交叉，这也符合学科发展的一般规律。通常，作为一门独立的学科和一个独立的专业，必须有其独特的知识体系，这个知识体系既不是另一专业知识体系的翻版，也不是一些其他专业知识体系在内容上的简单组合。一个专业的知识体系与其他专业的知识体系在内容上很可能会有所重叠，但它必须有与本专业领域相关的独特的知识内容。显然，上一节所描述的九大方面内容就是项目管理所特有的知识，是项目管理知识体系的核心。

但同时，与项目管理特有知识紧密联系的一般管理的知识和与项目相关的应用领域的知识，也是构成项目管理知识体系不可或缺的知识领域。项目管理知识所关联的这两方面的知识主要内容如下：

1. 一般管理知识

一般管理知识适用于管理企业运营各方面工作的一整套理论与方法，它也可以在项目管理中使用。在项目管理中，一般管理知识的应用与在运营管理中的应用原理基本上是相同的。项目管理所涉及的一般管理知识主要包括以下几个方面：

（1）计划管理知识　计划管理是一般管理中的首要职能，在项目管理中也是一样的。因为任何一项有关组织的工作都必须从计划管理开始。实际上，没有计划管理，任何有组织的活动就都失去了管理的依据，都无法开展，更别说完成计划任务和实现工作目标了，因为没有计划管理就根本没有计划和目标。

（2）组织管理知识　在一般管理中，组织管理同样也是一项重要的管理职能。它的主要职能包括：分工和部门化的职能，确立和安排一个组织中的责、权、利关系和构建组织分工协作体系，组织能力的培养。组织管理知识在运营管理和项目管理中的运用存在着一定的差别，主要是二者在组织形式上有很大的不同，一般管理的运营组织多数采用直线职能制或事业部制的组织形式，而项目组织多数采用项目制或矩阵制的组织。

（3）领导知识　现代管理认为：领导是一种行为和过程，是运用各种组织赋予的职权和个人拥有的影响等方面的权力，去影响他人的行为，为实现组织目标服务的管理行为和过程。一般管理中的领导理论和方法等方面的知识有一部分是可以在项目管理中使用的，但也有一部分不能简单套用。在一个项目中，尤其是大型项目的管理过程中，项目经理是领导者，但项目的领导工作却并不仅仅是项目经理的事，因为项目管理中项目有关利益主体的各种管理人员都会进行一些领导活动，尤其是决策活动；而在一般管理过程中，这一类的领导工作只是高层管理者的事情。

（4）管理控制知识　管理控制在一般管理中与计划管理、组织管理和领导一起构成了管理的基本职能。管理控制知识中最主要的内容是对照管理控制标准找出组织实际工作中的问题和原因，然后采取纠偏措施，从而使组织工作能按计划进行，并最终实现组织目标。一般管理的控制与项目管理的控制工作从原理上有许多相同之处，但是在管理控制的许多内容、方法、程序等方面也有许多不同之处。这些不同之处都是由于项目管理与一般运营管理的诸多不同特性而造成的。

2. 项目相关应用领域的专业知识

这是指具体项目所涉及的专业领域有关的各种专业知识。项目所涉及的专业知识通常包括下列三个方面：

（1）专业技术知识　是指项目所涉及的具体专业领域中的专业技术知识。如软件开发项目中的计算机集成技术、建筑工程项目中的结构设计和施工技术知识等。

（2）专业管理知识　是指项目所涉及的具体专业领域中的专业管理知识。如政府性项目中涉及的政府财政拨款等行政管理方面知识、科技开发项目中的国家或企业的科技政策方面的知识等等。

（3）专门行业知识　是指项目所涉及的具体产业领域中的一些专门知识。如化工行业项目中的相关行业知识（相关的流程工业和上、下游知识等）、金融行业项目中的相关行业知识（相关的保险、信托、证券行业知识等）。

1.3.3　项目管理知识体系相关基础学科

项目管理是一门综合性的学科，它涉及到下列学科领域：

（1）经济管理学科　主要有组织学、管理学、企业管理、管理经济学、财务管理、工程概预算、工程经济学等；

（2）社会科学　主要有合同法、管理心理学、交际学、人才学、领导学等；

（3）工程技术学科　主要有土木建筑工程学科、计算机与软件工程学科、环境工程学科等；

（4）优化学科　主要有运筹学、系统工程、控制论、计算机技术、数据库原理、工程网络计划技术等。

第 2 章　水业及垃圾处理基础设施项目管理

2.1　水业及垃圾处理基础设施项目及其分类

2.1.1　水业及垃圾处理基础设施项目及其特点

1. 水业及垃圾处理基础设施项目的含义

水业及垃圾处理基础设施项目是一种特殊的工程项目，它是指需要一定量的投资，经过前期策划、设计、施工等一系列程序，在一定的资源约束条件下，以形成水业及垃圾处理基础设施这种固定资产形式为确定目标的一次性活动。

2. 水业及垃圾处理基础设施项目的特点

水业及垃圾处理基础设施项目具有一般项目的特征，即：

(1) 一次性；

(2) 目标性；

(3) 约束性；

(4) 寿命周期性。

水业及垃圾处理基础设施项目除了具有上述一般项目的特点外，还具有一些其他项目不具备的特点，即：

(1) 公益性　水业及垃圾处理基础设施项目的建造目的是为了改善人们的工作生活环境，提高人们的生活质量。项目本身不是以盈利为主要目的，具有很强的公益性。因此，一般来说水业及垃圾处理基础设施项目决策时不能以经济效益作为惟一的准则，有时要明确以社会效益和环境效益为主，对其评价既要看经济效益更要看社会效益和环境效益。

（2）资金技术密集性和自然垄断性　水业及垃圾处理基础设施项目在资金和技术投入上是巨大的。一般来说，水业及垃圾处理基础设施项目其融资渠道多数是来源于政府税收或者各类基金，有少则几百万元多则上千万元甚至数亿元的资金投入。另外，水业及垃圾处理基础设施项目规模大，技术复杂，涉及的专业面广，因此它具有资金和技术密集性和自然垄断性的特点。

（3）系统整体性　水业及垃圾处理基础设施项目由众多产业部门、各种用途的项目构成，是整体的、完整的、构成一个庞大的系统，其总体服务功能的发挥有赖于各子系统的协调。各种水业及垃圾处理基础设施之间要保持功能、规模配套协调。

（4）时代性和先进性　由于水业及垃圾处理基础设施项目投资规模大、使用和建设周期长，在规划建设时，要考虑城市社会经济发展的情况，在一段合适的时间内，能适应需要。因为水业及垃圾处理基础设施项目建设的内容和水平是随着科学技术的进步、社会生产力的发展而不断变化的，各个时期重点不同，所以水业及垃圾处理基础设施项目具有时代特征，正因为如此，水业及垃圾处理基础设施项目应具有一定的先进性。

（5）外部性　水业及垃圾处理基础设施项目一般都具有外部性。它是一个公共的开放系统，不能拒绝任何使用者的需求。在使用和服务过程中不能独占，进行排他性消费。

2.1.2　水业及垃圾处理基础设施项目的分类

我国目前正在建立和形成社会主义市场经济的运行机制，随着投资体制的转变，工程建设项目的类别也在逐渐发生变化，特别是根据所有制形式的不同所进行的分类发生了很大变化。水业及垃圾处理基础设施项目的种类繁多，为了便于科学管理，需要从不同角度进行分类。

1. 按投资的再生产性质分类

水业及垃圾处理基础设施项目按投资的再生产性质可以分为基本建设项目和更新改造项目：如新建、扩建、改建、迁建、重建项目（属于基本建设项目），技术改造项目、技术引进项目、设备更新项目等（属于更新改造项目）。

（1）新建项目　是指从无到有、“平地起家”的项目，即在原有固定资产为零的基础上投资建设的项目。按国家规定，若建设项目原有基础很小，扩大建设规模后，其新增固定资产价值超过原有固定资产价值三倍以上的，也属于新建项目。

（2）扩建项目　是指在原有的基础上投资扩大建设的项目。如在企业原有场地范围内或其他地点为扩大原有产品的生产能力或增加新产品的生产能力而建设的主要生产车间，独立的生产线或总厂下的分厂。

（3）改建项目　是指对原有设施、工艺条件进行改造的项目。我国规定企业为消除各工序或车间之间生产能力的不平衡，增加或扩建的不直接增加本企业主要产品生产能力的车间为改建项目。现有企业、事业、行政单位增加或扩建部分辅助工程和生活福利设施并不增加本单位主要效益的，也为改建项目。

（4）迁建项目　是指原有企事业单位，为改变生产布局，迁移到另地建设的项目，不论其建设规模是企业原来的还是扩大的，都属于迁建项目。

（5）重建项目　是指企事业单位因自然灾害、战争等原因，使已建成的固定资产的全部或部分报废以后又投资重新建设的项目。但是尚未建成投产的项目，因自然灾害损坏再重建的，仍按原项目看待，不属于重建项目。

（6）技术改造项目　是指企业采用先进的技术、工艺、设备和管理方法，为增加产品品种、提高产品质量、扩大生产能力、降低生产成本、改善劳动条件而投资建设的改造项目。

（7）技术引进项目　是技术改造项目的一种，少数是新建项目，其主要特点是由国外引进专利、技术许可证和先进设备，再配合国内投资建设的工程。

2. 按建设规模划分

按项目的经济效益或总投资额划分为大中型和小型项目两种。

3. 按建设阶段划分

按建设阶段划分，可分为：

(1) 投资前期项目　指按照中长期计划拟建而又未立项、只做初步可行性研究或提出设想方案，供决策参考、不进行建设的实际准备工作。

(2) 筹建项目　指经批准立项，正在进行建设前期准备工作而尚未正式开始施工的项目。

(3) 实施项目　包括设计项目、施工项目（新开工项目、续建项目）。

(4) 投产项目　包括建成投产项目、部分投产项目、建成投产单项工程项目。

(5) 收尾项目　指基本全部投产只剩少量不影响正常生产或使用的辅助工程项目。

(6) 停建项目　指由于某些原因不能继续进行而处于停止状态的项目。

4. 按资金来源划分

按资金来源划分，可分为：国家预算拨款项目、银行贷款项目、企业联合投资项目、企业自筹项目、利用外资项目、外资项目。

5. 按投资者登记注册类别划分

按投资者登记注册类别划分，可分为：国家、集体、股份合作、联营、有限责任公司、股份有限公司、港澳台商、外商、个人等投资的工程建设项目。

6. 按工程建设项目隶属关系划分

按工程建设项目隶属关系分可分为：部（委）属工程项目、

地方（省、地、县级）工程项目、乡镇工程项目。

7. 按项目的管理者划分

对于工程项目的类型，还可以按项目的管理者来划分为：建设项目、设计项目、监理项目、施工项目、开发项目等。他们的管理者分别是建设单位、设计单位、监理单位、施工单位和开发单位。

2.2 水业及垃圾处理基础设施项目建设程序

2.2.1 水业及垃圾处理基础设施项目周期和建设程序

1. 水业及垃圾处理基础设施项目的生命周期

项目是一次性的任务，都会经历启动、开发、实施、结束这样的过程，人们常把这一过程称为项目的生命周期。项目从开始到结束是渐进地发展和演变的，可划分为若干个阶段，这些便构成了它的整个生命期。

近几十年来，人们对项目生命期的认识经历了一个过程。早期人们定义项目的生命期是从批准立项到项目对象的完成和交付为止。随着项目管理实践和研究的深入，后来又向前延伸到项目的构思；向后拓展到运行管理（例如物业管理、资产管理、运行维护）阶段，这样形成项目全寿命期的管理。项目生命期的延伸给我们带来了以下好处：

（1）进一步保证了项目管理的连续性和系统性，能够极大地提高项目管理的效率，改善项目的运行状况。

（2）形成新的项目管理的理念，即全生命期的理念。这决定了项目管理的目标体系、项目管理的伦理道德、项目管理的历史和社会使命感。

（3）促进项目管理的理论和方法改进，如项目的全生命期评价理论和方法、项目的可持续发展理论和方法、项目管理的集成化系统方法等。

一个拟建工程项目的生命周期可以分成这些阶段：项目设想、定义项目的目标和范围、概念性策划和可行性研究、方案设计、施工图设计、项目计划、施工、竣工、试运行阶段、交付使用、运营和维修、使用期完成、建筑设施的处理。尽管从不同角度出发，项目生命周期阶段的名称、内容和划分有所不同，但总体看，可以分为概念、开发、实施和收尾这四个阶段（简称为C、D、E、F 阶段）。

水业及垃圾处理基础设施项目管理是一项政策性、经济性、专业性和技术性极强的工作。选定项目比较复杂：选准投资方向，要适应国家的产业政策；布局、定点、选定项目的宏观决策要与地区发展平衡；还要涉及到产品质量、技术、工艺、供产销等（生产性项目）经济效益条件的微观决策，特别是一旦投资决策失误就会造成难以挽回的损失。因此，对工程项目管理必须严格、科学地按一定程序进行。

2. 世界银行对我国贷款项目的管理周期

世界银行的主要业务是面向会员国中的发展中国家，经过仔细选择、全面核算、充分准备、周密评估、严格管理，对其研究的具体项目提供贷款。

世界银行资助的每一个项目，都严格地按程序办事，一般要经过选定、准备、评估、谈判、执行和监督总结评价等几个阶段。根据世行项目的管理要求，结合我国具体情况，我国世行贷款项目管理周期是：

（1）项目选定　项目周期的第一阶段是找出那些能体现重点使用一国资源以取得重要发展目标的设想。这些项目设想应能经得起初步可行性研究的考验，即应有把握使用与预期收益相符合的费用，找到技术和体制方面的办法，采取适当的政策。我国的一般做法是：国家发展和改革委员会组织各主管部门，根据国民经济发展计划的需要，选定一批符合世行投资原则的项目，通常要多选一些，以备世界银行筛选。目前我国利用世行贷款的重点是，发展国民经济中的薄弱环节，如能源、农业、交通运输和教育事业。

世界银行贷款条件十分严格。申请贷款国在选定项目时，必须收集必要的数据，从技术上、经济上进行综合分析，编制详细的项目文件，送交世界银行备查。因此，各主管部门应根据建设单位报送的初步可行性研究报告进行分析，大致核算每个项目的成本和效益，要对所有收集的自然资源、人力资源等基础资料和各种经济数据做出充分的估计，并预测可能存在的问题。例如：

√基本数据的错误；

√数据不足；

√没有预见到的经济和社会的发展；

√不能以数量表示的因素和关系；

√不现实或不准确的假设；

√技术和工艺的变化；

√经济关系的结构和变化；

√统计方法的局限性等等。

同时还应考虑到一些不确定的因素，例如：

√国民收入和人均国民收入的增长率；

√需求供给的变化；

√使用的原料或代用品的新来源；

√运输费用的变化；

√价格政策、税收政策和补贴政策的变化；

√不同商品价格的上升或下降；

√投入费用的增加等等。

不确定因素应减少到最低限度，使初步可行性研究的分析尽可能可靠，并从中选出最合理的项目报送国家发改委和财政部审定，经国务院批准后，由财政部与世界银行有关部门洽谈。各部委在选出最合理项目的同时，可编制项目建议书，经咨询部门评估后由国家发改委审批。

（2）项目准备　一旦项目的设想通过了选定“测试”后，就必须进行下一步，即作出确定性的决定，看这个项目是否应该进行下去。这需要对项目的设计从各个方面，包括技术、经济、财务、社会、体制等进行初步改进，这一阶段首先应做好可行性研究工作。建设单位根据国家发改委批准的项目建议书，可以编制或委托设计单位编制可行性研究报告，其中，中文本报主管部门提出审查意见，经咨询部门评估，由国家发改委审批，可行性研究报告批准后，建设单位可以委托设计单位进行初步设计，英文本由建设单位直接报送世界银行，世界银行派遣专家组进行实地考察。

世界银行的职责是聘请咨询专家，组成专家组协助借款国项目计划工作人员进行项目的准备工作，对准备不足的项目提供指导，拟订弥补措施。

（3）项目评估　借款国的建设单位提出可行性研究报告后，世界银行就派遣专家组对项目进行实地考察，并与我国有关部门派出的专家，就项目的市场、技术、组织、经济、财务、社会效果和环保等主要方面进行讨论和评估。

世界银行在对申请借款国选定的项目进行深入调查和详细评估后，如果认为该项目确实符合世界银行的贷款标准，就提出两份报告书，一份是审查可行性研究报告的“绿皮报告书”，一份是“灰皮报告书”，以作为同意贷款的通知。由于世界银行参与项目的选定和准备工作，因而在评估阶段通常不会将项目的可行性研究报告予以否决，但往往需要做出修改甚至重新设计方案。

（4）项目贷款谈判　世界银行工作组向总部提出“绿皮报告书”和“灰皮报告书”后，就要请借款国派出代表团到华盛顿就贷款协议举行谈判。我国则由财政部组织有关单位，成立代表团赴美谈判。谈判的内容不仅包括贷款金额、期限、偿还贷款的方式，还包括为保证项目的顺利执行所应采取的措施。为了保证项目的成功，双方对以上内容、方式和措施，通过谈判达成协议，将作为法律义务列入贷款文件中。谈判达成协议后，我国与世界银行共同签署谈判协议，并由我国财政部代表我国政府签署担保协议，之后世界银行方面报请该行董事会批准并执行。我国则在报请国务院批准后，由双方代表签字完成法定手续，最后注册登记。至此，项目进入执行阶段。

（5）项目执行和监督　在这一阶段，建设单位在根据主管部门批准的初步设计方案编制施工图的同时，应考虑以下一些内容：

√项目执行管理机构的建立；

√技术措施的安排；

√建设工程计划的制定，投标方法的拟定，投标的评价和合同的签订；

√物资的采购；

√设备的采购和安装；

√设备的调试；

√工作人员的招聘和培训；

√产品的销售；

√营业许可证的取得和合同的及时批准。

对其中的建设工程计划必须根据主管部门下达的年度计划编制。对投标办法的拟定、投标的评价和合同的签订，可委托或组织咨询单位进行。在做好以上准备工作后，即可组织国际招标。投标者除瑞士外，必须是世界银行和国际开发协会的会员国，对本国投标者可以给予10%～15%的优惠待遇。

在项目执行过程中，世界银行不断派遣各种高级专家到借款国视察，以监督项目的执行或施工情况，随时向借款国提出有关施工、调整贷款数额和付款方法的意见，并逐年提出“监督项目执行情况报告书”，以报送世界银行本部。

世界银行一般是根据借款国建设单位报送的项目进度报告来掌握项目进展情况及借款国对贷款协议中各项保证的履行情况，并了解项目的实际执行情况和有否违反协议规定及其原因，以便与借款国商讨解决的办法，或者在适当情况下同意借款变更项目的具体内容。

建设单位报送的项目进度报告应包括以下内容：

√从设计到基建、投产各个阶段的进度；

√项目的成本、开支以及世界银行贷款的支付情况；

√借款国对项目的管理和经营情况；

√贷款协议中借款国承诺的保证及其执行情况；

√借款国的财务情况及其前景；

√项目预期收益情况；

√项目完成后的经验总结。

项目进度报告提交给世界银行的专职机构审查，如果在审查过程中发现问题，世界银行可书面通知借款国或由世界银行派工作组，实地调查解决。工作组进行实地调查的次数视项目的复杂程度、执行情况和出现的问题而定，一般一年视察 3～4 次。

（6）项目总结评价　对已竣工的项目进行事后总评价，可以确定项目的目标是否已经实现并总结经验供将来类似项目借鉴。一些贷款机构，如世界银行一直要求对他们融资的所有项目进行事后总评价，但很少有发展中国家建立了一个完整的体系对它们的项目投资组合进行总评价。建设单位在建设项目全部竣工后，进行验收并组织编写“项目完成报告”报世界银行。世界银行在项目贷款全部发放完毕后的一年左右，要对其资助的项目进行总结。一般先由该项目的世界银行主管人员准备一个“项目完成报告”，然后由执行董事会主席指定专职董事负责的业务评议局对项目成果进行一次比较全面的总结评价。

世界银行对其资助的项目做出总结评价后，还要征求借款国对业务评议员审查的意见，并建议借款国编制自己的“项目完成报告”，以建立总结评价制度。“项目完成报告”一般应包括以下内容：

√投资项目是否达到预期的收益效果；

√在项目选定的准备时预计到的不利条件是否已经消除、减轻或改变；

√投资项目是否已达到增产增收的目标；

√从本项目的整个实施过程中应吸取的教训。

3. 项目建设单位投资项目管理周期

目前，项目建设单位对投资项目管理的程序大致可划分为4个时期，9～10个阶段。

4个时期为：投资前时期、投资时期、生产时期和总结评价时期。

10个阶段为：项目建议书、可行性研究、编制计划任务书、选择场地、编制建设计划、设计、建安施工、生产准备、竣工验收、生产及总结评价。

(1) 投资前期　也就是投资项目决策前的规划研究时期，可划分为以下三个阶段：

1) 编制项目建议书　即由国务院各主管部门或专业公司，各省（市、自治区）以及现有企业单位，根据国家经济发展的长远规划和经济建设的政策，结合资源情况和建设布局的条件，在调查研究、初步勘察的基础上，编制项目建议书，提出对于项目的大致设想，初步分析项目建设的必要性，以及技术上、财务上、经济上的可行性，按管理权限报经批准后，分别列入各级前期工作计划，也就是对项目做出初步决策。项目建议书是基本建设程序中最初阶段，是工程项目准备阶段的开始。项目建议书不仅是确定项目建设的依据，也是具体设计的依据。因此，项目建议书内容是否完整、清楚，直接影响着工程项目的立项。

2) 可行性研究　项目建议书通过主管部门批准后，业主组织进行该项目的可行性研究工作。建设项目可行性研究是指在项目决策前，通过对与项目有关的工程、技术、经济等各方面条件和情况进行调查、研究、分析，对各种可能的建设方案进行比较论证，并对项目建成后的经济效益进行预测和评价，进而评价项目技术上的先进性、适用性、经济上的盈利性和合理性，建设的可能性和可行性的一种科学分析方法。可行性研究是项目前期工作的最重要内容，它从项目建设和生产经营的全过程考察分析项目的可行性，目的是回答项目是否有必要进行建设，是否可能建设和如何进行建设的问题，其结论为投资者的最终决策提供直接依据。也就是说，对已批准项目建议书并已列入前期工作计划的项目，由主管部门、企业单位委托设计或咨询单位进行可行性研究，分析项目的产品市场和产供销平衡情况、建设规模及地点、技术、设计方案、财务经济效益等，写出可行性研究报告。

3）编制计划任务书　非利用外资项目，应根据可行性研究的结果，编制计划任务书，可行性研究报告或计划任务书应该按管理权限经有关部门评估和批准。

（2）投资时期　项目决策后的投资时期，可分为以下几个阶段：

1）设计阶段　设计阶段一般分为初步设计与施工图设计，有时还包括技术设计。

初步设计是项目技术上的总体规则，也是进行施工准备的主要依据。初步设计中附有的总概算是确定投资额的主要依据。初步设计要经过主管部门的审批。

2）施工阶段　即建筑安装施工，施工承包方式有总包和分包两种。业主将工程发包出去的方式有：公开招标、协商招标（议标）、邀请招标。

3）竣工验收阶段　即建筑安装工程全部完成、竣工后，按国家规定组织有关部门验收，国家规定只有经过质监部门验收后的工程方可交付使用。

（3）生产时期　项目竣工后投入生产或使用的时期，一般不再划分阶段，在生产时期应陆续收回投资，待投资回收完毕后，应加以总结。

(4) 总结评价时期　总结评价是项目管理周期的最后一部分，是在项目结束之后开始运行之时进行的工作，拓宽一步讲就是对建成项目的原来预测、分析的主要内容与实际情况进行对比分析，验证评价项目和方案的正确程度，以不断提高评估工作的质量。

总结评价要按国家规定的要求和评价方法进行。一般而言，总结评价主要包括以下内容：

√项目建设必要性；

√项目建设条件；

√工艺、技术；

√投资；

√财务；

√国民经济效益。

4. 水业及垃圾处理基础设施项目的建设程序

一个工程建设项目的建成往往需要经过多个不同阶段。在工程建设领域，通常把工程建设项目的各个阶段和各项工作的先后顺序称为工程建设项目的建设程序。当然，各阶段的划分也不是绝对的，各阶段的分类可以进行适当的调整，各项工作的选择和时间安排根据特定的项目确定。

在我国，工程建设项目的建设程序习惯上被称为基本建设程序。建设项目按照建设程序进行建设，是建设项目的技术经济规律的要求，也是建设项目的复杂性所决定的。我国的工程建设项目建设程序分为六个阶段，即项目建议书阶段、可行性研究阶段、设计工作阶段、建设准备阶段和竣工验收阶段。其中项目建议书阶段和可行性研究阶段称为“前期工作阶段”或决策阶段。

(1) 项目建议书阶段　项目建议书是业主单位向国家提出的要求建设某一建设项目的建议文件，是对建设项目的轮廓设想，是从拟建项目的必要性及主要方面的可能性加以考虑的。在客观上，建设项目要符合国民经济长远规划和部门、行业与地区规划的要求。

（2）可行性研究阶段　项目建议书经批准后，应紧接着进行可行性研究。可行性研究是对建设项目在技术上和经济上（包括宏观效益和微观效益）是否可行而进行的科学分析和论证工作，是技术经济的深入论证阶段，为项目决策提供依据。其主要任务是通过多方案比较，提出评价意见，推荐最佳方案。

其内容可概括为市场（供需）研究、技术研究和经济研究三项。具体地说，工业项目的可行性研究的内容是：项目提出的背景、必要性、经济意义、工作依据和范围，需要分析拟建规模、资源材料和公用设施情况，建厂条件和厂址方案，环境保护，企业组织定员及培训，实际进度建议，投资估算数和资金筹措，社会效益和经济效益等。完成可行性研究后还应编制可行性研究报告。

可行性研究报告经批准后，则作为初步设计的依据，不得随意修改和变更。如果在建设规模、产品方案、建设地区、主要协作关系等方面有变动以及突破投资控制数额时，应经原批准机关同意。按照现行规定，大中型和限额以上项目可行性研究报告经批准之后，项目可根据实际需要组成筹建机构，即组建建设单位。但一般改、扩建项目不单独设筹建机构，仍由原企业负责筹建。

（3）设计工作阶段　一般项目进行两个阶段设计，即初步设计和施工图设计。技术上比较复杂而又缺乏设计经验的项目，在初步设计阶段后加技术设计。

初步设计　是根据可行性研究报告的要求所做的具体实施方案，目的是为了阐明在指定的地点、时间和投资控制数额内，拟建项目在技术上的可能性和经济上的合理性，并通过对工程项目所做出的基本技术经济规定，编制项目总概算。

初步设计不得随意改变被批准的可行性研究报告所确定的建设规模、产品方案、工程标准、建设地址和总投资等控制指标。如果初步设计提出的总概算超过可行性研究报告总投资的10%以上或其他主要指标需要变更时，应说明原因和计算依据，并报可行性研究报告原审批单位同意。

技术设计　是根据初步设计和更详细的调查研究资料编制的，进一步解决初步设计中的重大技术问题，如工艺流程、建筑结构、设备选型及数量确定等，以使建设项目的设计更具体、更完善，技术经济指标更好。

施工图设计　施工图设计完整地表现建筑物外形、内部空间分割、结构体系、构造状况以及建筑群的组成和周围环境的配合，具有详细的构造尺寸。它还包括各种运输、通信、管道系统、建筑设备的设计。在工艺方面，应具体确定各处设备的型号、规格及各种非标准设备的制造加工图。在施工图设计阶段应编制施工图预算。

（4）建设准备阶段　预备项目。初步设计已经批准的项目，可列为预备项目。国家的预备计划，是对列入部门、地方编报的年度建设预备项目计划中的大中型和限额以上项目，经过从建设总规模、生产力总布局、资源优化配置以及外部协作条件等方面进行综合平衡后安排和下达的。预备项目在进行建设准备过程中的投资活动，不计算建设工期，统计上单独反映。

建设准备的内容。建设准备的主要工作内容包括：征地、拆迁和场地平整；完成施工用水、电、路等工程；组织设备、材料订货；准备必要的施工图纸；组织施工招标投标，择优选定施工单位。

报批开工报告。对于大型项目，按规定进行了建设准备和具备了开工条件以后，建设单位要求开工则须经国家发改委统一审核后编制年度大中型和限额以上建设项目新开工计划报国务院批准。部门和地方政府无权自行审批大中型和限额以上建设项目的开工报告。年度大中型和限额以上新开工项目经国务院批准后，由国家发改委下达项目计划。

（5）建设实施阶段　建设项目经批准新开工建设，项目便进入了建设实施阶段。这是项目决策的实施、建成投产发挥投资效益的关键环节。新开工建设的时间，是指建设项目设计文件中规定的任何一项永久性工程第一次破土开槽开始施工的日期。不需要开槽的，正式开始打桩日期就是开工日期。铁道、公路、水库等需要进行大量土、石方工程的，以开始进行土、石方工程日期作为正式开工日期。分期建设的项目，分别按各期工程开工的日期计算。施工活动应按设计要求、合同条款、预算投资、施工程序和顺序、施工组织设计，在保证质量、工期、成本计划等目标的前提下进行，达到竣工标准要求，经过验收后，移交给建设单位。

在实施阶段还要进行生产准备。生产准备是项目投产前由建设单位进行的一项重要工作。它是衔接建设和生产的桥梁，是建设阶段转入生产经营的必要条件。建设单位应适时组成专门班子或机构做好生产准备工作。

（6）竣工验收阶段　当建设项目按设计文件的规定内容全部施工完成以后，便可组织验收。它是建设过程的最后一道程序，是投资成果转入生产或使用的标志，是建设单位、设计单位和施工单位向国家汇报建设项目的生产能力和效益、质量、成本、收益等全面情况及交付新增固定资产的过程。竣工验收对促进建设项目及时投产，发挥投资效益及总结建设经验，都有重要作用。通过竣工验收，移交工程项目产品，总结经验，进行竣工结算，交出档案资料，终止合同，结束工程项目活动及过程，完成工程项目管理的全部任务。同时可以检查建设项目实际形成的生产能力和效益，也可避免建成后继续消耗建设费用。

2.2.2 水业及垃圾处理基础设施项目生命周期各阶段的工作内容

项目概念阶段是项目整个生命周期的起始阶段，这一阶段工作的好坏直接影响到项目后期的实施问题。概念阶段各项工作的主要目的是确定项目的可行性，对项目所涉及的领域、总投资、投资的效益、技术可行性、环境情况、融资措施、带来的社会效益等进行全方位的评估，从而明确项目在技术上、经济上的可行性和项目的投资价值。概念阶段的工作主要有：一般机会研究、特定项目机会研究、方案策划、初步可行性研究、详细可行性研究、项目评估及商业计划书的编写等方面的内容。

项目开发阶段作为项目实施的前期准备阶段，对项目的实施过程进行全面、系统的描述和安排。项目的背景、目标及范围是项目实施所要达到结果的依据。工作分解及时间估计为项目的计划提供了基础。良好的进度安排、资源计划、费用估计及质量计划是实施阶段计划执行的保证。该阶段的主要工作包括项目背景描述、目标确定、范围规划、范围定义、工作分解、工作排序、工作延续时间估计、进度安排、资源计划、费用估计、费用预算、质量计划及质量保证等。

项目实施阶段占据了项目生命周期的大部分时间，是项目取得成功的关键所在。项目实施阶段涉及的工作内容最多、时间最长、耗费的资源最多。控制是这一阶段的主要工作。项目实施能否达到在时间、费用及质量上的综合协调是控制过程的主要目标。该阶段的主要工作包括采购规划、招标采购的实施、合同管理基础、合同履行和收尾、实施计划、安全计划、项目进展报告、进度控制、费用控制、质量控制、安全控制、范围变更控制、生产要素管理及现场管理与环境保护等。

收尾阶段是项目生命周期的最后阶段，目的是确认项目实施的结果是否达到了预期的要求，实现项目的移交与清算，通过项目的后评价进一步分析项目可能带来的实际效益。收尾阶段的工作对于项目各参与方来讲都是非常重要的。项目各方面的利益在这一阶段存在着较大的冲突，因此在质量验收、费用的决算、项目交接等过程中应明确其依据。项目收尾阶段的主要工作，包括范围确认、质量验收、费用决算与审计、项目资料与验收、项目交接与清算、项目审计及项目后评价。

2.3　水业及垃圾处理基础设施项目管理

2.3.1　水业及垃圾处理基础设施项目管理的概念

水业及垃圾处理基础设施项目管理是以水业及垃圾处理基础设施项目为对象，以项目经理负责制为基础，在既定的约束条件下，为最优地实现水业及垃圾处理基础设施项目的目标，根据水业及垃圾处理基础设施项目的内在规律，对从项目构思到项目完成的全过程进行的计划、组织、协调和控制，以确保该项目在允许的费用和要求的质量标准下按期完成。

我国现阶段的水业及垃圾处理基础设施项目管理，应包括以下几个方面的含义：

水业及垃圾处理基础设施项目管理是一种生产方式，它包括生产关系和生产力两个方面。项目管理是解决企业生产关系和生产力相适应的问题，生产关系包括管理体制、劳动组织形式和分配方式等。

项目管理是按照工程项目的内在规律来组织施工生产的，应有一套与之相适应的法则。探索项目管理的目的是寻求工程项目施工的共性规律。例如工程的单件性、固定性造成的施工生产的流动性，工程项目的结构要求造成的工程施工的立体层次性、投入产出的经济性、组织施工的社会性等。

水业及垃圾处理基础设施项目管理是系统工程，要有一整套制度保障体系，各项制度之间配套交叉衔接，互相制约，并在实践中寻求这些制度的完善。

水业及垃圾处理基础设施项目管理有一整套方法体系，即传统管理方法、现代管理方法、体现新技术与管理相结合的新方法等。综合运用这些方法，则是项目管理的第四个层次的内涵。它包含生产方式、运行法则、管理制度和管理方法四个方面。

2.3.2 水业及垃圾处理基础设施项目管理的类型

按水业及垃圾处理基础设施项目生产组织的特点，一个项目往往由许多参与单位承担不同的建设任务，而各参与单位的工作性质、工作任务和利益不同，因此就形成了不同类型的项目管理。由于业主方是建设工程项目生产过程的总集成者，包括人力资源、物质资源和知识的集成，业主方也是建设工程项目生产过程的总组织者，因此对于一个建设工程项目而言，虽然有代表不同利益方的项目管理，但是，业主方的项目管理是管理的核心。因此，从不同角度可将项目管理分为不同的类型。

1. 按项目管理层次可分为宏观项目管理和微观项目管理

宏观项目管理是指政府（中央政府和地方政府）作为主体对项目活动进行的管理，一般不是以某一具体的项目为对象，而是以某一类或某一地区的项目为对象；其目标也不是项目的微观效益，而是国家或地区的整体综合效益。项目宏观管理的手段是行政、法律、经济手段并存，主要包括：项目相关产业法规政策的制定，项目相关的财、税、金融法规政策，项目资源要素市场的调控，项目程序及规范的制定与实施，项目过程的监督检查等。

微观项目管理是指项目业主或其他参与主体对项目活动的管理。项目的参与主体，一般包括：业主，指项目的发起人、投资人和风险责任人；项目任务的承接主体，指通过承包或其他责任形式承接项目全部或部分任务的主体；项目物资供应主体，指为项目提供各种资源（如资金、材料设备、劳务等）的主体。微观项目管理，是项目参与者为了各自的利益而以某一具体项目为对象进行的管理，其手段主要是各种微观的经济法律机制和项目管理技术。一般意义上的项目管理，即指微观项目管理。

2. 按管理范围和内涵不同划分

按工程项目管理范围和内涵不同分为广义项目管理和狭义项目管理。

广义项目管理包括从项目投资意向、项目建议书、可行性研究、建设准备、设计、施工、竣工验收、项目后评估全过程的管理。

狭义项目管理指从项目正式立项开始，即从项目可行性研究报告批准后到项目竣工验收、项目后评估全过程的管理。

3. 按管理主体不同划分

项目管理贯穿于一个工程项目从拟订规划、确定项目规模、工程设计、工程施工，直至建成投产为止的全部过程，一项工程的建设，涉及到不同的管理主体，如项目业主、项目使用者、科研单位、设计单位、施工单位、生产厂商、监理单位等。从管理主体看，各实施单位在各阶段的任务、目的、内容不同，也就构成了项目管理的不同类型，概括起来大致有以下几种项目管理：

(1) 业主方项目管理　工程建设项目管理是站在投资主体的立场上对工程建设项目进行的综合性管理，以实现投资者的目标。工程建设项目管理的主体为业主，而管理的客体是项目从提出设想到项目竣工、交付使用全过程所涉及到的全部工作，而管理的目标是采用一定的组织形式，采取各种措施和方法，对工程建设项目所涉及到的所有工作进行计划、组织、协调、控制，以达到工程建设项目的质量要求，以及工期和费用要求，尽量提高投资效益。

业主方项目管理是指由项目业主或委托人对项目建设全过程的监督与管理。按项目法人责任制的规定，新上项目的项目建议书被批准后，由投资方派代表，组建项目法人筹备组，具体负责项目法人的筹建工作，待项目可行性研究报告批准后，正式成立项目法人，由项目法人对项目的策划、资金筹措、建设实施、生产经营、债务偿还、资产的增值保值，实行全过程负责，依照国家有关规定对建设项目的建设资金、建设工期、工程质量、生产安全等进行严格管理。

项目法人可聘任项目总经理或其他高级管理人员，由项目总经理组织编制项目初步设计文件，组织设计、施工、材料设备采购的招标工作，组织工程建设实施，负责控制工程投资、工期和质量，对项目建设各参与单位的业务进行监督和管理。项目总经理可由项目董事会成员兼任或由董事会聘任。

项目总经理及其管理班子具有丰富的项目管理经验，具备承担所任职工作的条件。从性质上讲是代替项目法人，先履行项目管理职权的。因此，项目法人和项目经理对项目建设活动组织管理构成了建设单位的项目管理。这是一种习惯称谓。其实项目投资方、项目业主、项目法人、建设单位在含义上是既有联系又有区别的几个概念。

项目投资方可能是中央政府、地方政府、企业单位、城乡个体或外商；可以是独资也可能是合资。项目业主是由投资方派代表组成的，从项目筹建到生产经营并承担投资风险的项目管理班子。

项目法人的提出是国家经过几年改革实践总结得出的，1996年国家计划委员会从国有企业转换经营机制，建立现代企业制度的需要，根据《公司法》精神，将原来的项目业主责任制改为法人责任制。法人责任制是依据《公司法》制定的，在投资责任约束机制方面比较项目业主责任制得到了进一步加强，项目法人的责、权、利也更加明确。更重要的是项目管理制度全面纳入法治化、规范化的轨道。

值得一提的是，目前习惯将建设单位的项目管理简称建设项目管理。这里的建设项目既包括统计意义上的建设项目（即在一个主体设计范围内，经济上独立核算、行政上具有独立组织形式的建设单位），也包括原有建设单位新建的单项工程。

（2）监理方的项目管理　较长时间以来，我国的工程建设项目组织方式一直采用工程指挥部制或建设单位自营自管制。由于工程项目的一次性特征，这种管理组织方式往往有很大的局限性，首先在技术和管理方面缺乏配套的力量和项目管理经验，即使配套了项目管理班子，在无连续建设任务时，也是不经济的。因此，结合我国国情并参照国外工程项目管理方式，在全国范围内提出工程项目建设监理制，从 1988 年 7 月开始进行建设监理试点，现已全面推行并纳入法治化轨道。社会监理单位是依法成立的、独立的、智力密集型经济实体，接受业主的委托，采取经济、技术、组织、合同等措施，对项目建设过程及参与各方的行为进行监督和控制，以保证项目按规定的工期、投资、质量目标顺利建成。社会监理是对工程项目建设过程实施的监督管理，类似于国外 CM 项目管理模式，属咨询监理方的项目管理。

（3）承包方项目管理　作为承包方，采用的承包方式不同，项目管理的含义不同。施工总承包方和分包方的项目管理都属于施工方的项目管理。建设项目总承包有多种形式，如设计和施工任务综合的承包，设计、采购和施工任务综合的承包（简称 EPC 承包）等，它们的项目管理都属于建设项目总承包方的项目管理。工程承包项目管理是站在承包单位的立场上对其工程承包项目进行管理，其项目的主体是承包单位，项目的客体是所承包工程项目的范围，其范围与业主要求有关，取决于业主选择的发包方式，并在承包合同中加以明确。在大多数情况下，工程承包项目的范围包括工程投标，签订工程承包项目合同，施工与竣工，交付使用等过程。工程承包项目管理的目的就是通过有效的计划、组织、协调和控制，使所承包的项目在满足合同所规定的时间、费用和质量要求的条件下，实现预期的工程承包利润。

（4）工程设计咨询项目管理　工程设计咨询项目管理是由设计单位对自身参与的工程项目设计阶段的工作进行管理。因此，工程设计项目管理的主体是设计单位，管理的客体是工程设计项目的范围。大多数情况下是在项目的设计阶段。但业主根据自身的需要可以将工程设计项目的范围往前、后延伸，如延伸到前期的可行性研究阶段或后期的施工阶段，甚至竣工、交付使用阶段。一般地，工程设计项目管理包括以下工作：设计投标、签订设计合同、开展设计工作、施工阶段的设计协调工作等。工程设计项目的管理同样要进行质量控制、进度控制和费用控制，按合同的要求完成设计任务，并获得相应的报酬。

2.3.3 水业及垃圾处理基础设施项目管理的职能和任务

1. 水业及垃圾处理基础设施项目管理的职能

（1）策划职能　工程项目策划是把建设意图转换成定义明确、系统清晰、目标具体、活动科学、过程有效、富有战略性和策略性思路、高智能的系统活动，是工程项目概念阶段的主要工作。策划的结果是其他各阶段活动的总纲。

（2）决策职能　决策是工程项目管理者在工程项目策划的基础上，通过进行调查研究、比较分析、论证评估等活动得出的结论性意见，付诸实施的过程。一个工程项目，其中的一个阶段、每个过程均需要启动，只有在做出正确决策以后的启动才有可能是成功的，否则就是盲目的、指导思想不明确的，就可能失败。

（3）计划职能　决策只解决启动的决心问题，根据决策做出实施安排，设计出控制目标和实现目标的措施的活动就是计划。计划职能决定项目的实施步骤、搭接关系、起止时间、持续时间、中间目标、最终目标及措施。它是目标控制的依据和方向。

（4）组织职能　组织职能是组织者和管理者个人把资源合理利用起来，把各种作业（管理）活动协调起来，使作业（管理）需要和资源应用结合起来的机能和行为，是管理者按计划进行目标控制的一种依托和手段。工程项目管理需要组织机构的成功建立和有效运行，从而起到组织职能的作用。

（5）控制职能　控制职能的作用在于按计划运行，随时收集信息并与计划进行比较，找出偏差并及时纠正，从而保证计划和其确定的目标的实现。控制职能是管理活动最活跃的职能，所以工程项目管理学中把目标控制作为最主要的内容，并对控制的理论、方法、措施、信息等做了大量的研究，在理论和实践上均有丰富的成果，成为项目管理学中的精髓。

（6）协调职能　协调职能就是在控制的过程中疏通关系，解决矛盾，排除障碍，使控制职能充分发挥作用，所以它是控制的动力和保证。控制是动态的，协调可以使动态控制平衡、有力、有效。

（7）指挥职能　指挥是管理的重要职能。计划、组织、控制、协调等都需要强有力的指挥。工程项目管理依靠团队，团队要有负责人（项目经理），负责人就是指挥。他把分散的信息集中起来，变成指挥意图；他用集中的意图统一管理者的步调，指导管理者的行动，集合管理力量，形成合力。所以，指挥职能是管理的动力和灵魂，是其他职能无法代替的。

（8）监督职能　监督是督促、帮助，也是管理职能。工程项目与管理需要监督职能，以保证法规、制度、标准和宏观调控措施的实施。监督的方式有：自我监督、相互监督、领导监督、权力部门监督、业主监督、司法监督、公众监督等。

2. 水业及垃圾处理基础设施项目管理的任务

工程项目管理有多种类型，不同类型的工程项目管理任务不完全相同，但主要内容有以下几方面：

（1）项目组织协调　工程项目组织协调是工程项目管理的职能之一，是管理技术和艺术，也是实现工程项目目标必不可少的方法和手段。在工程项目的实施过程中，组织协调的主要内容有：

1）外部环境协调　与政府管理部门之间的协调，如规划、城建、市政、消防、人防、环保、城管等部门的协调；资源供应方面的协调，如供水、供电、供热、通信、运输和排水等方面的协调；生产要素方面的协调，如图纸、材料、设备、劳动力和资金等方面的协调；社区环境方面的协调等。

2）项目参与单位之间的协调　主要有业主、监理单位、设计单位、施工单位、供货单位、加工单位等。

3）项目参与单位内部的协调　即项目参与单位内部各部门、各层次之间及个人之间的协调。

（2）合同管理　包括合同签订和合同管理两项任务。合同签订包括合同准备、谈判、修改和签订等工作；合同管理包括合同文件的执行、合同纠纷的处理和索赔事宜的处理工作。在执行合同管理任务时，要重视合同签订的合法性和合同执行的严肃性，为实现管理目标服务。

（3）进度控制　包括方案的科学决策、计划的优化编制和实施有效控制三个方面的任务。方案的科学决策是实现进度控制的先决条件，它包括方案的可行性论证、综合评估和优化决策。只有决策出优化的方案，才能编制出优化的计划。计划的优化编制，包括科学确定项目的工序及其衔接关系、持续时间、优化编制网络计划和实施措施，是实现进度控制的重要基础。实施有效控制包括同步跟踪、信息反馈、动态调整和优化控制，是实现进度控制的根本保证。

（4）投资（费用）控制　投资控制包括编制投资计划、审核投资支出、分析投资变化情况、研究投资减少途径和采取投资控制措施五项任务。前两项是对投资的静态控制，后三项是对投资的动态控制。

（5）质量控制　质量控制包括制定各项工作的质量要求及质量事故预防措施，各个方面的质量监督与验收制度，以及各个阶段的质量处理和控制措施三个方面的任务。制定的质量要求要具有科学性，质量事故预防措施要具备有效性。质量监督和验收包含对设计质量、施工质量及材料设备质量的监督和验收，要严格检查制度和加强分析。质量事故处理与控制要对每一个阶段进行严格管理和控制，采取细致而有效的质量事故预防和处理措施，以确保质量目标的实现。

（6）风险管理　随着工程项目规模的不断大型化和技术复杂化，业主和承包商所面临的风险越来越多。工程建设客观现实告诉人们：要保证工程项目的投资效益，就必须对项目风险进行定量分析和系统评价，以提出风险防范对策，形成一套有效的项目风险管理程序。

（7）信息管理　信息管理是工程项目管理的基础工作，是实现项目目标控制的保证。其主要任务就是及时、准确地向项目管理各级领导、各参加单位及各类人员提供所需的综合程度不同的信息，以便在项目进展的全过程中，动态地进行项目规划，迅速正确地进行各种决策，并及时检查决策执行结果，反映工程实施中暴露出来的各类问题，为项目总目标控制服务。

（8）环境保护　工程项目建设既可以改造环境造福人类，优秀的设计作品还可以增添社会景观，给人们带来观赏价值。但一个工程项目的实施过程和结果，同时也存在着影响甚至恶化环境的种种因素。因此，在工程项目建设中要强化环保意识，切实有效地把保护环境和防止损害自然环境、破坏生态平衡、污染空气和水质、挠动周围建筑物和地下管网等现象的发生，作为工程项目管理的重要任务之一。

工程项目管理必须充分研究和掌握国家和地方的有关环保法规和规定，对于涉及环保方面有要求的工程项目，在项目可行性研究和决策阶段，必须提出环境影响报告及其对策措施，并评估其措施的可行性和有效性，严格按建设程序向环保管理部门报批。在项目实施阶段做到主体工程与环保措施工程同步设计，同步施工，同步投入运行。在工程发承包过程中，必须把依法做好环保工作列为重要的合同条件加以落实，并在施工方案的审查和施工过程检查中，始终密切关注落实环保措施、克服建设公害等重要的内容。

第3章 水业及垃圾处理基础设施项目策划与决策

3.1 水业及垃圾处理基础设施项目策划

3.1.1 水业及垃圾处理基础设施项目策划及其作用

1. 水业及垃圾处理基础设施项目策划的涵义

水业及垃圾处理基础设施项目的确立是一个极其复杂同时又是十分重要的过程。在本书中将项目构思到项目批准，正式立项定义为项目的前期策划工作。尽管一个工程项目的确立主要是从上层系统（如国家、地方、企业），从全局的、战略的角度研究问题，但这里有许多项目管理工作。要使一个项目顺利成功并达到优化，必须在项目确立阶段就进行严格的项目管理。

水业及垃圾处理基础设施项目策划是指把项目建设意图转换成定义明确、系统清晰、目标具体且具有策略性运作思路的系统活动过程。具体来说是项目策划人员根据业主总的目标要求，通过对工程项目进行系统分析，对项目活动的整体战略进行运筹规划，以便在项目建设活动的时间、空间、结构、资源多维关系中选择最佳的结合点，并展开项目运作，为保证项目完成后获得满意的经济效益、环境效益和社会效益提供科学的依据。

2. 水业及垃圾处理基础设施项目策划的作用

水业及垃圾处理基础设施项目策划的主要作用体现在以下几

方面：

（1）明确项目系统的构建框架　项目策划的首要任务是根据项目建设意图进行项目的定义和定位，全面构思一个拟建的项目系统。在明确项目的定义和定位的基础上，通过项目系统的功能分析，确定项目系统的组成结构，使其形成完整配套的能力。提出项目系统的构建框架，使项目的基本构想变为具有明确的内容和要求的行动方案，是进行项目决策和实施的基础。

（2）为项目决策提供保证　根据工程项目的建设程序，工程项目投资决策是建立在项目的可行性研究分析评价的基础上，可行性研究中的财务评价、国民经济评价和社会评价的结论是项目投资的重要决策依据。只有经过科学周密的项目策划，才能为项目的投资决策提供客观的科学的基本保证。

（3）全面指导项目管理工作　项目策划是根据策划理论和原则，密切结合具体项目的整体特征，对项目的发展和实施管理的全过程进行描述。项目策划可直接成为指导项目实施和项目管理的基本依据。

3.1.2　水业及垃圾处理基础设施项目策划的主要内容

水业及垃圾处理基础设施项目前期策划是一个相当复杂的过程，不同性质的项目前期策划的内容不一样，但几乎所有的项目都包括如下基本的主要内容：

1. 项目构思

项目的构思是指对策划整体的抽象描述，是一个成功策划的关键。项目构思是一种概念性策划，它是在企业的系统目标的指向下，从现实和经验中得出项目策划的系列前提和假设，在此基础上形成项目的大致的策划轮廓，对这些策划的轮廓进行论证和选择才形成项目的构思。因此，有了策划的轮廓后，应进行调查研究，收集资料和策划线索，并逐步把策划印象清晰化，进行选择，使策划轮廓变成项目构思。

2. 项目目标设计

项目目标是可行性研究的尺度，经过论证和批准后作为项目设计和计划、实施控制的依据，最后作为项目后评估的标准。准确地设定项目目标，是整个策划活动解决问题、取得效果的必要前提。项目目标设计包括项目总目标体系设定和总目标按项目、项目参与主体、实施阶段等进行分解的子目标设定。在项目前期构思策划阶段的目标设计属于项目总目标的设定。

进行项目总体目标设定，首先，应该了解业主的基本情况，正确把握项目业主的发展战略目标。其次，进行环境信息的收集和策划环境的分析。要进行成功的策划，必须有真实、完整的数据资料，为此应进行内外环境的调查。第三，项目目标因素的提出和建立目标系统。目标因素是指目标的构成要素，如经济性目标、时间性目标等，它的提出应尽可能明确，尽可能定量化，可以进行对比分析。在目标因素的基础上进行整合、排序、选择和结构优化处理，形成目标系统，并对其进行描述。

3. 项目的定义与定位

项目的定义是描述项目的性质、用途、建设范围和基本内容。项目的定位是描述和分析项目的建设规模、建设水准，项目在社会经济发展中的地位、作用和影响力。项目的定义与定位要注意围绕策划的主题，策划主题是策划工作的中心思想。

4. 项目系统构成

将经过定义与定位的项目，在时间、空间、结构、资源多维关系中进行运筹安排，找出实施的最佳结合点，形成项目策划的实施系统。项目系统应能详细描述项目的总体功能、项目系统内部各单项单位工程的构成以及各自的功能和相互关系、项目内部系统与外部系统的协调和配套关系、实施方案及其可能性分析。

5. 策划报告

策划报告的拟定是将整个策划工作逻辑化、文件化、资料化和规范化的过程，它的结果是项目策划工作的总结和表述。项目策划报告书不但要有丰富、详实的内容，能够完全表达项目策划人的意图，而且要具有简捷、生动、吸引人的表达方式。

3.2　水业及垃圾处理基础设施项目可行性研究

3.2.1　可行性研究的作用和阶段

可行性研究是在项目是否决策建设之前，对项目有关的技术、经济、社会、环境等各方面进行调查研究，在技术经济上分析论证各种可能的拟建方案，研究在工艺技术上的先进性、适用性与可靠性，在经济上的合理性、有效性与可能性，进而对项目建成投产后的经济效益、社会效益、环境效益等进行科学的预测和评价，为项目投资决策提供依据。

1. 可行性研究的主要作用

（1）作为项目投资决策的依据　可行性研究对与项目有关的各个方面都进行了调查研究和分析，并论证了项目的先进性、合理性、经济性和环境性，以及其他方面的可行性。项目的决策者主要是根据可行性研究的结果做出项目是否应该投资和应该如何投资的决策。

（2）作为编制设计任务书的依据　可行性研究中具体研究的技术经济数据，都要在设计任务书中明确规定，它是编制设计任务书的根据。作为筹集资金和银行申请贷款的依据银行在接受项目贷款申请后，通过审查项目的可行性研究报告，确认了项目的经济效益水平和偿还能力，承担的风险不太大时，才同意贷款。

（3）作为与有关协作单位签订合同或协议的依据　根据可行性研究报告和设计任务书，可与有关的协作单位签订项目所需的原材料、能源资源和基础设施等方面协议和合同以及引进技术和设备的正式签约。

（4）作为项目建设的基础资料　项目的可行性研究报告，是项目建设的重要基础资料。项目建设过程中的技术性更改，应认真分析其对项目经济社会指标影响程度，它是项目的实施和目标的重要依据。

(5) 作为环保部门审查项目对环境影响的依据　可行性研究报告作为项目对环境影响依据供环保部门审查，并作为向项目所在地的政府和规划部门申请建设执照的依据。

(6) 作为项目的科研试验、机构设置、职工培训、生产组织的依据　根据批准的可行性研究报告，进行与项目相关的科技试验，设置相应的组织机构，进行职工培训等生产准备工作。

(7) 作为项目考核的依据　项目正式投产后，应以可行性研究所制定的生产纲要、技术标准及经济社会指标作为项目考核的标准。

2. 可行性研究的阶段

可行性研究工作一般可分为投资机会研究、初步可行性研究、详细可行性研究、项目评估和决策阶段投资机会研究。初步可行性研究、详细可行性研究的目的、任务、要求以及所需费用和时间各不相同，其研究的深度和可靠程度也不同。

(1) 投资机会研究　机会研究主要是对各种设想的项目和投资机会做出鉴定，并确定有没有必要做进一步的研究。这种研究比较粗略，主要依靠估计，而不是靠详细的分析。其投资估算误差在±30%，研究费用一般占投资的0.2%～1.0%。

在项目的规划设想经过机会研究，认为值得进一步研究时，就进入初步可行性研究阶段。初步可行性研究是投资机会研究和详细可行性研究的一个中间阶段。由于详细地提出可行性报告是一项很费钱和费时的工作，所以在它之前要进行初步可行性研究，它的主要任务是：进一步判断投资机会是否有前途；是否有必要进一步进行详细的可行性研究；确定项目中哪些关键性问题需要进行辅助的专题研究。

(2) 初步可行性研究　初步可行性研究的内容与详细可行性

研究大致相同，只是工作的深度和要求的精度不一样。初步可行性研究投资估算的误差一般在±20%，其研究的费用一般占投资的0.25%～1.0%。

（3）详细可行性研究　详细可行性研究也称为技术经济可行性研究，是项目投资决策的基础，为项目投资决策提供技术、经济、社会和环境方面的评价依据。它的目的是通过进行深入细致的技术经济分析，进行多方案选优，并提出结论性意见。它的重点是对项目进行财务效益和经济效益评价，经过多方案的比较选择最佳方案，确定项目投资的最终可行性和选择的依据标准。

详细可行性研究要求有较高精度，它的投资估算误差要求为±10%，研究的费用，小型项目约占投资的1.0%～3.0%，大型项目为0.2%～1.0%。

（4）项目可行性研究报告的评估　可行性研究报告的评估是投资决策部门组织或委托有资质的工程咨询公司、有关专家对项目可行性研究报告的正确性、真实性、可靠性和客观性进行评估，对可行性报告进行全面的评价，提出项目是否可行，并确定最佳的投资方案，为项目投资的最后决策提供依据。评估报告主要包括：项目概况，主要是说明项目的基本情况，提出综合结论意见；评估意见，是对可行性研究报告的各项内容提出的评估意见及综合结论意见；问题和建议，主要是指出可行性报告中存在或遗留的重大问题、潜在的风险，解决问题的途径和方法，建议有关部门采取的措施和方法，并提出下一步工作的建议。

3.2.2　可行性研究报告的主要内容

项目可行性研究的内容，是指对项目有关的各个方面论证分析其可行性，包括在技术、财务、经济、商业、管理等方面的可行性。其中任一方面的可行性，都与其特定的性质、条件和具体内容有关，各有所区别和侧重。一般水业及垃圾处理基础设施项目的可行性研究报告有以下内容：

1. 总论

主要说明项目提出的背景，投资的必要性和经济意义，以及开展此项目研究工作的依据和研究范围。

2. 拟建规模

确定拟建项目的规模、产品方案的论述和发展方向的技术经济比较和分析。

3. 资源、原材料、燃料、电力及公用设施条件

研究资源储量、品位、成分及开采利用条件；原料、辅助材料、燃料、电和其他材料的种类、数量、质量、单价、来源和供应的可能性；所需公共设施的数量、供应方式和供应条件。

4. 专业化协作的研究

搞好专业化协作便于采用先进工艺，提高设备利用率，缩短产品的生产周期，降低产品成本。研究专业协作问题，主要是比较建全能厂或建专业化厂的单位产品投资和成本的多少。

5. 建厂条件和厂址方案

对建厂的地理位置和交通、运输、电力、水、气等基础资料，以及气象、水文、地质、地形条件、废弃物处理、劳动力供应等社会经济自然条件的现状和发展趋势进行分析。对厂址进行多方案的技术经济分析和比较，提出选择意见。

6. 项目的工程设计方案

包括确定项目的构成范围，主要单项工程的组成；主要技术工艺和设备选型方案的比较；引进技术、设备的来源国别；公共辅助设施和厂内外交通运输方式的比较和初选；项目总平面图和交通运输的设计；全厂土建工程量估算等。

7. 环境保护

调查环境现状，预测项目对环境的影响，提出对“三废”处理的初步方案。估算“三废”排出量及其处理的运行费用。

8. 生产组织管理、机构设置、劳动定员、职工培训

可行性研究在确定企业的生产组织形式和管理系统时，应根

据生产纲领、工艺流程来组织相宜的生产车间和职能机构，保证合理地完成产品的加工制造、储存、运输、销售等各项工作，并根据对生产技术和管理水平的需要，来确定所需要的各类人员和进行培训。

9. 项目的实施进度计划

建设项目实施中的每一阶段都必须与时间表相关联。简单项目实施的计划可采用甘特图，复杂的项目实施则采用网络图。

10. 投资估算和资金筹措

投资估算包括主体工程及其有关的外部协作配套工程的投资，以及流动资金的估算，项目所需投资总额。资金筹措应说明资金来源、筹措方式、贷款偿付方式等。

11. 项目的经济评价

项目的经济评价包括财务评价和国民经济评价，并应进行静态和动态分析，得出评价结论。

12. 项目的环境影响评价

可行性研究应当对项目可能产生的环境影响进行全面、综合、系统、实际的评价，这种评价对项目的社会、经济、技术和财务上的可行性往往十分重要。环境影响包括对周围地区的影响，特别是对当地人群、植物群和动物群的影响。

3.3　水业及垃圾处理基础设施项目经济评价

3.3.1　经济评价的内容

项目经济评价主要是指在项目决策前的可行性研究和评估中，采用现代经济分析方法，对拟建项目计算期（建设期和生产经营期）内投入产出诸多经济因素进行调查、预测、研究、计算和论证，比较选择推荐最佳方案的过程。经济评价是在完成一项技术方案或同一经济目标所取得的劳动成果与劳动消耗的比较的评价。它的评价结论是项目决策的重要依据。经济评价是项目可行性研究和评估的核心内容，其目的是力求在允许条件下使投资项目获得最佳的经济效益。

项目的经济评价分为财务评价和国民经济评价。财务评价是指从项目或企业的财务角度出发，根据国家现行财税制度和价格体系，分析、预测项目投入的费用和产出的效益、考察项目的财务盈利能力、清偿能力以及财务外汇平衡等状况，据以判断投资项目的财务可行性。国民经济评价是从国家整体的角度出发，用影子价格等经济评价参数，分析计算项目需要国家付出的代价和对国家的贡献，考察投资行为的经济合理性和宏观可行性。

项目的财务评价包括项目的盈利能力分析、清偿能力分析、外汇平衡分析和不确定性分析等内容。

项目的盈利能力分析主要是考察项目投资的盈利水平。盈利能力分析要分别考察项目全部投资盈利能力、自有资金的盈利能力以及总投资的盈利能力。全部投资的盈利能力分析是不考虑资金来源的不同，假定全部投资均为自有资金，以项目自身为系统进行评价，考察其全部资金的经济性，为各个项目的投资方案（不论其资金来源及利息多少）进行比较并建立共同基础。自有资金的盈利能力分析是站在项目投资主体角度，考察项目的现金流入和流出情况，分析项目自有资金的经济性，为项目投资主体进行投资决策提供依据。总投资盈利能力是反映全部投资与建设期利息总和的盈利能力。项目的财务盈利能力分析要编制全部投资现金流量表、自有资金现金流量表和损益表（利润表），计算财务内部收益率、财务净现值、投资回收期、投资利润率、投资利税率等指标。

项目的清偿能力分析主要是考察项目计算期内各年的财务偿债能力，通过编制资金来源与运用表和资产负债表，计算借款偿还期、资产负债率、流动比率、速动比率等评价指标。

项目的外汇平衡分析主要是考察涉及外汇收支的项目在计算期内各年的外汇平衡及余缺情况。一般通过编制财务外汇平衡表进行分析。

不确定性分析主要是估计项目可能承担的风险及抗风险能力，进行项目在不确定情况下的财务可靠性分析，包括盈亏平衡分析、敏感性分析和概率分析。

国民经济评价包括国民经济盈利能力分析、外汇效果分析和外部效果分析等内容。它以经济内部收益率为主要指标，根据项目特点和实际需要，计算经济净现值等指标。对产品出口或替代进口节汇的项目，还要计算经济外汇净现值、经济换汇成本和经济节汇成本等指标。对外部效果可以进行定性分析。

项目国民经济评价的过程，大体可分为如下六步：

（1）进行评价的基础准备。包括明确评价任务和目标、组织评价人员及数据资料的收集整理等工作。

（2）确定产出物和投入物的经济价格。选择既能反映资源本身的实际价值，又能反映供求关系、稀缺资源的合理利用和国家经济政策的经济价格。这是国民经济评价中最关键和最困难的一步。影子价格是经济价格，但影子价格却很难找到。

（3）对各种投入物和产出物按经济价格调整后，在财务评价的基础上，重新计算销售收入、投资支出和成本费用，以及方案残值的经济价值等。

（4）从整个国民经济的角度来划分和考察方案的费用和效益，包括内部效果和外部效果。

（5）用社会折现率（或国家基准收益率）和计算汇率（或影子汇率、调整汇率）等参数，计算国民经济评价的主要指标，进行静态和动态的定量分析和评价。

（6）从整个社会的角度来考察方案投资对社会效益目标所作的贡献大小，包括收入分配、就业、创汇、节汇和环保等目标的定量分析和定性分析。

3.3.2 经济评价的方法

项目经济效益的计算和评价方法有多种形式，根据是否考虑资金的时间价值因素分为静态评价方法和动态评价方法。静态评价方法是指不考虑资金的时间价值，计算静态经济效益指标的方法，如静态投资回收期法、投资利润率法等。动态评价方法是指考虑资金的时间价值，计算动态经济效益指标的方法，如净现值法、内部收益率法等。

1. 投资回收期法

投资回收期也称返本期，是反映建设项目投资回收速度的重要指标。它是指用建设项目每年的净收益回收（或抵偿）其全部投资所需要的时间，通常以“年”表示。投资回收期一般从投资开始年算起，但也有从投产开始年算起的。为了避免误解，使用该指标时，应注明起算时间。

根据是否考虑资金的时间价值，投资回收期分为静态投资回收期和动态投资回收期。

（1）静态投资回收期　静态投资回收期是指不考虑不同时间发生的等额资金的不等值（效）性，而认为它们在具有相同的价值条件下，用建设项目的年净收益回收其全部投资所需的时间。

（2）动态投资回收期　动态投资回收期是指在给定的基准收益率（也称基准贴现率，记作 i_c）下，用项目各年净收益的现值来回收全部投资的现值所需要的时间。

与静态投资回收期相比，动态回收期的优点在于考虑了资金的时间价值，但计算却复杂多了，并且在投资回收期不长和基准折现率不大的情况下，两种投资回收期的差别不大，不至于影响项目的选择，因此动态投资回收期指标不常用。只有在静态投资回收期较长和基准折现率较大的情况下，才需进一步计算动态投资回收期。

采用动态投资回收期指标进行建设项目经济评价时，其判别标准同静态投资回收期，即当求得的回收期 T_d＜基准投资回收期 T_c 时，方案才可以接受。

2. 净现值法

净现值（记作 NPV）是将建设项目整个计算期内各年的净现金流量，按某个给定的折现率，折算到计算期期初（第零年）的现值的代数和。计算公式为：

$$NPV=\sum_{t=1}^{n} NCF_t\,(P/F,i,t)$$

式中　i——给定的折现率，通常选取行业基准收益率（i_c）；

n——项目的计算周期，等于项目的建设期、投产期与正常生产年数之和，一般为建设项目的寿命周期。

在项目经济评价中，若 $NPV \geqslant 0$，则该项目在经济上可以接受。

在给定的折现率 $i=i_c$ 条件下，若 $NPV=0$，表明建设项目的动态投资回收期（从投资开始时刻算起）等于项目的计算期，说明该项目的投资收益率达到了行业（或部门）规定的基准收益率水平。

$NPV>0$（当 $i=i_c$ 时），表明项目的动态投资回收期小于该项目的计算期，说明该项目除达到行业（或部门）规定的基准收益率水平外，还有超额收益（大小等于 NPV 的值）。也就是说，该项目的投资收益率高于行业（或部门）规定的基准投资收益率水平。

净现值是反映建设项目投资盈利能力的一个重要动态评价指标，被广泛用于建设项目的经济评价中。其优点，首先是考虑了资金的时间价值和项目在整个计算期内的费用和收益情况。其次，它直接以金额表示项目投资的收益性大小，比较直观。

3. 内部收益率法

（1）内部收益率的涵义和计算公式　内部收益率是一个同净

现值一样被广泛使用的项目经济评价指标。它是指项目的净现值为零（或收益的现值等于费用的现值）时的折现率。由于它所反映的是项目投资所能达到的收益率水平，其大小完全取决于方案本身，因而称为内部收益率，简记作 *IRR*。其计算公式为：

$$\sum_{t=0}^{n} NCF_{\mathrm{t}}\ (P/F, IRR, t) = 0$$

IRR 的值域是（-1，∞）。而对于大多数项目来说，$0 < IRR < \infty$。

（2）内部收益率的经济含义　内部收益率可理解为项目对占用资金的恢复能力（或可承受的最大投资贷款利率）。即对于一个项目来说，如果折现率（或投资贷款利率）取其内部收益率时，则该项目在整个计算期内的投资恰好得到全部收回，净现值等于零。也就是说，该项目的动态投资回收期等于项目的计算期。内部收益率越高，一般来说该项目的投资效益就越好。

（3）内部收益率指标的适用范围和局限性　以上讨论的内部收益率情况仅适用于“正常”的项目经济评价，这类项目的净现金流量从第零年起至少有一项是负值或几项是负值的，接下去是一系列正值。可以证明，此情况下项目的 *IRR* 有惟一解，并且当项目的 $t = \sum_{t=0}^{n} NCF_{\mathrm{t}} \geqslant 0$ 时，有 $0 \leqslant IRR < \infty$；当项目 $t = \sum_{t=0}^{n} NCF_{\mathrm{t}} < 0$ 时，有 $-1 < IRR < \infty$ 成立。

内部收益率指标用于单项目经济评价时，如果 $IRR \geqslant i_{\mathrm{c}}$ 或大于等于实际投资的贷款利率，则该项目是可以接受的。

内部收益率指标的最大优点是它能直观地反映建设项目投资的最大可能盈利能力，或者最大利息偿还能力（指投资来源为银行贷款时）。但由于 *IRR* 计算公式所给的仅是必要条件，因而 *IRR* 指标在使用上也有一定的局限性。

如下三种情况不能使用 *IRR* 指标：①只有现金流入或现金

流出的项目，此时不存在有明确经济意义的 IRR。②非投资情况，即先从项目取得收益，然后用收益偿付有关的费用，如设备租赁。在这种情况下，只有 $IRR \leqslant i_c$ 的项目才可接受。③当项目的净现金流量的正负符号改变不止一次时，就会出现多个使净现值等于零的折现率。此时，内部收益率无法定义。

由于内部收益率是根据项目本身数据计算出来的，而不是专门给定的，所以 IRR 不能直接反映资金时间价值的大小。

如果只根据 IRR 指标大小进行项目的投资决策，可能会使那些投资大、IRR 低，但收益总额很大、对国民经济全局有重大影响的项目落选。因此，IRR 指标往往和 NPV 指标结合起来应用。因为有时 NPV 大的项目，其 IRR 不一定大；反之亦然。

4. 其他评价方法

（1）简单投资收益率法　简单投资收益率记作 ROI，是指建设项目投产后的年净收益 R 与初始投资 K_0 之比。计算公式为：

$$ROI=\frac{R}{K_0}\times 100\%$$

式中　R——年净收益，等于该年的净现金流量；

K_0——初始投资，等于项目的全部投资。

ROI 是衡量建设项目投资盈利能力的静态指标之一，它适用于简单并且生产变化不大的建设项目的初步经济评价和优选。一般情况下，当求出的简单投资收益率大于等于其行业（或部门）的标准投资收益率时，认为该项目是可接受的。上式中的 R 可以是项目投产后各年的平均净收益，也可以是投产后正常生产年份的净收益额。

（2）投资利润率法　投资利润率一船是指建设项目达到设计生产能力后的一个正常生产年份的年利润总额与项目的总投资之比。对生产期内各年的利润总额变化幅度比较大的项目，应计算生产期内年平均利润总额与总投资的比率。其计算公式为：

$$投资利润率=\frac{年利润总额或年平均利润总额}{总投资}\times 100\%$$

年利润总额＝年产品销售收入－年总成本费用－年产品销售税金及附加

年总成本费用＝年产品制造成本＋年销售费用＋年管理费＋年财务费用

年产品销售税金及附加＝年增值税＋年营业税＋年资源税＋年城市维护建设税＋年教育费附加

总投资＝固定资产投资(含投资方向调节税)＋流动资金投资＋建设期借款利息

投资利润率是反映建设项目投资盈利程度的静态指标，它与投资利税率和简单投资收益率统称为财务三率。在建设项目经济评价中，计算出的投资利润率若大于或等于该行业（或部门）的标准投资利润率，则认为该项目是可接受的。

(3) 投资利税率法　投资利税率是与投资利润率相类似的一个衡量建设项目投资盈利程度的静态指标，它是指项目达到设计生产能力后的正常生产年份的年利税总额或生产期内各年平均利税总额与总投资的比值。其计算公式为：

$$投资利税率=\frac{年利税总额或年平均利税总额}{总投资}\times 100\%$$

年利税总额＝年利润总额＋年销售税金及附加

＝年产品销售收入－年总成本费用

在项目经济评价中，若算出的投资利税率大于或等于该行业（或部门）的标准投资利税率，则认为该项目是可接受的。

(4) 效益-费用比法　效益-费用比（B/C）是指一个项目在整个计算期内年收益（b_t）的现值之和（B）与年费用（C_t）现值之和（C）之比。表达式为：

$$B/C=\frac{\sum_{t=0}^{n} b_t(P/F,i,t)}{\sum_{t=0}^{n} C_t(P/F,i,t)}$$

对于项目经济评价，若 $B/C \geqslant 1$，必有 $NPV \geqslant 0$，反之亦然。所以，对于方案经济评价来说，NPV 和 B/C 两个指标是等效的。但由于 B/C 计算较繁琐，故人们常常使用 NPV 指标。

3.4 水业及垃圾处理基础设施项目社会评价

3.4.1 社会评价及其主要内容

水业及垃圾处理基础设施项目社会评价是在分析项目对社会的各种影响的基础上，分析项目的各种影响对社会及人民生活的作用，以及当地社会及人民对这些影响生产的反应及其对项目的影响和反作用，采取措施促使项目与社会相互适应、相互协调发展，从而保证项目的持续生存与发展，并推动社会的进步。

项目社会评价的内容包括项目的环境影响评价和项目与社会相互适应性分析两个方面。

1. 项目的环境影响评价

项目环境影响的评价内容可分为四个方面、三个层次的分析，即项目对社会环境、自然与生态环境、自然资源以及社会经济四个方面的环境评价，对国家、地区、项目三个层次的分析。项目对国家和地区的分析属于宏观分析，项目与社区的相互影响分析属于微观分析。

(1) 社会环境影响分析　这是项目环境影响评价的重点。包括项目对社会政治、安全、人口、文化教育等方面的影响。

(2) 自然与生态环境影响分析　分析评价项目采取环保措施后的环境质量状况，各项污染治理情况，是否因为存在近期或远期的自然与生态环境的影响而导致人民对项目的不满。

(3) 自然资源影响分析　主要是分析评价项目对自然资源合理利用、综合利用、节约使用等政策目标的效用。

(4) 社会经济的影响分析　主要从宏观经济角度分析项目对

国家、地区的经济影响。

2. 项目与社会相互适应性分析

对一般项目主要是分析项目与当地社区的相互适应性，对大中型项目还要分析项目与国家、地方发展重点的适应性。主要内容包括：项目是否适应国家、地区发展重点；项目文化与技术的可接受性；项目存在社会风险的程度；受损群众的补偿问题；项目的参与水平，分析社区群众参与的水平；项目承担机构能力适应性；项目的可持续性。

3.4.2 社会评价的基本方法

项目涉及的社会因素、社会影响和社会风险不可能用统一的指标、量纲和判据进行评价，因此社会评价应根据项目的具体情况采用灵活的评价方法。在项目前期准备阶段，采用的社会评价方法主要有快速社会评价法和详细社会评价法。

1. 快速社会评价法

快速社会评价是在项目前期阶段进行社会评价常用的一种简捷方法，通过这一方法可大致了解拟建项目所在地区社会环境的基本状况，着眼于负面社会因素的分析判断，一般以定性描述为主。快速社会评价的方法步骤如下：

（1）识别主要社会因素，对影响项目的社会因素分组，可按其与项目之间关系和预期影响程度划分为影响一般、影响较大和影响严重三级。应侧重分析评价那些影响严重的社会因素。

（2）确定利益群体，对项目所在地区的受益、受损利益群体进行划分，着重对受损利益群体的情况进行分析。按受损程度，划分为受损一般、受损较大、受损严重三级，重点分析受损严重群体的人数、结构，以及他们对项目的态度和可能产生的矛盾。

（3）估计接受程度，大体分析当地现有经济条件、社会条件对项目存在与发展的接受程度，一般分为高、中、低三级。应侧重对接受程度低的因素进行分析，并提出项目与当地社会环境相互适应的措施建议。

2. 详细社会评价法

详细社会评价法是在可行性研究阶段广泛应用的一种评价方法。其功能是在快速社会评价的基础上，进一步研究与项目相关的社会因素和社会影响，进行详细论证预测风险。结合项目备选的技术方案、工程方案等，从社会分析角度进行优化。详细社会评价采用定量与定性分析相结合的方法进行过程分析。主要步骤如下：

（1）识别社会因素并排序列，对社会因素按其正面影响与负面影响，持续时间长短，风险度大小，风险变化趋势（减弱或者强化）分组。应着重对那些持续时间长、风险度大、可能激化的负面影响进行论证。

（2）识别利益群体并排序，对利益群体按其直接受益或者受损，间接受益或者受损，减轻或者补偿措施的代价分组。在此基础上详细论证各受益群体之间，利益群体与项目之间的利害关系，以及可能出现的社会矛盾。

（3）论证当地社会环境对项目的适应程度，详细分析项目建设与运营过程式中可以从地方获得支持与配合的程度，按好、中、差分组。应着重研究地方利益群体、当地政府和非政府机构的参与方式及参与意愿，并提出协调矛盾的措施。

（4）比选优化方案，将上述各项分析的结果进行归纳，比选、推荐合理方案。

在进行项目详细社会评价基础上进一步采用参与式评价，即吸收公众参与评价项目的技术方案、工程方案等。这种方式有利于提高项目方案的透明度；有助于取得项目所在地各有关利益群体的理解、支持与合作；有利于提高项目的成功率，预防不良社会后果。一般来说，公众参与程度越高，项目的社会风险越小。参与式评价可采用下列形式：

（1）咨询式参与　由社会评价人员将项目方案中涉及当地居

民生产、生活的有关内容，直接交给居民讨论，征询意见。通常采用问卷调查法。

（2）邀请式参与　由社会评价人员邀请不同利益群体中有代表性的人员座谈，注意听取反对意见，并进行分析。

（3）委托式参与　由社会评价人员将项目方案中特别需要当地居民支持、配合的问题，委托给当地政府或机构，组织有关利益群体讨论，并收集反馈意见。

3.5　水业及垃圾处理基础设施项目环境效益评价

3.5.1　环境效益评价及其主要内容

1. 环境效益评价的内涵

我国目前的建设项目环境影响评价体系是在1979年《中华人民共和国环境保护法》颁布以后建立起来的。体系自建立以来，不断得到发展，并由国家环保总局颁布了一系列技术指南对实际的环境影响评价工作提供指导。

目前的环境影响评价技术导则是按以前的建设项目环境保护规定设计的。该导则包括三个部分：（1）通用导则——环评工作的方法和标准操作；（2）建设项目空气质量影响评价技术导则；（3）建设项目地表水质量影响评价技术导则，对大气和水的环境影响评价导则主要是关于数据推理分析的方法和以大气和水中污染物浓度为表征的影响测量。

项目可行性研究不仅要考虑经济上合理，而且还要考虑到环境的可持续性。而只有对环境影响进行经济评价，才可以更全面地了解项目的实际价值，预见项目的经济后果和环境影响后果，避免实施导致自然环境退化的项目，而且当资源稀缺时，还可以对不同的项目进行比较和排序。因此，评估环境影响的经济价值，是将环境问题纳入到项目经济分析的基本前提，是项目可行性决策的重要依据。

我国正处在经济快速发展的时期，建设投资规模非常大。许多项目都对环境产生持续的、甚至是永久的影响。只有对建设项目的环境影响进行经济评价，并将环境经济评价结果纳入到项目的经济分析之中，才能真正地做到环境与发展的综合决策，才能有效地解决我国经济发展与环境保护之间的矛盾。

2. 环境效益评价的基本要素

根据以上定义，可以看出环境效益评价必须包括评价主体、评价目的、评价标准、评价程序、评价方法和评价客体等几个要素。下面我们特对此进行具体分析：

(1) 环境效益评价工作必须由相应的评估人员操作。在市场经济条件下，环境效益评价人员必须具有一定的专业知识，取得相应资格后方可从事环境效益评价业务，没有取得相应资格的人员不得进行环境效益评价工作。

(2) 环境效益评价的目的必须十分明确，即必须清楚为什么要进行环境效益评价。只有明确了环境效益评价的目的，才能采用相应科学的评估方法来进行评估。

(3) 环境效益评价必须执行统一的标准，这些标准主要是剂量-反应关系标准、价格标准和时间标准。剂量-反应关系标准要求所有的环境影响必须按照一定的标准进行量化。价格标准要求环境效益评价自始至终采用统一时点的市场价格，价格水平、汇率水平都要以特定时点的水平为标准，不能随时变化。时间标准要求环境效益评价应该以特定的时点为标准，环境效益评价只是对特定时点的环境资产状况进行评估。

(4) 环境效益评价必须按照法定程序进行，不能随意进行。法定程序是由环境效益评价的管理机构制定的有关环境资产评估必须遵循的程序。只有遵循这样的程序进行，才能保证评价信息获取的客观性，从而保证环境效益评价的科学性和可接受性。一般来说，不同类型的环境影响具有不同的评估程序。

（5）环境效益评价必须采用科学的评估方法。目前采用的主要方法是直接市场评价法、替代市场评价法、权变评价法和成果参照法，这些方法是在理论和实践经验总结的基础上形成的，具有一定的科学性。同时，这些方法分别适应于不同的评估目的，且所适用的评估条件和评估范围也有所不同。

（6）环境效益评价的结果是被评估环境影响的现时经济价值（或称即时价值）。虽然评估结果既不是被评估环境影响的过去价值，也不是将来价值，但是在评估时必须充分考虑环境影响的过去和未来状况，因为这些都是决定环境影响经济价值的重要因素。

环境效益评价的关键在于评价主体如何获取有关评价客体的信息以及采用何种评价方法对这些信息进行处理。环境效益评价是对被评估环境影响的评定和估算的统一，评定意味着客观精确，而估算则意味着主观粗略。因此，环境效益评价的结果与环境影响的客观价值之间总是存在一定的误差，而不可能完全准确；而且对于被评估环境影响而言。

3. 环境效益评价的主要内容

一般来说，环境效益评价的主要内容包括：确定和筛选影响；影响的量化；影响的货币化；估算因素分析；把评估结果纳入项目经济分析。

（1）确定和筛选影响　影响的确定和筛选就是要决定项目的哪些影响是最重要的。在对环境影响进行经济评价之前，要做两项工作：第一项工作是根据影响因子和影响的方式，确定一个项目所有实际潜在的环境后果。影响因子是经济活动的结果，能够影响人和敏感的生态系统。例如从发电厂（一项活动）排放的颗粒物（一种影响因子）可能引起肺部疾病（一种影响）。

第二项工作是筛选出最重要的影响。用于筛选影响的因素包括影响的规模，影响是否控抑或内部化，影响是否能被定量评价或货币化。

（2）影响的量化　量化影响，即用一个合理的物理量化单位来表述每一种影响的大小。这是数据整理与数据校准关键的一步。量化应确保量化结果的一致性，从而使这些结果之间可以相互比较，并能用来确定各种经济价值。

在环境预评估或环境影响评价中，应将环境影响采用剂量-反应函数予以量化，将环境污染物的预期剂量与受体的量化影响联系起来。如果在环境影响评价的结论中能找到量化的物理影响，这些量化应该经过检验以确保其精确性及一致性，影响特征与评价方法相一致。

如果影响没有经过统一的量化，那么，在经济评价之前应先做这一步。

根据影响的定义，影响分为四类：人体健康、人类福利、环境资源和全球系统。这四类影响量化的方法有共同的部分，但又各有其特殊性，涉及到多学科的知识，它们之间共同的原则性步骤有以下几方面：

√查找出需要全面或部分经济评估的影响，然后确定与这些影响相对应的环境影响因子；

√确定这些环境影响因子的量纲和数量；

√确定受体和影响因子对受体的传播途径；

√确定受体所受影响的指标及其量纲；

√量化影响。

（3）影响的货币化　环境影响的货币化就是将每种环境影响的量级从物理单位转换为货币单位。为了获得环境影响的货币化价值，我们通常需要用一种或多种“基本”的环境效益评价方法来对其进行估算。但是，这往往需要付出巨大努力，耗费大量资金和时间。当应用基本的环境效益评价方法进行研究不现实时，我们就只有采用一些快速分析方法了。

1）快速分析方法的类别　快速分析方法包括一系列技术和做法，它们在时间、数据和经费约束使基本评价方法研究不可行时，有助于提供有关环境效益评价的客观和相关信息。这些方法包括确定容易得到那些影响量化和评价的数据，然后以一种逻辑和文字流畅的方式提供总体经济评价分析的认识，在快速经济分析中所采用的数据有多种来源。例如，在短期实地考察（例如作为 IEE/EIAs 的一部分）期间可以得到数据，然后在快速分析中加以说明。根据可观察到的诸如预期生产力变化的范围，快速分析进行实用而快捷的对潜在重要性的评价和可能影响范围的评价。快速分析中所赋予的货币价值，可以根据可观测到的市场价格来确定。

2）快速分析方法的应用　尽管快速分析方法一般说来并不如基本评价方法那样精确或在方法上有效可信，但只要谨慎使用，通常还是很有用的。在快速分析方法用于项目经济评价时，尤其是这样。这是因为，其目标在于决定是否将环境影响纳入项目经济分析，将对项目总体经济分析结果产生重大改变。例如，对一项环境收益的保守估算可能足以超过项目的总成本。在这种情况下，更精确估算这些收益的数据获取和/或估算其他类别收益的价值的估算，对于项目的总体经济分析，均可省略。

4. 估算因素分析

有关环境效益评价的各种方法，无论是基本评估法还是成果参照法，均包含有一定程度的估算成分。环境影响的货币价值只是真实价值的近似值，其中包括有省略、偏差率确定性因素。采用的贴现率及其他因素也影响货币价值的估算。在考察并估算环境影响的经济价值时，必须认真分析这些问题。

（1）省略　确定有关环境影响的哪些信息在环境预评估或环境影响评价中被忽略了，哪些信息在经济评价中被省略了。

（2）偏差　此处的偏差指能够引起收益或成本的定量估算值高于或低于其实际值的情况。例如，如果所有的项目成本均包括在评价中，但因缺乏数据忽略了某些项目收益，那么净收益的量化数值就会偏低。

(3) 不确定性　在一定程度上，因为涉及对自然和社会经济关系变化的估算或预测，所有评估均包含不确定性。不确定性的类别与来源，决定着其对项目收益率或净收益的影响，需要加以考察。

5. 把结果纳入项目经济分析

最后是如何使用经济评价的结果。也即是，如何将环境效益评价结果纳入项目经济分析之中。

3.5.2　环境效益评价的基本方法

目前有关环境效益评价方法的分类，据此把环境效益评价方法分为以下4类：

(1) 直接观察法　这些观察是以人们使其效用最大化的真实选择为基础的，由于选择是以真实价格为基础的，因此数据直接以货币化单位表示。属于此类方法的有竞争性市场价格法以及模拟市场法。

(2) 间接观察法　它也是以反映人们的效用最大化的真实行为为基础的。其中的一种方法是复决投票法，其原理是：如果提供给个人一定数量的可供自由选择的商品，且其价格是固定的，那么对个人选择行为的观察就可以揭示出个人赋予该商品的价值是大于还是小于给定的价格。

(3) 直接假设法　即提供一个假设市场，直接访问消费者对环境服务的评价。例如，通过人们对环境服务的改变给予评估，在一个给定价格下，人们“购买”多少环境服务。

(4) 间接假设法　它与间接观察法不同，通过研究人们对假设问题的反应，而不是观察人们的真实选择来获得数据，间接假设法包括权变排列、权变活动、权变投票等方法。

为了便于理解环境效益评价方法，我们将环境影响经济评价方法分为三类，即直接市场评价法、替代市场评价法和权变评价法。划分的依据同样也是以上的两项标准。

(1) 直接市场评价法，包括生产效应法、人力资本法、疾病成本法、机会成本法、重置成本法、影子工程法等。

(2) 替代市场评价法，包括内涵房地产价值法、旅行费用法、工资差额法、防护支出法等。

(3) 权变评价法，包括投标博弈法、比较博弈法、无费用选择法、优先评价法、专家调查法等。

众所周知，环境污染或环境质量下降会使投资者投资欲望降低，由于投资降低导致了所在区域内生产和服务规模和产值的缩减，因此，我们可以通过衡量生产和服务行业产值的下降幅度并乘以该区域单位产品的生产总值，就可以估算出环境污染对该区域造成的影响的大小，并以此作为环境污染损失的价值评估结果。这就是上面所说的环境效益评价的第一种方法，我们把这种方法称作直接市场评价法。

但是，当市场和价格不能提供价值评估所必需的信息时，我们就需要研究和开发其他的方法。随着人们环境意识的提高，人们对自己所生活的环境越来越重视，当人们决定购买或消费某些物品时，通常也会考虑环境质量好坏对这些物品的实际价值的影响。因此，我们就从人们的实际市场行为中推断出消费者的偏好和支付意愿，这就是上面所说的环境效益评价的第二种方法，我们把这种方法称为替代市场评价法。第三种途径就是通过调查等方式，让消费者直接表述出他们对环境物品或服务的支付意愿/接受赔偿意愿，或者是价值高低的判断。这种方法被称之为权变评价法。

第4章　水业及垃圾处理基础设施项目管理组织

水业及垃圾处理基础设施项目管理组织是指建设单位或项目管理单位及其相应的管理组织体系。当一个建设项目立项以后，就要设立相应的项目管理组织，对项目的建设质量、进度、资金使用等实施控制和管理，以促进项目获得最大的投资效益。

4.1　建设项目法人责任制

正如本书前面所述，建设项目法人责任制是我国从1996年开始实行的一项工程建设管理新制度。1999年2月，为了加强基础设施工程的质量管理，国务院办公厅发出通知，要求“基础设施项目，除军事工程等特殊情况外，都要按政企分开的原则组成项目法人，实行建设项目法人责任制，由项目法定代表人对工程质量负总责”。项目法人责任制的核心内容是明确了由项目法人承担投资风险，项目法人要对工程项目的建设及建成后的生产经营实行一条龙管理和全面负责。

4.1.1　项目法人设立

项目建议书被批准后，应由项目的投资方派代表组成项目法人筹备组，具体负责项目法人的筹建工作。在申报项目可行性研究报告时，须同时提出项目法人的组建方案，否则可行性研究报告不予以审批。在项目可行性研究报告被批准后，正式设立项目法人，确保资本金按时到位，及时办理公司设立登记。重点工程的公司章程报国家发改委备案，其他项目的公司章程按隶属关系分别报有关部门、地方发改委。

由原有企业负责建设的大中型基建项目，需设立子公司的，要重新设立项目法人；只设立分公司或分厂的，原企业即是项目法人，原企业法人应向分公司或分厂派遣专职管理人员，实行专职考核。

4.1.2 建设项目法人责任制的特点

项目法人责任制是以现代企业制度为基础而建立的一种创新性制度，它与传统计划经济体制下的工程建设指挥部负责制有着本质区别。两者特点的比较见表 4-1 所示。

项目法人责任制与工程建设指挥部负责制的比较　表 4-1

比较内容	工程建设指挥部	项目法人(公司)
经济管理体制	计划经济，政企不分	市场经济，政企分开
行为特征	政府派出机构，是政府行为，项目建成后才组建企业法人	独立法人实体，是企业行为
产权关系	产权关系模糊，不便于落实固定资产的保值增值责任	产权关系清晰，便于落实固定资产的保值增值责任
建设资金筹措	投资主体单一，主要依靠国家预算内投资	投资主体多元化，筹资方式市场化、国际化
管理方式	投资、建设、运营、还贷各自分段管理，利益主体多元化	投资、建设、运营、还贷全过程管理，利益主体一元化
管理手段	主要依靠行政手段	主要依靠经济和法律手段
投资风险责任	不承担或无法承担盈亏责任，粗放经营，“三超”现象严重，还贷责任无法落实	自负盈亏，集约经营，追求经济效益，便于落实还贷责任
运行结果	临时机构，项目建成后便解散	项目建设期间及建成后均为现代企业制度的公司

4.1.3 项目法人的主要职责

项目法人设立后，由他对项目寿命周期的各个过程实行一条龙管理和全面负责。项目法人在不同阶段的主要职责是：

1. 前期工作阶段

负责筹集建设资金，提出项目的建设规模、产品方案、厂址选择，落实项目建设所需的外部配套条件。

2. 设计阶段

负责组织设计方案竞赛或设计招标工作，编制和确定招标方案；对投标单位的资质进行全面审查，综合评选；择优选定中标单位；签订设计委托合同，并按设计要求提供有关设计基础资料；及时了解设计文件的编制进度，落实设计合同的履行；设计完成后，要及时组织设计文件（含概预算）的审查，提出审核意见，上报初步设计文件和概算文件；进一步审查资金筹措计划和用款计划等。

3. 施工招标阶段

负责组织工程施工招标和设备材料采购招标工作，编制和确定招标方案；对投标单位的资质进行全面审查，择优选定工程施工和设备材料供应的中标单位，签订工程施工合同及设备材料采购合同；落实开工前的各项施工准备工作。

4. 施工阶段

负责编报并组织实施项目年度投资计划、用款计划及建设进度计划；组织工程建设实施，负责控制建设投资、施工进度和质量；建立建设情况报告制度，定期向建设主管部门报送建设情况；项目投产前，要组织好运营管理班子，培训管理人员，做好各项运营生产准备工作；项目按批准的设计文件建成后，要及时组织工程预验收，并负责提出项目竣工验收申请报告；编报工程竣工决算报告。

在以上设计、施工招标及施工阶段中，项目法人若委托监理单位以第三方的身份对工程项目的建设过程实施监督管理，其职责还应包括：通过招标方式择优选择监理单位、签订建设工程委托监理合同、实施合同管理等工作。同时，在项目法人委托监理的相应阶段，其部分职责则由监理单位来承担。监理单位的具体职责和任务，应在项目法人与监理单位所签订的建设工程委托监理合同中予以明确。

5. 生产运营阶段

负责组织生产运营工作的内部管理机构；组织生产管理和运营管理；按时向有关部门报送生产信息和统计资料；制定债务偿还计划，并按时偿还债务；实现资产的保值增值，按组建项目法人的章程进行利润分配；组织项目后评价，提出项目后评价报告。

4.1.4 实行建设项目法人的意义

实行建设项目法人责任制，使政企分开，把投资的所有权与经营权分离，这不仅是一种新的项目管理组织形式，而且是社会主义市场经济体制在投资建设领域实际运行的重要基础。实行建设项目法人责任制具有以下几点优越性：

1. 有利于实现项目决策的科学化和民主化

由于项目法人得到国家的授权，要承担决策风险，所以为了避免盲目决策和随意决策，可以采用多种形式，组织技术、经济、管理等方面的专家对项目进行充分论证，提供若干可供选择的方案进行优选。

2. 有利于拓宽建设项目的筹资渠道

通过设立项目法人，可以采用多种方式向社会多渠道融资，同时还可以吸引外资，从而在短期内实现资本集中，引导这些资金投向国家的重点建设。

3. 有利于分散投资风险

实行项目法人责任制，可以更好地实现投资主体多元化，使所有投资者利益共享、风险共担。由于通过公司内部逐级授权，项目建设和经营必须向公司董事会和股东会负责，必须置于董事会、监事会和股东会的监督之下，使投资责任和风险可以得到更好、更具体的落实。

4. 有利于避免建设与运营的相互脱节

实行项目法人责任制，项目法人不但负责建设，而且还负责建成后的经营与还贷，对项目建设与建成后的生产经营实行一条龙管理和全面负责。这样就把建设的责任和经营的责任密切地结合起来，从而可以较好地克服基建管花钱、生产管还贷，建设与生产经营相互脱节的弊端。

5. 有利于促进招标承包和建设监理等现代管理制度的健康发展

实行项目法人责任制，明确了由项目法人承担投资风险，因而强化了项目法人及各投资方的自我约束意识。同时，受投资责任的约束，项目法人大都会积极主动地通过招标，优选施工承包单位和建设监理单位，从而推动我国招标承包和建设监理等制度的健康发展。

4.2　建设项目法人的组织形式

4.2.1　水业及垃圾处理基础设施项目法人的组织形式

按照原国家计委《关于实行建设项目法人责任制的暂行规定》要求，“项目法人可按《公司法》的规定设立有限责任公司（包括国有独资公司）和股份有限公司形式”。其组织特征是：所有者、经营者和生产者之间通过公司的权力机构、决策机构、管理机构和监督机构，形成各自独立、权责分明、相互制约的关系，并以法律和公司章程加以确立和实现。

1. 有限责任公司

有限责任公司是指由 2 个以上 50 个以下股东共同出资，每个股东以其认缴的出资额为限对公司承担责任，公司以其全部资产对债务承担责任的项目法人。有限责任公司不对外公开发行股票，股东之间的出资额不要求等额，而由股东协商确定。

2. 国有独资公司

国有独资公司也称国有独资有限责任公司，它是由国家授权投资的机构或国家授权的部门作为惟一出资人的有限责任公司。

国家授权投资的机构或国家授权的部门依照法律、行政法规的规定，对国有独资公司的国有资产实行监督管理。这种监督管理尽管也是通过“监事会”的组织实行的，但这种监事会与有限责任公司和股份有限公司的监事会不同，它属于法人之外的监督组织。

3. 股份有限公司

股份有限公司是指全部资本由等额股份构成，股东以其所持股份为限对公司承担责任，公司以其全部资产对债务承担责任的项目法人。股份有限公司应有 5 个以上发起人，其突出特点是有可能获准在交易所上市。

4.2.2 水业及垃圾处理基础设施项目法人与有关各方的关系

实行项目法人责任制后，项目法人与政府部门、金融机构、投资方、承包方（设计、施工、物资供应单位）、监理单位、咨询单位等的关系，是一种新型的适应社会主义市场经济运行机制的关系。在建设项目管理上形成以项目法人为中心和主体，项目法人向国家和各投资方负责，咨询、监理为中介，设计、施工、物资供应等单位通过投标方式承担工程建设任务的建设管理新模式，如图 4-1 所示。

1. 项目法人与政府部门的关系

项目法人是独立的经济实体，要承担投资风险，要对项目的立项、筹资、建设和生产运营、还本付息以及资产的保值增值进行全过程负责。为此，项目法人必须拥有相应的自主权，政府不再直接干预项目法人的投资与建设活动。

实行项目法人责任制后，政府部门的主要职能是依法进行监

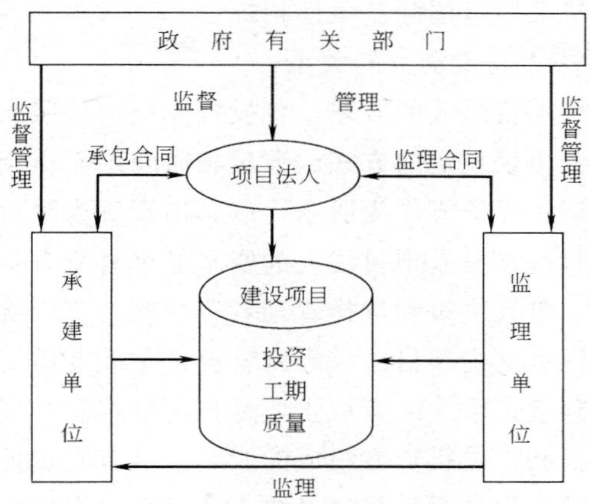

图 4-1　建设项目管理新模式

督、协调和管理。监督是指政府通过制定法律、法规（包括单项法规、技术标准、规范等），指导和制约项目法人的投资活动，使其符合国家的宏观政策和利益。对涉及环境保护和其他对社会有影响的问题，政府有关部门还要负责检查和审批。协调是指政府部门为给项目建设和生产运营创造良好的外部环境，协调项目法人与项目所在地的公共关系，必要时采取强制手段，帮助项目法人解决征地拆迁、移民安置和社会治安等问题。政府对项目法人及建设项目的管理，要由原来的直接管理为主转变为间接管理为主，由原来的微观管理为主转变为宏观管理为主。

2. 项目法人与金融机构的关系

项目法人和金融机构是平等的民事主体。一方面，项目法人要取得金融机构的支持，以保证资金的供给；另一方面，项目法人也可根据贷款条件，自主选择金融机构。项目法人与金融机构是双向选择，双方通过借款合同，明确其权利和义务。

为了保证其贷出的资金能连本带息按期收回，提供贷款的金融机构一般要对项目法人的资金使用情况进行监督。例如，世界银行对其资助项目的设备、材料采购和建筑安装工程承包，一般都要求项目法人通过国际竞争性招标。

3. 项目法人与投资方的关系

投资方是项目法人的股东。各投资方必须按照组建项目法人时签订的投资协议规定的方式、数量和时间足额出资，且出资后不得抽回投资。投资方作为股东，以其出资额为限对项目法人承担责任，同时按其投入项目法人的资本额享有所有者的权利，包括资产受益、重大决策和选择管理者等权利。资产受益是指股东将其投入的资本交由项目法人经营管理产生收益后，投资方依法享受和获取利益。重大决策权主要是指《公司法》规定的股东应享有的各项权利。由投资方组成的股东会（有限责任公司）或股东大会（股份有限公司）是项目法人的最高权力机构。

项目法人享有各投资方出资形成的全部法人财产权，对法人财产拥有独立支配的权利。项目法人以其全部法人财产，依法自主经营，自负盈亏，照章纳税，对出资者承担资产保值增值的责任。自主经营是指项目法人可以充分自主地行使法律赋予其经营管理工作的各项权力。自负盈亏是指项目法人对其生产经营活动的后果，应享有权益和承担责任。照章纳税是指项目法人按国家有关税收法律、法规的规定缴纳各项税款。

4. 项目法人与承包方的关系

项目法人与承包方是地位平等的民事主体，承包方通过投标竞争获得工程任务，项目法人通过招标方式择优选择中标单位。项目法人（发包方）与承包方是双向选择，双方通过签订工程承发包合同或设备、材料供应合同，明确其各自的权利和义务。在项目法人与承包方之间，任何一方在享受权利的同时，都必须承担相应的义务。

根据我国工程建设监理的有关规定，大中型建设项目的项目法人都要委托社会监理单位对工程建设实施监督管理。监理单位可以根据项目法人的授权，监督管理承包方履行工程承发包合同或设备、材料供应合同。

5. 项目法人与监理等单位的关系

项目法人与监理等单位也是地位平等的民事主体，双方通过签订经济合同，明确其权利和义务。监理单位接受项目法人的委托之后，项目法人就把工程建设管理权力的一部分授予监理单位。监理单位在项目法人的授权范围之内开展工作，要向项目法人负责，但并不受项目法人的领导；项目法人对监理单位的人力、物力、财力等，没有任何支配权和管理权。监理单位不是项目法人的代理人，不是以项目法人的名义开展监理活动，而是以第三方的身份独立工作；不仅要为项目法人提供高智能的服务，维护项目法人的合法权益，同时也要维护承包方的合法权益。

4.2.3　项目法人组织结构设置

1. 组织构成

在项目的组织构成方面，要注意把握两个关系：一是管理层次与管理跨度的关系；二是部门职能与部门划分的关系。

(1) 管理层次与管理跨度的关系

1) 管理层次　管理层次是指从公司最高管理者到最下层实际工作人员之间的不同管理阶层。管理层次按从上到下的顺序通常分为决策层、协调层、执行层和操作层。

2) 管理跨度　管理跨度是指一名管理人员所直接管理下级的人数。由于人的精力与能力是有限的，所以一个管理者所能直接有效地指挥下级的数目也是有限度的，但也有弹性的。

3) 管理层次与管理跨度的关系　一般地说，管理层次与管理跨度是相互矛盾的，管理层次过多势必要降低管理跨度，同样管理跨度增加，同样也会减少管理层次。因此平衡管理跨度与管理层次之间的关系，使决策与管理效率高效、快捷是组织结构设置中的重要问题。

(2) 部门职能与部门划分

部门职能的合理确定与部门划分也是组织机构设置中的一对

重要关系。

1）部门的划分　部门的划分是指项目管理机构中需设立多少部门和设立哪些部门。部门过多将造成资源浪费和工作效率低下，部门太少也会出现部门内事务太多，部门管理困难等问题。

2）部门职能的确定　部门职能是指部门所应负责的工作与事务范围。

3）部门职能与部门划分的关系　如何合理地划分部门与部门职能的设定是紧密联系的。部门划分的科学合理，各部门之间的职能分工就容易合理设定，如果部门职能设定不合理，将会增加部门的数量，容易造成管理上的混乱。

2. 组织活动原理

（1）组织要素的有用性　任何一个组织系统都有人、财、物、时间和信息等资源构成基本要素。要素的有用性就是意味着组织内的要素都是有用的，但可能是有益的，也可能是有害的。要求组织活动的管理者在项目管理中在注意趋利避害的同时，还要发挥每一要素的长处，根据各自特点合理使用，做到资源利用与项目目标达到最佳结合。

（2）要素相关性　要素的相关性是指要素之间的相互联系、相互制约、相互依存、相互作用、相互排斥。在不同的组合方式，不同的运作机制下会产生不同的结果。

（3）要素的能动性　要素的能动性是指要素中人的作用是具有主观能动性的。要素管理中最重要的是人的因素，处理好人的因素，对于完成好项目的管理工作具有极其重要的现实意义。

（4）运动规律性　运动规律性是指组织运动管理是有规律的，组织要素的运动与相互作用也是有规律的。

3. 组织结构确定的依据与原则

（1）管理组织结构确定的依据

1）项目自身的特点；

2）承担项目公司的项目管理要求与管理水平；

3）委托方的要求；

4）项目的资源情况；

5）国家的有关法规。

（2）管理组织结构确定的原则　项目管理组织结构形式的确定主要应遵循工作整体效率、用户至上、权职一致、协作与分工统一、跨度与层次合理以及具体灵活等原则。

1）工作整体效率原则；

2）用户至上原则；

3）权职一致原则；

4）协作与分工统一的原则；

5）跨度与层次合理的原则；

6）具体灵活的原则。

4. 管理组织的建立步骤

项目管理组织的建立应遵循确定合理的项目目标、工作内容、组织目标、组织工作内容，进行组织结构设计，确定工作岗位与工作职责，配置人员，设计工作流程与信息流程，以及制定考核标准等步骤。

（1）确定合理的项目目标　一个项目的目标可以包括很多方面，比如，规模上的、时间上的、质量方面的、内容方面的或者几方面综合起来。这些方面的内容是互相影响的。对于项目的完成者来说，明确主要矛盾，确定一个合理的、科学的项目目标是至关重要的，这是项目工作开展的基础，同样也是确定组织形式与机构的重要基础。

（2）确定项目工作内容　在确定合理的项目目标的同时，项目工作内容也要得到相应的确认，这将使项目工作更具有针对性。确定项目具体工作内容，一般是围绕工作目标与任务分解进行的，从而使项目工作内容系统化。项目工作内容确定时，一般按类分成几个模块；模块之间可根据项目进度及人员情况进行调整。

（3）确定组织目标和组织工作内容　这一阶段首先要明确的是：在项目工作内容中，哪些是项目组织的工作内容。因为不是所有的项目目标都是项目组织所必须达到的，也不是所有的工作内容都是项目组织所必须完成的；有的可能是公司或组织以外的部门负责进行的，而本组织只需掌握或了解。一些工作可能是公司的行政部门或财务部门的工作，项目组织与这些部门之间是上下游工序的关系。

（4）组织结构设计　完成上述工作以后，下一步进行的就是要进行组织结构设计。根据项目的特点和项目内外环境因素选择一种适合项目工作开展的管理组织形式，并完成组织结构的设计。具体工作包括：组织形式、组织层次、各层次的组织单元（部门）、相互关系框架等。这里要注意前面提到的几条原则。

（5）工作岗位与工作职责确定　工作岗位确定的原则是以事定位，要求岗位的确定能满足项目组织目标的要求。岗位的划分要有相对的独立性，同时还要考虑合理性与完成的可能性等。确定了岗位后，就要相应确定各岗位的工作职责。总的工作职责应能满足项目工作内容的需要，并做到前面所要求的权职一致。

（6）人员配置　以事设岗，以岗定人是项目组织机构设置中的一项重要原则。在项目人员配备时要做到人员精干，以事选人。项目团队中的人员并不是都要高智力的，也不需全部高学历的。

（7）工作流程与信息流程　组织形式确定后，大的工作流程基本明确了。但具体的工作流程与相互之间的信息流程要在工作岗位与工作职责明确后确定下来。工作流程与信息流程的确定不能只在口头形式上，而要落实到书面文件，取得团队内部的认同，并得以实施。这里要特别注意各具体职能分工之间、各组织单元之间的接口问题。

（8）制定考核标准　为保证项目目标的最终实现，与工作内容的最后完成，必须对组织内各岗位制定考核标准，包括考核内容、考核时间、考核形式等。工程项目管理组织确定工作的主要步骤如上文所述。在实际项目工作中，这些步骤之间是相互衔接了经常是互为前提而开展工作的，如人员的配备是以人员的需求为前提的，而人员的需求在实际中可能随人员获取结果的影响和人员考核结果的影响而变化。管理组织确定的工作流程对这些动态关系进行了形象的描绘，如图 4-2 所示。

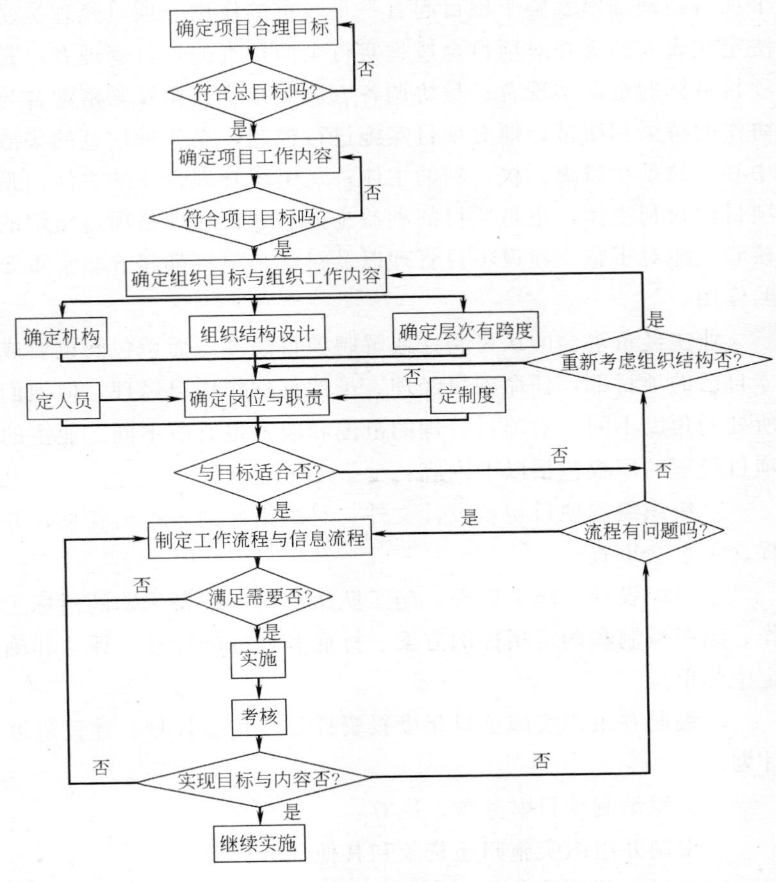

图 4-2　管理组织确定的工作流程

5. 项目经理负责制

项目经理负责制自1941年于美国产生以来，在一些工业发达国家得到普遍推广。我国于1983年建立项目经理负责制，这是加强项目管理所采取的有力得组织措施。项目经理负责制是指项目经理全面负责的这种组织管理形式作为一种制度在企业内实行；项目经理负责制是一种现代化的组织管理制度。

（1）项目经理　项目经理居于整个项目的核心地位，他对整个项目经理部以及整个项目起着举足轻重的作用。项目经理是受法定代表人的委托对项目全过程实行全面负责的项目管理者；是项目目标的全面实现者；是协调各方面关系使其相互紧密配合与协作的桥梁和纽带；他对项目实施进行控制，是各种信息的集散中心。他是项目责、权、利的主体；是组织管理责任的主体；是项目的权利主体；也是项目的利益主体。项目经理是项目组织的核心，他对于整个建设项目管理以及对整个项目都起着非常重要的作用。

业主经董事会的认可聘任或解聘项目经理。而承包商也要成立自己的项目部，任命项目经理。虽然都称作项目经理，但他们所处的角度不同，对项目管理的范围和职责也有所不同。业主的项目经理的职权包括以下内容：

√组织编制项目初步设计文件，对决策性内容提出意见，并提交董事会审查。

√组织设计、施工管理、施工队伍和材料设备采购的招标工作，组织编制和确定招标的方案、标底和评标的标准、评选和确定中标单位。

√编制并组织实施项目年度投资计划、用款计划、建设进度计划。

√组织编制项目财务预、决算。

√编制并组织实施归还贷款和其他债务计划。

√组织工程建设实施，负责控制工程投资、工期和质量。

√在建设过程中，在批准的概算范围内对单项工程的设计进行局部调整。

√根据董事会授权处理项目实施过程中的重大紧急事件，并及时向董事会报告。

√负责生产准备工作和培训有关人员。

√负责组织单项工程预验收和项目试生产。

√拟定生产经营计划、企业内部机构设置、劳动定员定额方案及工资福利方案。

√组织项目后评价，提出项目后评估报告。

√按时向有关部门报送项目建设、生产信息和统计资料。

√提请董事会聘任或解聘项目高级管理人员。

（2）项目经理部　项目经理部实质是在项目经理领导下的项目经营管理层，其职能是对项目管理实行全过程的综合管理。项目经理部是项目管理的中枢、项目责权利的落脚点。项目经理部是相对独立的，它既是企业的一级经济组织，又是企业的一级行政管理组织；项目经理部还具有单体性和临时性，它随着项目的立项而成立，随着项目的终结而解体。项目设置项目经理部或项目小组，它的组织和人员设置与所承担的项目管理任务相关。对于中小型的建设项目，项目经理部人员通常有：项目经理、专业工程师（土建、安装、备专业设备等方面技术人员）、合同管理人员、成本管理人员、信息管理员、秘书等。有时还可能有负责采购、库存管理、安全管理、计划等方面的人员。对于大型、特大型的项目，常常必须设置项目经理部（或项目指挥部），项目经理下设各个部门，如计划部、技术部、合同部、财务部、供应部、办公室等。

1）成立项目经理部　项目经理部应结构健全，包含项目管理的所有工作。选择合适的成员，他们的能力和专业知识应是互补的，形成一个工作群体。项目经理部的机构设置要根据项目的任务特点、规模、施工进度、规划等方面条件确定，其中要特别注意坚持三个原则：一是，项目经理部的功能必须是完备的，但其机构设置不一定要齐全，有时几项功能可能由几个部门承担或由几个部门承担一项功能；二是，项目经理部的机构设置必须根据项目的需要实行弹性建制，一方面要根据项目任务的特点确定设立什么部门，另一方面要根据项目进度和规划安排调节各机构的人数；三是项目经理部的机构设置要坚持现代组织设计的原则。

项目经理部成员经常变化，过分频繁的流动不利于组织的稳定，导致缺乏凝聚力，造成组织摩擦大，效率低下。如果项目管理任务经常出现，尽管它们时间、形式不同，应设置相对稳定的项目管理机构，能较好地解决人力资源的分配问题，不断地积累项目工作经验，使项目管理工作专业化，而且项目组成员如有合作经验则彼此适应、协调方便；容易形成良好的项目文化。

2）明确项目经理部中的人员安排　对每个成员的职责及相互间的活动进行明确定义和分工，制定和宣布项目管理制度、各种管理活动的优先级关系、沟通渠道等。为了确保项目管理的需求，对管理人员应有一套招聘、安置、报酬、培训、提升、考评计划。应按照管理工作职责确定应做的工作内容；所需要的才能和背景知识，以此确定对人员的教育程度、知识和经验等方面的要求。

(3) 现代工程项目对项目经理的要求　在现代工程项目中，由于工程技术系统更加复杂化，实施难度加大，对项目经理的知识结构、能力和素质的要求越来越高。目前，已经有很多人对项目经理一职提出了多方面的要求和标准。如，项目经理应该是一名管理专家，它应具有一定的相应的专业学历和丰富的理论知识，同时还应在实际工作中经过了项目管理的锻炼，具有丰富的实践经验。只有这样，他才会有较强的决策能力、组织能力、指挥能力和应变能力，能够带领项目经理部的所有成员一道工作。按照项目和项目管理的特点，对项目经理提出了下面几个基本要求：

1）素质　在市场经济环境中项目经理的素质是最重要的，他不仅应具备一般领导者的素质，还应符合项目管理的特殊要求。

必须具有很好的职业道德，必须具有高度的责任心和事业心，必须有工作的积极性、热情和敬业精神，勇于进取，勇于接受挑战，勇于承担责任，努力完成自己的职责。

由于项目是一次性的，项目管理是长期的工作，富于挑战性，所以它应具有创新精神、发展精神，有强烈的管理愿望，勇于决策，勇于承担责任和风险，并努力追求工作的完美，追求高的目标，不安于现状。

为人可靠，讲究信用，有敢于承担错误的勇气，言行一致，正直，公正，公平，实事求是。他的行为应以项目的总目标和整体利益为出发点，执行合同、解释合同，公平公正地对待项目各方。

任劳任怨，忠于职守。在项目组织中，项目经理处于一个特殊的角色，处于矛盾的焦点，所以项目经理不仅要化解矛盾，还要使大家理解自己，同时又要能经得住批评指责，不放松自己的工作，应有容忍性。

具有合作精神，能够与他人共事，能够公开、公正、公平的处理事务。

具有很高的社会责任感和道德观念，高瞻远瞩，具有全局的观念。

2）能力　能力是项目经理整体素质体系中的核心素质。对于现代项目经理来说，知识和经验固然十分重要，但是归根到底要落实到能力上。能力是直接影响和决定项目经理成败的关键。

决策和综合能力。具有长期的工程管理工作经历和经验，特别是同类项目成功的经验，对项目工作有成熟的判断能力、思维能力、随机应变能力。建设项目大都面临错综复杂、竞争激烈的外部环境，要使项目建设成功，项目经理应了解和研究环境，正确制定出战略决策，并付诸实施。他应有很强的专业技术技能，但又不能是纯技术专家，他最重要的是对项目开发过程和工程技术系统的机理有成熟的理解，能预见到问题，能事先估计到各种需要，对整个项目系统作出全面观察并能预见到潜在的综合问题，也就是具有较强的综合能力和决策能力。

处理人事关系的能力。项目经理不可避免地要和企业内外、上下所有有关人员打交道。处理人事关系能力强的项目经理，往往会赢得下属的欢迎，因而有助于协调与下属的关系；反之则常常引起下属反感，造成与下属关系的紧张，给工作带来不便。在现代生活中，项目经理仅与内部人员发生交往远远不够，他还必须善于同企业外部的各种机构和人员打交道，这种交道不应是一种被动的行为或单纯的应酬，而是在外界树立起良好形象。这关系到项目的生存和发展，好的人事关系，可以使项目处在强有力的外界支持系统中。

激励能力。现代人不单纯是“经济人”，而且是“社会人”，不仅有经济上的需求，还有社会和心理上的要求。项目经理应注意运用各种社会和心理刺激手段，通过丰富工作内容、民主管理等措施来激励和调动项目经理部成员的士气。

组织管理能力。能胜任项目经理领导工作，知人善任，敢于授权；协调好各方面的关系，善于人际交往；能处理好与顾客的关系，设身处地地为他人考虑；与企业各部门有较好的人际关系，能够与外界交往，与上下各层交往；工作具有计划性，能有效地利用项目时间；善于管理矛盾与冲突；能够建立科学的、分工合理的、配套成龙的高效精干的组织机构，合理配备组织成员，确定保证组织有效运转的一整套规范；具有追寻目标和跟踪目标的能力。

创新能力和应变能力。较强的语言表达能力、谈判技巧、个性和说服能力，在国际项目中还需要有应用外语的能力。在工程中能够发现问题，提出问题，能够从容地处理紧急情况，具有应付突发事变的能力，及对风险、对复杂现象的抽象能力和抓住关键问题的能力。他的个人领导风格也应有可变性和灵活性，能够适应不同的项目和不同的项目组织。

3）知识　项目经理通常要接受过大学以上的专业教育，他必须具有专业知识，一般来自工程的主要专业，否则很难在项目中被人们接受和真正介入；项目经理要接受过项目管理的专门培训和再教育。项目经理需要广博的基础知识和社会知识，能够对所从事的项目迅速设计解决问题的方法、程序，能抓住问题的关键、主要矛盾，识别技术和实施过程逻辑上的联系。项目经理应该是具有一定知识广度的“杂家”，他应在实践中不断深化和完善自己的知识结构。

4）体格　项目经理应身体健康，精力充沛。有一个健康的体魄，才有能够做好工作的“硬件”，才能有个头脑清晰、思维敏捷的反应系统，才能更好地胜任复杂、艰巨的工作。

美国项目管理专家约汉·宾认为项目经理应具备的素质有六条：具有本专业技术知识，有工作干劲，主动承担责任；具有成熟而客观的判断能力，成熟是指有经验是指它能看到最终目标，而不是只顾眼前；具有管理能力，能够观察到问题所在；客观，是指他能看到最终目标，而不是只顾眼前；诚实可信与言行一致，答应的事就一定能够做到；机警、精力充沛，能够吃苦耐劳，随时准备着管理可能发生的事情。

6. 对项目法人考核和奖罚

对项目法人考核和奖罚的主要形式有：

（1）项目董事会负责对项目总经理进行定期考核，各投资方对董事会成员进行定期考核；

（2）国务院有关部门、各地计委负责对有关项目进行考核；

（3）建立董事长、总经理的任职和离职的审计制度；

（4）凡应实行项目法人责任制而没有实行的建设项目，投资计划管理部门不准批准开工，也不予安排投资。

4.3 水业及垃圾处理基础设施项目实施的基本方式

水业及垃圾处理基础设施项目实施是指建设工程项目经过决策立项之后，进入勘察设计和施工安装阶段的全部建设工作。在社会化专业分工大生产的条件下，水业及垃圾处理基础设施项目的实施方式概括起来有设计—施工连贯式（也称工程项目总承包方式）和设计施工分离式两大类。项目不同的实施方式对项目实施的目标管理会有不同的影响。建设工程项目实施模式的选择需要考虑主客观因素，在各种因素之间力求取得平衡。

4.3.1 设计—施工连贯式

1. 设计—施工连贯式含义

设计—施工连贯式，是业主将水业及垃圾处理基础设施项目的全部设计和施工任务发包给一家具有工程项目总承包资质的承包商。这类承包商可能是具备很强的设计、采购、施工、科研等综合服务能力的综合建筑企业，也可能是由设计单位和施工企业组成的工程承包联合体。对于总承包的工程，总承包企业可以自行完成全部设计与施工任务，也可以自行完成部分设计与施工任务，另一部分适合分包的设计、施工任务，在取得业主或其监理工程师的认可后，再发包给分包单位完成，其合同结构大致如图 4-3 所示。

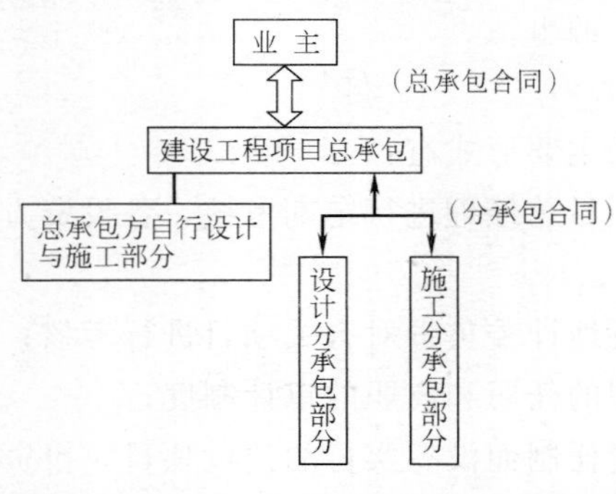

图 4-3 工程总承包合同结构示意图

采取这种模式，由于设计通常都是分阶段进行、不断深化的，所以，根据项目招标时设计已完成的情况，对工程项目总承包所要求的“包设计”差异很大，一般可分为无设计方案、有设计方案、有初步设计、有技术设计（或扩初设计）几种条件的总承包。

水业及垃圾处理基础设施项目总承包的基本出发点，在于促成设计与施工的早期结合，以便有可能充分发挥设计和施工两方面的优势，确保工作质量，提高项目的经济性。从这个角度考虑，招标时间越早，建设工程项目总承包提高项目经济性的可能性越大，对业主越有利。但同时招标难度也越大，对业主的风险亦相应增大。在无设计方案或仅有设计方案条件下进行工程项目总承包的招标，与施工招标相比缺乏足够的招标依据，若以类似于设计任务委托书的文件作为工程项目总承包的招标依据是远远不够的。因此，一般要采用功能描述书的形式进行招标，即在招标时对招标工程所要实现的功能进行全面、详细，有时甚至是非常具体的描述，并要求投标单位的标书由设计和报价（包括施工方案、进度等内容）两部分组成，其中设计要达到一定的深度，如要求达到扩初设计深度。

2. 设计施工连贯式的优缺点

设计施工连贯式的优点是：

（1）由总承包商来完成设计克服了在传统方式下设计方与施工方相互推诿责任的弊病，因为从业主的角度来看总承包商是惟一的责任方。在出现工程缺陷时减少了推诿扯皮的现象，从而保护了业主的利益。

（2）有助于设计部门与施工部门之间更好地沟通，从而有助于可建造性的分析与探讨，并为实施价值工程创造了条件。因此也就减少了工程的变更，并可使设计阶段与施工阶段有一定程度的搭接，从而缩短工期。

（3）一旦业主提出变更或不可预见的情况发生，由于设计和施工是在同一个公司内协调，重新估价及重新安排进度要比传统方式便捷得多。

（4）业主不必过多介入到设计和施工之间的沟通之中，从而避免了庞大的业主班子，节约了费用。

其缺点是：

（1）由于业主雇佣总承包商是在设计工作开始之前，如果没有类似的已竣工的项目做比较，要想确定准确的工程量和承包价格是十分困难的。即便确定了固定总价，承包商为了确保自己的利润，也会以牺牲工程质量或缩小工作范围来实现其目的。

（2）削弱了业主对项目的控制。由于业主较少参与项目运作，这本是优点但在某种意义上又是缺点。因为承包商设计部门与施工部门之间的良好的沟通和丰富的经验使得项目会进展迅速，由于业主的监控或决策往往跟不上项目的进度，项目的发展可能偏离业主的愿望。

（3）在传统方式中，设计院不仅要完成全部设计，还需受业主委托监控承包商的施工质量，但在总承包模式中，设计人员和施工人员均属同一公司雇员，设计对施工的监控力度自然有所削弱。

4.3.2 设计—施工分离式

建设工程项目的这种实施方式，是当今建筑业采用最广泛最普遍的一种方式。

设计与施工分离方式的主要特点是：

（1）对项目业主而言，需要分别进行设计委托或设计招标、签订设计合同、施工招标签订施工合同，必须进行设计和施工之间的协调，相对于工程总承包，业主的管理工作量增加。

（2）由于在设计完成之后进行施工招标，因此工程的造价可以根据施工图和有关的取费标准进行准确计算，工程费用的结算和支付条件在合同中可以表达得很详尽，工程材料、用品、设备等规格标准和质量要求明确。

（3）项目业主可以根据工程的设计进度，在部分设计完成或全部完成的时候，结合施工发包条件的落实情况，灵活组织施工任务的承发包，以便尽早安排施工，缩短整个工程的建设周期，提高建设投资的经济效益和社会效益。

(4) 设计和施工的分离有可能容易造成设计方案与施工的实际条件脱节，忽视施工的可能性与经济性。因此，设计单位必须重视施工生产在技术、工艺、方法、手段以及材料用品方面发展变化的信息，以便做到设计方案的科学性、先进性与施工的可能性、经济性很好地结合分析。

(5) 在设计施工分离的情况下，施工单位原则上是按图施工，不得擅自变更设计。不明确或对不合理设计改动的建议必须通过技术核定手续取得设计方的确认才能实施，并且要严格保证实际的施工成果与设计所确定的标准、规格和要求相一致。因此，在这种情况下，必须依靠业主的现场代表或业主委托的监理工程师或设计代表检查确认实际的施工结果与设计的规定是否一致。

(6) 建设工程项目只能按设计—发包—施工的顺序实施。承包商无法提前介入设计工作。尽管设计师具有深厚的理论根基和丰富的设计经验，但在施工知识和施工经验方面却不如承包商。当所有的设计方案、材料、设备的选择都由设计师独立做出的时候，难免使项目的可施工性较差，因此而导致施工期间过多的工程变更。特别是在设计阶段实施价值工程时，如没有承包商的参与，必定会错过很多提高质量降低成本的机会。

(7) 由于项目实施的规划、设计、招投标、施工等阶段是按顺序进行的，各阶段不能搭接，因此项目周期较长，缩短整个项目建设周期的可能性很小。由通货膨胀而导致的施工费用上涨的风险较大，这是传统实施方式最大的不足之处。

设计—施工分离式的承发包合同结构关系如图 4-4 所示。

设计—施工分离式在实际应用中，有一些灵活变化，主要反映在施工总包单位的组成上，即总包单位既可以是一个建筑企业，也可以是由若干个建筑企业组成的一个联合体或合作体。不

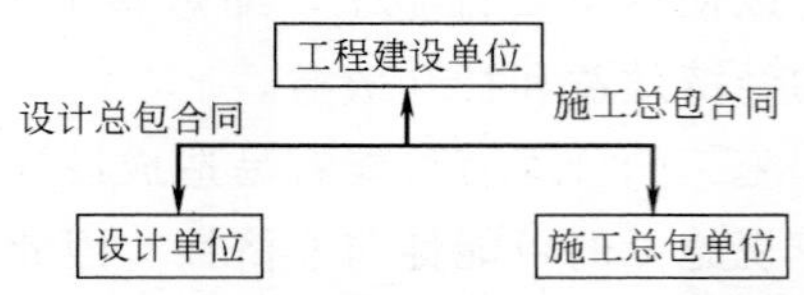

图 4-4 设计—施工分离式的承发包合同结构关系

论是联合体还是合作体，都是不具有法人资格的团体。但作为一个团体，在签订承包合同时，在与材料厂家、劳务公司签订各种劳务合同时，在办理某些款项的支付、办理托收时，可用联合体—合作体的名字。联合体—合作体对发包者或第三者拥有的债权或其他权利，统一归属整个联合体—合作体，各成员不得各自行使该权利。其债务同样归全体成员所有，由联合体—合作体的财产来归还。联合体—合作体的成员均对承包合同的履行负连带责任，即全体成员都要对工程负责。

联合体与合作体不同之处在于：联合体采取联合施工方式，即全体成员根据约定好的宗旨，按比例出资金、人员、机械，联合组成一个实施委员会，组织施工。实现利润按各方出资的比例进行分配，出现亏损，也按比例分摊。可以说是“有福共享，有难同当”。其债务通行连带债务规定。而合作体则采取分别施工方式，各公司把所承包的工程分割开，只负责自己承担的一部分工程。各成员企业要向合作体支付必要的经费，利润是在各自承担的工程内实现的，不进行总结算。各成员也不必对全部债务负责。因而，可能有的得利，有的亏损。

产生联合体—合作体承包方式的背景是，随着经济的发展和技术的不断创新，出现了一些规模宏大的建设项目，承包这样的项目一方面需要有庞大的资金，同时也有很大的风险。在这种背景下，英、美、德、法等国联合体—合作体承包发展较快。

在一些大型项目上，国外大量采用施工联合体—合作体进行承包，有如下几点原因：

(1) 联合体—合作体经济实力雄厚，可以承担巨型工程的施工资金投入。尤其是如果成员中有金融机构或资金雄厚的承包商参与带资投标项目的竞争时，会显著地增加中标机会。

(2) 联合体—合作体专业技术水平高，专业种类齐全，有能力承担技术复杂的大型工程施工。不同的专业公司联合实施项目，可保证高标准的质量要求，还可实现工程建成投产后的技术转让。

(3) 实现施工资金和工程风险的分担，减少各承包商的资金负担和风险责任。

(4) 多家承包商联合经营，在专业技术、资金实力、管理水平和业务信誉等方面形成集体优势，有利于通过资审和中标，尤其是有的业主规定，对某项重要工程只允许联营承包。

(5) 可以吸收工程所在国的承包商参加联合体—合作体，由于该承包商熟悉该国业务，利于开拓经营，并可享受一定的优惠待遇。

采用施工联合体—合作体的方式也存在一定的缺点，特别是不同国家的承包商，甚至同一国家不同的承包商，在经营观点和经营策略等方面存在差异时，会给联营承包带来许多问题，主要表现在：

(1) 管理层次增多，各成员间利害关系复杂，影响高效率地形成决策。

(2) 联合体—合作体内部责任难以划分时，容易造成互相推诿责任和铺张浪费。

(3) 以合作体方式投标时，各承包商倾向于抬高自己施工部分的价格，往往使总报价偏高，不利于中标。

4.3.3　水业及垃圾处理基础设施项目实施的政府监管

政府建设主管部门尽管不直接参与建设项目的生产活动，但由于建筑产品的社会性强、影响大、生产和管理的特殊性等，需要政府通过立法和监督来规范建设活动的主体行为，维护社会公共利益。政府的监督职能同样也就贯穿于项目实施的各个阶段。

1. 执行建设程序与法规

建设程序科学地总结了我国长期建设工作的实践经验，正确地反映了建设项目内在的客观规律，是不以人们的意志为转移的。过去我们在对待建设程序问题上走过了一条曲折的道路，丰富的历史经验和沉痛的教训有力地证明，凡是严格按照建设程序办事的，项目效率高，成效好；反之，违反建设程序、不尊重科学、凭主观意志行事，就会受到客观规律的惩罚，造成建设项目浪费和损失。因此，要搞好建设工作，政府主管部门必须对建设项目的决策立项和实施过程各个环节实行建设程序的监督。

建设法规是规范建筑市场主体的行为准则。在建设项目运行过程中，政府部门要充分发挥和运用法律法规的手段，培养和发展我国的建筑市场体系，确保建设项目从前期策划、勘察设计、工程承发包、施工和竣工验收等全部活动都纳入法制轨道。

近年来，国家和有关部门陆续实施了《建筑法》等一系列法律法规，内容涉及建筑市场管理、建设合同管理、从业资格管理、项目报建管理、建设项目法人责任制、承发包管理、工程质量安全管理等，此外，各级地方政府部门也在学习国家法律法规的基础上，结合当地实际情况，制定了各种不同层次的地方建设法规及配套措施，初步形成了以建筑法为基本法，其他各类法律法规相辅相成的建设法规体系。

由于我国尚处于社会主义市场经济初级阶段，尤其是建设市场领域广泛、规模大、资源配置复杂等特点，法制建设还相对比较薄弱，依法治理的任务还相当艰巨。

2. 规范建筑市场

建筑市场是由工程承发包交易市场体系与生产要素市场体系、市场中介组织体系、社会保障体系及法律法规和监督管理体系共同组成的生产和交易关系总和。它包括由发包方、承包方和为项目建设服务的中介服务方组成的市场主体，不同形式的建设项目组成的市场客体。

一个成熟的建筑市场应当具备下列特征：市场机制健全、市场主体合格、市场要素完备、市场保障体系健全、市场法规完善、市场秩序良好。培育和发展建筑市场，规范建筑市场行为，是政府部门转变职能，实现市场宏观调控的重要任务。主要内容有：

（1）贯彻国家有关的方针政策，建立和健全各类建筑市场管理的法律法规和制度，做到门类齐全、互相配套，避免交叉重叠、遗漏空缺和互相抵触。

（2）市场主体从业资格管理　依照企业资质规定，对从事工程勘察、施工、监理、造价审计咨询等单位，都必须经过主管部门对其人员素质、管理水平、资金数量、业务能力等资质条件的认证和审查，确定其承担任务的范围，并核发相应资质证书。另外，从事建筑活动的专业技术人员，应当依法取得相应的执业资格证书，并在执业资格证书许可范围内从事建筑活动。

（3）建筑工程承发包管理　政府有关部门规定，凡具备招标条件的建设项目，均应实行招投标。通过公平竞争选择工程承包单位。国家和地方政府主管部门负责工程招投标的管理工作，各级招投标办事机构根据授权，具体负责建设项目的招投标管理工作，主要职责有：审查招标单位资质、招标申请书和招标文件，审定标底，监督开标、评标、定标和议标，监督承发包合同的签订、履行，调解纠纷，处罚违规行为等。

（4）建筑工程施工许可和竣工验收管理　符合条件的建设项目在工程开工前建设单位就应当按照国家有关规定向当地建设主管部门申请领取施工许可证。否则，不准开工；建设项目施工完成，按照国家有关规定，经审查符合验收条件，由有关部门组织竣工验收，评定质量等级，不合格工程不准交付使用。

（5）建设项目合同管理　建设项目的合同管理也是政府对建

筑市场管理的主要内容，具体包括：制定和贯彻合同管理的法律法规，管理条例和办法；制定和执行各种示范文本，包括承包合同及相应的分包合同文本；合同纠纷的调解和仲裁。

3. 工程质量监督

建设项目质量好坏，不仅关系到承发包双方的利益，也关系到国家和社会的公共利益，对工程质量监督管理是政府建设主管部门的重要职责。其主要任务有：

（1）核查受监工程的勘察、设计、施工单位和建筑构件厂的资质等级和营业范围。

（2）监督勘察、设计、施工单位和建筑构件厂严格执行技术标准，检查其工程（产品）质量。

（3）核验工程的质量等级和建筑构件质量，参与评定本地区、本部门的优质工程。

（4）参与重大工程质量事故的处理。

（5）总结质量监督工作经验，掌握工程质量状况，定期向主管部门报告。

工程质量监督站的监督人员数量是按监督工作量配备的。房屋建筑工程一般按施工面积每3～5万m^2配备一人；工业、交通及市政公用工程监督要根据各自的工程特点配备相应的人员。

工程质量监督工作的基本程序是：

建设单位在工程开工前一个月，到监督站办理监督手续，提交勘察设计资料等有关文件；监督站在接到文件、资料的两周内，确定该工程的监督员，通知建设、勘察、设计、施工单位，并提出监督计划。

质量监督工作的主要内容包括：

（1）工程开工前，监督员应对受监工程的勘察设计和施工单位的资质等级及营业范围进行核查，凡不符合要求的不得开工。

施工图设计质量监督，主要审查建筑结构、安全、防火和卫生等，使之符合相应标准的要求。

（2）工程施工中，监督员必须按照监督计划对工程质量进行抽查。房屋建筑和构筑物工程的抽查重点是地基基础、主体结构和决定使用功能、安全性能的重要部位；其他工程的监督重点要根据工程性质确定。

建筑构件质量的监督，重点是核查生产许可证、检测手段和构件质量。

（3）工程完工后，监督站在施工单位验收的基础上对工程质量等级进行核验。

对委托监理的工程，质量监督站的工作主要是核查勘察设计、施工单位的资质和核定工程质量等级。

监督站的工作权限包括：

（1）对工程质量优良的单位，提请当地建设主管部门给予奖励。

（2）对不按技术标准和有关文件要求设计和施工的单位，给予警告或通报批评。

（3）对发生严重工程质量问题的单位责令其及时妥善处理，对情节严重的，按有关规定进行罚款，在施工过程中应责令其停工整顿。

（4）对于检验不合格的工程，作出返修加固的决定，直至达到合格方准交付使用。

（5）对造成重大质量事故的单位，按建设部颁发的《工程建设重大事故报告和调查程序规定》办理。

4. 安全与环保监督

保证建设项目施工安全，保护自然环境，防止污染发生，是关系到人民生命财产和切身利益的大事，也是政府主管部门义不容辞的责任和义务。

政府对建设项目施工安全监督的主要职能体现在：

（1）健全安全法规，设立专门安全监督机构或专职安全监督人员，依法强化安全监督工作；

（2）组织编制各类设施和装置的安全技术规范和标准，监督和检查现场安全生产；

（3）推广落实各级安全生产责任制；

（4）追查重大伤亡事故，严肃处理事故责任者，提高广大职工安全意识；

（5）组织研究开发安全保护新产品和新技术，提高安全防范水平；

（6）建立施工企业安全资质审核制度，对不具备安全资质条件的施工队伍，坚决予以清理。

政府对建设项目环境监督的主要职能贯穿于项目建设全过程，各个阶段都有具体的工作内容和重点：

（1）建设前期　对厂址选择和环境保护提出要求和相应措施方案。审查和批准环境影响报告书。

（2）设计阶段　遵照环保设施必须与主体工程同时设计、同时施工、同时投产的“三同时”要求，检查落实设计文件中具体的环保目标和防治措施。

（3）施工阶段　审查环保报批手续及环保设施施工进度和资金落实情况，提出对周围环境保护的要求和措施。

4.4　水业及垃圾处理基础设施项目招标投标与合同管理

4.4.1　水业及垃圾处理基础设施项目招标投标

1. 招标投标的基本概念

所谓招标投标，是指采购人事先提出货物、工程或服务的条件和要求，邀请必要数量的投标者参加投标并按照法定或约定程序选择交易对象的一种市场交易行为。它包括招标和投标两个基本环节，前者是招标人以一定的方式邀请不特定的自然人、法人或其他组织投标，后者是投标人响应招标人的要求参加投标竞争。没有招标就不会有供应商和承包商的投标；没有投标，采购人的招标就得不到响应，不能形成完整的招标过程。因此，招标与投标是一对相互对应的范畴，无论称为招标还是投标，都是内涵和外延相一致的概念。在世界各国和有关国际组织的招标法律规则中，尽管大多只称招标，如国际竞争性招标、国内竞争性招标、限制性招标等，但无不对投标做出相应的规定和约束。

招标和投标作为一种有效的选择交易对象的市场行为，贯穿了竞争性、公开性和公平性的原则，具有以下特点：

（1）程序规范　按照目前各国做法及国际惯例，招标投标的程序和条件由招标机构事先设定并公开颁布，对招标投标双方具有法定约束效力，一般不能随便改变。当事人必须严格按照既定程序和条件并由固定招标机构组织招投标活动。

（2）全方位开放，透明度高　招标的目的是在尽可能大的范围内寻找合乎要求的中标者。一般情况下，邀请供应商或承包商的参与是无限制的。在信息发布、中标标准披露以及评标方法和过程等方面，都置于公开的社会监督之下，素有“阳光事业”之称，可以有效地防止不正当的交易行为。

（3）公正客观　招标投标全过程自始至终按照事先规定的程序和条件，本着公平竞争的原则进行。在招标公告或投标邀请书发出后，任何有能力或资格的投标者均可参加投标，招标方不得有任何歧视某一投标方的行为。同样，评标委员会在组织评标时也必须公平客观地对待每一个投标者。

（4）交易双方一次成交　一般交易往往在进行多次谈判之后才能成交。招标采购则不同，禁止双方面对面的讨价还价。采购的主动权掌握在招标方，投标者只能应邀一次性报价，招标方也只能以合理的价格定标。

基于以上特点，招标投标对于获得最大限度的竞争，使参与投标的供应商和承包商获得公平、公正的待遇，提高了采购的透明度和客观性，促进采购资金的节约和采购效益的最大化，杜绝腐败和滥用职权，都具有至为重要的作用。

2. 招标投标的法律特征

根据民法原理，招标是招标人通过一定方式就某项资源或权益向公众发出的以签订合同为目的的意思表示，具有要约性质；投标是投标人按照招标人提出的条件和要求，在规定期间向招标人作出的以订立合同为目的的意思表示，一般视为承诺。因此，招标投标完全是一种法律行为，是平等民事主体间进行平等协商、交易并可以产生预期法律后果的民事法律行为。

法律规定招投标当事人具有特定的权利和义务。作为招标人，它依法享有自行组织或委托组织招标、审查投标人资格、按预定标准和程序选定中标人等权利，同时必须履行公开披露招标信息、保证公平竞争、维护投标人合法权益、与中标人签订并执行合同等义务。作为投标人，它有权平等地获取信息和参与竞争，有权控告、检举招标过程中的违法违规行为，但又必须保证投标文件的真实性，提供投标担保，不得有任何欺诈行为，并在中标后认真履行合同。

3. 招标投标的适用范围

招标投标的适用范围，是指哪些主体采购的哪些项目（标的）必须采用招标投标的方式。从招标投标的本质意义上来说，只要是采购人需要的、数额较大的产品和项目都可以通过招标方式进行。但是，法律上确定招标投标的适用范围，涉及到有关采购主体的权利和义务以及国家的管理和监督职权，不是任意设定的；在国际条约、协定的规定方面，还涉及到参加国的承诺和保留以及国内法与它的协调等一系列问题。一般而言，招标投标的适用范围包括招标主体、招标标的和招标限额。这三个方面相互联系，构成一个整体，缺一不可，舍其一不足以说明招标投标适用范围的全部含义。

（1）招标的主体范围　目前，世界各国由于具体国情不同，法律在确定招标主体的范围时不完全一致。具有全球指导意义的联合国国际贸易法委员会（UNCITRAL）通过的《货物、工程和服务采购示范法》（简称联合国采购示范法），将政府部门和其他公共实体或企业列入招标采购主体范围内，并且考虑以下因素：①政府是否向其提供大量资金；②是否由政府管理或控制，或政府是否参加管理或控制；③政府是否对其销售货物或提供服务给予独家经销特许、垄断权或准垄断权；④是否向政府有关部门报告财务状况；⑤是否有国际协议或国家的其他国际义务适用于该实体从事的采购；⑥是否经由特别立法而设立，以便促进法订的共同目的，通常适用于政府合同的公法是否适用于该实体签订的采购合同。欧盟采购规则规定，凡政府部门、公共机构和公营企业的采购活动都必须实行招标。政府部门包括中央政府和地方政府；公共机构是指为满足公众利益的需求而建立，不具有工业或商业性质，大部分资金由国家、地方机构或公法管理的其他团体提供的机构；公营企业是由政府部门或公共机构直接或间接控制的具有经济和工业目的的企业。世界贸易组织（WTO）《政府采购协议》（简称 WTO 政府采购协议），在原来《政府采购协议》的基础上，首次将地方政府以及某些特定的公共部门和企业与中央政府部门一起统一纳入招标采购的主体范围。

在我国，从保护国有资产的原则出发，将国家机关、国有企业事业单位及其控股的企业作为招标的主体，已被各种招标投标法规所确定。例如，《国家基本建设大中型项目实行招标投标的暂行规定》（国家计委 1997 年 8 月 18 日颁布）规定，经国务院或国家计委批准的国家计划内基本建设大中型项目，符合规定条件的都要举行招标投标。这就是说，国家机关、国有企业事业单位（包括其控股的企业）在举行国家基本建设大中型项目时，都是招标的主体。我国有些招标投标法规还将集体所有制单位列入招标主体的范围。例如，《工程建设施工招标投标管理办法》（建设部1992年12月30日颁布）和《关于进一步加强工程招标投标管理的规定》（建设部1998年8月6日颁布）都明确规定，凡政府投资（包括政府参股投资和政府提供保证的使用国外贷款进行转贷的投资），国有、集体所有制单位及其控股的投资，以及国有、集体所有制单位控股的股份制企业投资的工程，除不宜招标的外，均必须实行招标投标。

我国于1997年11月1日颁布的《建筑法》未对招标主体做明确规定，只规定"建筑工程依法实行招标发包，对不适于招标发包的可以直接发包"。2000年1月1日施行的《中华人民共和国招标投标法》也不从所有制划分招标主体，而是从项目性质和资金来源规定："大型基础设施、公用事业等关系社会公共利益、公众安全的项目；全部或者部分使用国有资金投资或者国家融资的项目，使用国际组织或者外国政府贷款、援助资金的项目"，必须进行招标。这样的规定符合国际惯例，适应了我国的实际情况及其今后的发展需要，比较科学。

（2）招标的标的划分　从有关国家和国际组织法律和条约、协议、决定等的规定来看，将招标采购标的分为货物（物资）、工程和服务，已成为一种通常做法，但是三者之间如何划分，尤其是对服务如何界定，分歧很大。《WTO政府采购协议》将招标的标的分为产品和服务，服务包括建筑工程。《国际复兴开发银行贷款和国际开发协会信贷采购指南》（简称世界银行采购指南）将采购分为货物和工程（包括其相关的服务），货物包括商品、原材料、机械、设备和工业厂房，而将咨询服务排除在外，专门有《世界银行借款人和世界银行作为执行机构聘请咨询专家指南》进行规范。《联合国采购示范法》明确界定了货物和工程的性质，规定："货物"是指各种各样的物品，包括原材料、产品、设备和固态、液态或气态物体和电力；"工程"是指与楼房、结构或建筑物的建造、改建、拆除、修缮或翻新有关的一切工作；"服务"只是泛泛定义为"除货物或工程以外的任何采购对象”。世界贸易组织《服务贸易总协定》也只对“服务贸易”的几种形式做了界定，而没有对服务本身的性质做出明确规定。

招标标的由于涉及的范围广，各国经济和贸易的发展状况各有千秋，因而随着各国现实情况的变化而不断被修正。一个共同的发展趋势是，招标标的的范围逐渐扩大，从过去单一的实物形态项目转向全方位的实物形态和知识形态项目，新产品开发、设备制造、科研课题、勘察设计、科技咨询等知识形态的服务项目招标不断拓展。从我国的招标实践来看，招标标的在货物方面主要是机电设备和大宗原辅材料；在工程方面主要是工程建设和安装；在服务方面主要是科研课题、工程监理、招标代理、承包租赁等。对此，《国家基本建设大中型项目实行招标投标的暂行规定》作了总结性的规定，即：建设项目主体工程的设计、建筑安装、监理和主要设备、材料供应、工程总承包单位及招标代理机构，以及某些条件先建设项目及项目法人的确定、不涉及特定地区和不受资源限制的项目建设地点的选定、项目前期评估咨询单位的确定，都应当通过招标投标进行。我国《招标投标法》将招标标的规定为：“工程建设项目包括项目的勘查、设计、施工、监理以及与工程建设有关的重要设备、材料等的采购”，包括了工程建设及其相关的采购和服务，范围是比较宽的，适应了世界潮流和我国的实际需要。

在国际范围的招标中，各国法律都对招标标的的范围特别是服务项目范围，根据其参加的条约、协议规定或互惠、对等的原则进行一定的限制，以保护本国投标人的利益。例如，欧盟在加入《WTO 采购协议》时，承诺适用于协议条款的服务范围是：银行和金融、保险、卫生服务、道路运输、铁路运输、城市运输、海洋运输、内陆水运、港口、机场、旅游、客货运输、宾馆和餐饮、维修、研究和开发、健康、住房等；美国也提出了大致对应的开放领域。在此之外的服务，除谈判双方根据对等原则互相开放的服务，都不对外开放。我国在这方面尽管还未做出明确的接受或拒绝，但也做了原则性的规定。例如，《国家基本建设大中型项目是实行招标投标的暂行规定》中，对建设项目经批准采取国际招标的，“除按本规定执行外，还应遵从国家有关对外经济贸易的法律、法规”。

（3）招标的限额规定 《联合国采购示范法》是一项“框架法”，只对采购事项规定基本法律规则，要求颁布国颁布实施条例作补充，使之适合于颁布国变化中的具体情况，但不能损及示范法的各项目标。因此该法原则规定其适用范围为任何采购实体进行的以任何方式获取货物、工程和服务的所有活动，而对货物、工程和服务的具体招标的起点限额没有明确规定。《WTO政府采购协议》在附件中规定了适用限额：对各签署国中央政府，达到13万特别提款权以上的采购均要适用“协议”；对于地方政府和其他主体，由各签署国根据本国的实际情况作出承诺。欧盟为开放成员国采购市场，建立货物、资本、人员自由流动的统一大市场，在1989～1993年期间，其理事会先后颁布了服务、供应、工程、公用事业、公共救济和公用事业救济等6个采购指令（简称欧盟采购指令），规定招标起点限额是：价值20万欧洲货币单位以上的公共供应合同和公共服务合同；500万欧洲货币单位以上的工程合同。由于欧盟作为一个统一单位参加WTO的《政府采购协议》，因此指令将适用“协议”的中央政府的限额调整为13万特别提款权，其他主体不变。《世界银行采购指南》适用于全部或部分由世界银行贷款资助的有关项目中货物和工程（包括相关服务）的所有采购，即没有招标的起点规定。《亚行贷款采购准则》的适用范围与世界银行类似，即所有亚行资助项目的货物与劳务的采购，必须进行招标。

从外国和国际组织的招标法律规定来看，其招标限额呈现以下特点：①货物和服务项目的招标限额相同，与工程项目的招标限额之比一般控制在1∶10左右；②中央政府采购实体要比次中央政府采购实体（公共机构）的招标限额低，而次中央政府采购实体（公共机构）又比其他采购实体（包括公营企业或其他公营单位）的招标限额低。这表明，法律对中央政府的采购行为控制得比较严，而对其他招标采购实体的采购行为则控制得相对宽松一些；③有关国际组织和国家规定的货物、工程和服务项目的招标限额基本上相同，但也有个别国家存在一定的差异。如各国中央政府对工程方面的采购限额一般规定为 500 万特别提款权，而以色列则规定为 850 万特别提款权，日本规定为 450 万特别提款权。这种差异是这些国家在参加《政府采购协议》前与世贸组织谈判的结果。

我国在《招标投标法》及其实施细则颁布前，对货物和服务项目的招标限额基本没有法律规定，而对工程施工招标限额的规定则不尽一致。实际情况是，在工程招标限额方面，全国平均控制在建筑面积 $1000m^2$ 或投资额 100 万人民币以上；在货物方面，据统计，国内机电设备和成套机械设备的招标采购合同额大部分不低于 50～100 万元；至于服务，也基本上与货物适用一个限额标准。因此，我国各地通行掌握的招标限额大致为：①合同估价在 50 万元人民币以上的货；②建筑面积在 $1000m^2$ 以上或者投资额 100 万元人民币以上的工程；③法律、法规规定的其他必须实行招标的货物、工程或服务。这些招标限额是指单项合同的金额，而且不可能一成不变，应在一定时期内由政府做出适当调整。九届全国人大常委会第十一次会议通过的《招标投标法》对投融资领域的招标主体和招标范围做了明确规定，同时规定：招标的“具体范围和规模标准，由国务院发展计划部门会同国务院有关部门制定，报国务院批准。”据此，国家发展计划委员会、经济贸易委员会、建设部等部门，正在拟定有关的《招标投标法》实施细则。2000 年 5 月 1 日，国家发展计划委员会报经国务院批准，发布了《工程建设项目招标范围和规模标准规定》，其第二条至第六条界定了《招标投标法》第三条规定的三类必须进行招标项目的具体范围，并规定其招标限额是：施工单项合同估算价在200万元人民币以上；重要设备、材料等货物采购，单项合同估算价在100万元人民币以上；勘察、设计、监理等服务的采购，单项合同估算在50万元人民币以上；单项合同估算价低于前3项标准，但项目总投资额在3000万元人民币以上。同时规定："省、自治区、直辖市人民政府根据实际情况，可以规定本地区必须进行招标的具体范围和规模标准，但不得缩小本规定确定的必须进行招标的范围。"

4. 招标投标的主要方式

招标投标方式决定着招标投标的竞争程度，也是防止不当交易的重要手段。目前世界各国和有关国际组织的采购法律、法则都规定了公开招标、邀请招标、议标等3种招标投标方式。我国法律规定只有公开招标和邀请招标两种形式。

（1）公开招标　公开招标（Open Tendering），又叫竞争性招标，是指招标人以招标公告的方式邀请不特定的法人或者其他组织参加投标竞争，从中择优选择中标单位。按照竞争程度，公开招标可分为国际竞争性招标和国内竞争性招标。

国际竞争性招标（International CompetitiVe Tendering）是指在世界范围内进行招标，符合招标文件规定的国内外法人或其他组织，单独或联合其他法人或组织参加投标，并按照招标文件规定的币种进行结算的招标活动。我国利用国际金融组织（世界银行、亚洲开发银行、国际农发基金等）贷款、外国政府贷款（日本海外经济协力基金、输出入银行和黑字环流贷款及其他政府贷款）、国际商业贷款和外商直接投资（独资、合资、合作、补偿贸易等）项目所需的主要工程、采购和服务，达到一定起点的，都必须按照相关的规定进行国际竞争性招标。另外，根据国家有关部门制定的《机电产品进口管理暂行办法》和《特定产品进口管理实施细则》的规定，我国进口特定产品（目前还有近百种）也必须进行国际招标。《联合国采购示范法》、《WTO政府采购协议》、《欧盟采购指令》以及《世界银行采购指南》和《亚行贷款采购准则》，这些国际社会采购规则，对国际竞争性招标的适用范围、操作规范以及招标文件和合同格式等，都作了比较明确、清晰的规定。例如，世界银行对其贷款项目货物及工程的采购规定了 3 个原则：注意节约资金并提高效率，即经济有效；要为世界银行的全部成员国提供竞争机会，不歧视投标人；有利于促进借款国本国的建筑业和制造业的发展。因此，国际竞争性招标是采用最多、占采购金额最大的一种方式。世界银行还根据不同地区和国家的情况，规定了凡采购金额在一定限额以上的货物和工程合同，都必须采用国际竞争性招标。对一般借款国来说，10～25 万美元以上的货物采购合同和大中型工程采购合同，应采用国际竞争性招标。我国的贷款项目金额一般都比较大，世界银行对中国的国际竞争性招标采购限额也放宽一些，要求工业项目采购在 100 万美元以上，应采用国际竞争性招标。

实践证明，尽管国际竞争性招标程序比较复杂，但它确实有很多优点。首先，由于投标竞争激烈，一般可以对买主有利的价格采购到需要的设备和工程。其次，可以引进先进的设备、技术和工程管理经验。第三，可以保证所有合格的投标人都有参加投标的机会。国际竞争性招标由于对货物、设备和工程有客观的衡量标准，可促进发展中国家的制造商和承包商提高产品和工程建造质量，提高国际竞争力。第四，保证采购工作根据预先指定并为大家所熟知的程序和标准公开而客观地进行，减少了采购中作弊的可能。

当然，国际竞争性招标也存在一些缺陷。首先，流程长，费时多。它有一套周密而比较复杂的程序，从招标公告、投标人作出反应、评标到授予合同，一般需要半年到一年以上的时间。其次，所需准备的文件较多。招标文件要明确规范各种技术规格、评标标准以及买卖双方的权利义务等内容。任何含糊不清或未予明确的都有可能导致执行合同意见不一致，甚至造成争执。另外，还要将大量文件译成国际通用文字，增加很大工作量。再次，在中标的供应商和承包商中，发展中国家所占份额很少。据统计世界银行用于采购的贷款总金额中，国际竞争性招标约占60%，其中美国、德国、日本等发达国家的中标额占到80%左右，体现国际竞争的不平等和不平衡。

国内竞争性招标（National Competitive Tendering）是指符合招标文件规定的国内法人或其他组织，单独或联合其他国内法人或组织参加投标，并用本国货币结算的招标活动。它只用本国语言编写标书，只在国内的媒体上刊登广告。通常用于合同金额较小（世界银行规定：一般50万美元以下）、采购品种比较分散、分批交货时间较长、劳动密集型产品、商品成本较低而运费较高、当地价格明显低于国际市场等的采购。此外，若从国内采购货物或者工程建筑可以大大节省时间，而且这种便利将对项目的实施具有重要意义时，也可仅在国内实行竞争性招标采购。在国内竞争性招标的情况下，如果外国公司愿意参加，则应允许他们按照国内竞争性招标参加投标，给予国民待遇，不应人为设置障碍，妨碍其公平参加竞争。国内竞争性招标的程序大致与国际竞争性招标相同。由于国内竞争性招标限制了竞争范围，通常国外供应商不能得到有关投标的信息，这与招标的原则不符，所以有关国际组织对国内竞争性招标都加以限制。我国目前开展的建设工程、各类货物采购和服务项目公开招标，主要是国内竞争性招标。全国涉及招标投标的地方政府和部门法规共160多件，除极少数对国际竞争性招标有所规定，绝大多数的招标程序、范围和方式，都限定在国内竞争性招标之内。《招标投标法》强调以公开招标为主，但对国际竞争性招标和国内竞争性招标未作划分和规定。该法第六条规定："依法必须进行招标的项目，其招标投标活动不受地区或者部门的限制。任何单位和个人不得违法限制或者排斥本地区、本系统以外的法人或者其他组织参加投标，不得以任何方式非法干涉招标投标活动。"第六十七条规定："使用国际组织或者外国政府贷款、援助资金的项目进行招标，贷款方、资金提供方对招标投标的具体条件和程序有不同规定的，可以适用其规定，但未被中华人民共和国的社会公共利益的除外。”联系其他条文，可以认为，《招标投标法》强调的公开招标，主要是国内竞争性招标。

（2）邀请招标　邀请招标也称有限竞争性招标（Restricted Tendering）或选择性招标（Selective Tendering），是指招标人以投标邀请书的方式邀请特定的法人或者其他组织投标。邀请招标的特点是：邀请投标不使用公开的公告形式；接受邀请的单位是合格投标人；投标人的数量有限，根据招标项目的规模大小，一般在3～10个之间。由于被邀请参加的招标竞争者有限，不仅可以节约招标费用，而且提高了每个投标者的中标机会。然而，邀请招标限制了充分的竞争，因此招标投标法规一般都规定，招标人应尽量采用公开招标。

邀请招标与公开招标相比，因为无需刊登招标公告，招标文件只送几家，投标有效期大大缩短，这对采购那些价格波动较大的商品是非常必要的，可以降低投标风险。如渔粉是采用国际有限竞争性招标的最典型的例子。世界上只有少数几个国家生产的渔粉，如果采用国际竞争性招标，会导致无人投标的结果，这样的情况在实际业务中确有发生。许多商品常常是采用国际招标后无人投标，才改为邀请招标，严重影响招标的效率。因此国际政府通过的招标采购法规，无一例外地将邀请招标作为一种重要的招标方式加以确定，并制定了详细的规则。例如欧盟的公共采购规则规定，如果采购金额超过法定界限，必须采用招标方式的，项目法人有权自由选择公开招标或邀请招标。而邀请招标由于有上述优点，所以在欧盟成员国家中被广泛采用。我国所有的招标法规，都有邀请招标的规定。《招标投标法》总结了国内外招标经验，明确规定：“招标分为公开招标和邀请招标”；“国务院发展计划部门确定的国家重点项目和省、自治区、直辖市人民政府确定的地方重点项目不适宜公开招标的，经国务院发展计划部门或者省、自治区、直辖市人民政府批准，可以进行邀请招标”。

5. 根据国际社会有关招标规则和我国一系列招标法规，一般来说，招标投标需经过招标、投标、开标、评标和定标等程序

（1）招标　招标人采用公开招标方式，应当发布招标公告。依法必须招标项目的招标公告，应当通过国家制定的报刊、信息网络或者其他媒介发布。国家计委 2000 年 7 月 1 日发布第 4 号令，根据国务院授权，指定《中国日报》、《中国经济导报》、《中国建设报》、《中国采购与招标网》为发布依法必须招标项目招标公告的媒介。其中，依法必须招标的国际招标项目的招标公告在《中国日报》发布。招标公告应当写明招标人的名称和地址、招标项目的性质、数量、实施地点和时间以及获取招标文件的办法等事项。招标人采用邀请招标方式的，应当向 3 个以上具备承担招标项目的能力、资信良好的特定的法人或者其他组织发出投标邀请书。投标邀请书应当写明的事项与招标公告相同。招标人可以根据招标项目本身的要求，在招标公告或投标邀请书中，要求潜在投标人提供有关资质证明文件和业绩情况，并对潜在投标人进行资质审查；国家对投标人的资格条件有规定的，依照其规定。招标人不得以不合理的条件限制或者排斥潜在投标人，不得对潜在投标人实行歧视待遇。招标人应当根据招标项目的特点和需要编制招标文件，写明包括招标项目的技术要求、对投标人资格审查的标准、投标报价要求和评标标准等所有实质性要求和条件以及拟签订合同的主要条款等事项，并且按照招标公告或投标邀请书规定的时间、地点出售。招标文件售出后不得退还。除不可抗力原因外，招标人在发布招标公告或发出投标邀请书后不得终止招标。招标文件应当采用国际或者国内公认的技术和标准，不得要求或标明特定的生产供应者以及含有倾向或者排斥潜在投标人的其他内容。国家对招标项目的技术标准有规定的，招标人应当按照其规定在招标文件中提出相应要求。招标项目需要划分标段、确定工期的，招标人应当合理划分标段、确定工期，并在

招标文件中写明。

招标人可以根据项目的具体情况，组织潜在投标人踏勘项目现场，但不得向他人透露已获取招标文件的潜在投标人的名称、数量以及可能影响公平竞争的有关招标投标的其他情况。招标人设有标底的，标底必须保密。招标人对已发出的招标文件进行必要的澄清或者修改的，一般应在招标文件要求提交投标文件截止时间至少 15 日以前，以书面形式通知所有招标文件收受人。该澄清或者修改的内容为招标文件的组成部分。招标人应当确定投标人编制投标文件所需要的合理时间。我国《招标投标法》规定："依法必须进行招标的项目，自招标文件开始发出之日起至投标人提交投标文件截止之日止，最短不得少于 20 日。"

对于同一招标项目，招标人可以分为两阶段进行招标。第一阶段，招标人应当要求有兴趣投标的法人或者其他组织先提交不包括投标价格的初步投标文件，列明关于招标项目技术、质量或者其他方面的建议。招标人可以与投标人就初步投标文件的内容进行讨论。第二阶段，招标人应当向提交了初步投标文件并未被拒绝的投标人提供正式招标文件。投标人根据正式招标文件的要求提交包括投标价格在内的最后投标文件。

（2）投标　投标人应当具备承担招标项目的能力；国家有关规定对投标人资格条件或者招标文件对投标人资格条件有规定的，投标人应当具备规定的资格条件。投标人应当按照招标文件的要求编制投标文件，对招标文件提出的实质性要求和条件做出响应。招标项目属于建设施工的，投标文件的内容应当包括拟派出的项目负责人与主要技术人员的简历、业绩和拟用于完成招标项目的机械设备等。投标人应当在招标文件要求提交投标文件的截止时间前，将投标文件送达投标地点。招标人收到投标文件后，应当签收保存，不得开启。投标人少于 3 个的，招标人应当重新招标。在招标文件要求提交投标文件的截止时间后送达的投标文件，招标人应当拒收。投标人在招标文件要求提交投标文件的截止时间前，可以补充、修改或者撤回已提交的投标文件，并书面通知招标人。补充、修改的内容为投标文件组成部分。

投标人根据招标文件载明的项目实际情况，拟在中标后将中标项目的部分非主体、非关键性工作进行分包的，应当在投标文件中载明。我国《招标投标法》规定：两个以上法人或者其他组织可以组成一个联合体，以一个投标人的身份共同投标。联合体各方均应当具备承担招标项目的相应能力：国家有关规定或者招标文件对投标人资格条件有规定的，联合体各方均应当具备规定的相应资格条件。由同一专业的单位组成的联合体，按照资质等级较低的单位确定资质等级。联合体各方应当签订共同投标协议，明确约定各方拟承担的工作和责任，并将共同投标协议连同投标文件一并提交招标人。联合体中标的，联合体各方应当共同与招标人签订合同，就中标项目向招标人承担连带责任。招标人不得强制投标人组成联合体共同投标，不得限制投标人之间的竞争。

我国《招标投标法》还规定："投标人不得与招标人串通投标，损害国家利益、社会公共利益或者他人的合法权益。禁止投标人以向招标人或者评标委员会成员行贿的手段谋取中标。投标人不得以低于成本的报价竞标，也不得以他人名义投标或者以其他方式弄虚作假，骗取中标。"

（3）开标、评标和定标　开标应当在招标文件确定的提交投标文件截止时间的同一时间公开进行；开标地点应当为招标文件中预先确定的地点。开标由招标人主持，邀请所有投标人参加，开标时，由投标人或者其推选的代表检查投标文件的密封情况，也可以由招标人委托的公证机构检查并公证；经确认无误后，由工作人员当众拆封，宣读投标人名称、投标价格和投标文件的其他主要内容。招标人在招标文件要求提交投标文件的截止时间前收到的所有投标文件，开标时都应当众予以拆封、宣读。开标过程应当记录，并存档备查。评标由招标人依法组建的评标委员会负责。招标人应当采取必要的措施，保证评标在严格保密的情况下进行。任何单位和个人不得非法干预、影响评标的过程和结果。评标委员会可以要求投标人对投标文件中含义不明确的内容做必要的澄清或者说明，但是澄清或者说明不得超出投标文件的范围或者改变投标文件的实质性内容。评标委员会应当按照招标文件确定的评标标准和方法，对投标文件进行评审和比较；设有标底的，应当参考标底。评标委员会完成评标后，应当向招标人提出书面评标报告，并推荐合格的中标候选人。

招标人根据评标委员会提出的书面评标报告和推荐的中标候选人确定中标人。招标人也可以授权评标委员会直接确定中标人。我国《招标投标法》规定："中标人的投标应当符合下列条件之一：①能够最大限度地满足招标文件中规定的各项综合评价标准；②能够满足招标文件的实质性要求，并且经评审的投标价格最低，但是投标价格低于成本的除外。"评标委员会经评审，认为所有投标都不符合招标文件要求的，可以否决所有投标。依法必须招标项目的所有投标被否决的，招标人应当重新招标。除采用议标程序外，在确定中标人前，招标人不得与投标人就投标价格、投标方案等实质性内容进行谈判。

中标人确定后，招标人应当向中标人发出中标通知书，并同时将中标结果通知所有未中标的投标人。中标通知书对招标人和中标人具有法律效力。中标通知书发出后，招标人改变中标结果的或者中标人放弃中标项目的，须依法承担法国法律规定，招标人和中标人应当自中标通知书发出之日起 30 日内，按照招标文件和中标人的投标文件订立书面合同。招标人和中标人不得再行签订背离合同实质性内容的其他协议。招标文件要求中标人提交履约保证金的，中标人应当提交。

中标人应当按照合同约定履行义务，完成中标项目。不得向他人转让中标项目，也不得将中标项目肢解后分别向他人转让口中标人按照合同约定或者经招标人同意，可以将中标项目的部分非主体、非关键性工作分包给他人完成。接受分包的人应当具备相应的资格条件，并不得再次分包。中标人应当就分包项目向招标人负责，接受分包的人就分包项目承担连带责任。

4.4.2 水业及垃圾处理基础设施项目勘查、设计招投标管理

有关研究表明，建设项目总投资的70%以上是在建设前期确定的，建设项目投资效益的大小有70%以上也是在建设前期阶段决定的，勘察设计正处于这个阶段。因此勘察设计的优劣对工程项目建设的成败有着至关重要的影响，而通过勘察设计招标投标，引入竞争机制是提高勘察设计质量、缩短勘察设计工作周期，进而提高建设工程质量、降低工程造价、提高建设项目投资效益的有效途径。但我国开展勘察设计招标投标的起点要比施工招标晚许多年，所以无论从勘察设计招标的深度还是广度上都不及施工招标。可见勘察设计招标投标有待加强。

1. 勘察设计招标类型

勘察设计招标按招标项目的范围、招标人的范围以及招标方式的不同可分为不同的类型。

(1) 按招标项目的范围分类　勘察设计招标按招标项目的范围可分为勘察设计总承包招标、设计承包招标及勘察承包招标。一般工程项目的设计分为初步设计和施工图设计两个阶段进行，对技术复杂而又缺乏经验的项目，在必要时还要增加技术设计阶段。为了保证设计指导思想连续地贯彻于设计的各个阶段，一般多采用技术设计招标或施工图设计招标，不单独进行初步设计招标，由中标的设计单位承担初步设计任务。招标人应依据工程项目的具体特点决定发包的工作范围，可以采用设计全过程总发包的一次性招标，也可以选择分单项或分专业的发包招标。

勘察任务可以单独发包给具有相应资质的勘察单位实施，也可以将其包括在设计招标任务中。由于勘察工作所取得的工程项目所需技术基础资料是设计的依据，必须满足设计的需要，因此

将勘察任务包括在设计招标的发包范围内，由相应能力的设计单位完成或由其再去选择承担勘察任务的分包单位，对招标人较为有利。勘察设计总承包与分为两个合同分别承包比较，不仅在合同履行过程中招标人和监理单位可以摆脱实施过程中可能遇到的协调义务，而且能使勘察工作直接根据设计需要进行，满足设计对勘查资料精度、内容和进度的要求，必要时还可以进行补充勘察工作。

（2）按投标人的范围分类　按投标人来源的地域范围可以分为国际招标和国内招标。采取国际招标的一般是大型、特大型且被定位于标志性的建设项目或者外资项目；境外贷款项目，且大都是方案招标。境外投标人一般都要在我国境内找一家符合招标项目资质要求的设计联合投标，中标后由境内设计单位做深化设计。

（3）按招标方式分类　勘察设计招标按招标方式可分为公开招标和邀请招标。建设工程设计国际招标大多采用公开招标，而国内招标普遍采用邀请招标。

2. 勘察设计招标的特点

（1）设计招标的特点　设计招标的特点表现为承包任务是投标人通过自己的智力劳动，将招标人建设项目的设想变为可实施的蓝图。因此，设计招标文件对投标人所提出的要求不十分具体，只是简单介绍工程项目的实施条件、预期达到的技术经济指标、投资限额、进度要求等。投标人按规定分别报出工程项目的构思方案、实施计划和报价。招标人通过开标、评标程序对各方案进行比较选择后确定中标人。鉴于设计任务本身的特点，设计招标应用设计方案竞选的方式招标。设计招标与其他招标在程序上的主要区别表现为如下几个方面：

1）招标文件的内容不同。设计招标文件中仅提出设计依据、工程项目应达到的技术指标；项目限定的工作范围、项目所在地的基本资料、要求完成的时间等内容，而无具体的工作量。

2）对投标书的编制要求不同。投标人的投标报价不是按规定的工程量清单填报单价后算出总价，而是首先提出设计构思和初步方案，并论述该方案的优点和实施计划，在此基础上进一步提出报价。

3）开标形式不同。开标时不是由招标单位的主持人宣读投标书并按报价高低排定标价次序，而是由各投标人自己说明投标方案的基本构思和意图及其他实质性内容，或开标即对投标的设计文件作保密处理，以供隐名法评标之用，即用对应编号法，用不同的编号表现不同的投标方案，评审只看方案评优劣，只对编号评长论短而不知方案是谁做的，可以有效保证评标的公平性和公正性。

4）评标原则不同。评标时不过分追求投标价的高低，评标委员更多关注于所提供方案的技术先进性、所达到的技术指标、方案的合理性，以及对工程项目投资效益的影响。

（2）勘察招标的特点

1）勘察招标一般选用单价合同。由于勘察是为设计提供地质技术资料的，勘察深度要与设计相适应，且补勘、增孔的可能性很大，所以用固定总价合同不适当。

2）评标重点不是报价。勘察报告的质量将影响建设项目质量，项目勘察费与项目基础的造价或项目质量成本相比是很小的。低勘察费就可能影响到工作质量、工程总造价、工程质量，是得不偿失的，因此勘察评价的重点不是报价。

3）勘察人员、设备及作业制度是关键。勘察人员主要是采样人员和分析人员，他们的工作经验、工作态度、敬业精神直接影响勘察质量；设备包括勘察设备和内业的分析仪器，这是勘察的前提条件；作业制度是保证勘察质量的有效保证，这些应是评标的重点。

3. 勘察设计招标文件

（1）设计招标文件　以方案竞选为核心的设计招标文件是指

导投标人正确编标报价的依据，既要全面介绍拟建工程项目的特点和设计要求，还应详细提出应当遵守的投标规定。

1）投标须知，包括所有对投标要求的有关事项；

2）设计依据文件，包括设计任务书及经批准的有关行政文件复制件；

3）项目说明书，包括工作内容、设计范围和深度、总投资限额、建设周期和设计进度要求等方面内容；

4）合同的主要条件；

5）设计依据资料，包括提供设计所需资料的内容、方式和时间；

6）投标文件编制要求等。

（2）设计任务书　招标文件中对项目设计提出明确要求的“设计要求”或“设计大纲”即设计任务书，是最重要的文件部分，任务书大致包括以下内容：

1）设计文件编制的依据；

2）国家有关行政主管部门对规划方面的要求；

3）技术经济指标要求；

4）平面布局要求；

5）结构形式方面的要求；

6）结构设计方面的要求；

7）设备设计方面的要求；

8）特殊工程方面的要求；

9）其他有关方面的要求，如环保、消防等。

设计任务书是方案设计和初步设计的重要依据文件，要全面反映招标人对项目的功能要求和投资意图，应兼顾三个方面：严格性，文字表达应清楚不被误解；完整性，任务要求全面不遗漏；灵活性，要为投标人发挥设计创造性留有充分的自由度。因此设计任务书涉及的范围广、知识面宽、技术要求高。

（3）勘察招标文件的编制

1）勘察招标文件的主要内容　勘察任务独立发包招标的，其招标文件的主要内容有：投标须知，包括现场踏勘、标前会、编标、封标、投标、开标、评标等涉及投标事务的时间、地点及要求；勘察任务书；合同主要条件；技术标准及基础资料；编制投标文件用的各种格式文本。

2）勘察任务书的主要内容　拟建设项目概况，包括项目名称、地点、类型、功能、总投资、资金来源、建设周期；现场状况；勘察的目的；勘察的范围；勘察项目及要求；勘察进度要求；提交勘察成果的内容和时间的要求；孔位布置图。

勘察任务书由该项目的设计人提出，经招标人批准。

4. 对投标人的资格审查

无论是公开招标时对申请投标人的资格预审，还是邀请招标时采用的资格后审，审查的基本内容相同。

（1）合法性审查　合法性审查指投标人所持有的资质证书是否与招标项目的要求一致，具备实施资格。

1）证书的种类。国家和地方建设主管部门颁发的资格证书，分为“工程勘察证书”和“工程设计证书”。如果勘察任务合并在设计招标中，投标人必须同时拥有这两种证书。若仅持有工程设计证书的投标人准备将勘察任务分包，必须同时提交分包的工程勘察证书。

2）证书级别。我国工程勘察和设计证书分为甲、乙、丙、丁四级，不允许低资质投标人承接高级工程的勘察、设计任务。

3）允许承接的任务范围。由于工程项目的勘察和设计有较强的专业性要求，还需审查证书批准允许承揽工作范围是否与招标项目的专业性质一致；

（2）能力审查　判定投标人是否具备承担发包任务的能力，通常审查人员的技术力量和所拥有的技术设备两方面。人员的技术力量主要考察项目勘察设计负责人的资质能力，以及各类设计人员的专业覆盖面、人员数量、各级职称人员的比例等是否满足完成工程设计的需要。设备能力主要审核开展正常勘察或设计所需的器材和设备，在种类、数量方面是否满足要求。不仅看其总拥有量，还应审查完好程度和在其他工程上的占用情况。

(3) 经验审查　通过投标人报送的最近几年完成工程项目表，评定其勘察和设计能力和水平。侧重于考察已完成的设计项目与招标工程在规模、性质、形式上是否相适应。

5. 投标书的编制

(1) 勘察设计投标书的组成

1) 投标函，也称致招标人函，是整个投标书的总括报告，主要有报价、完成勘察设计任务的时间及特别的承诺。要有法人章和法定代表人或其合法代理人的签章。

2) 技术标书。

3) 投标保函。

4) 招标文件所要求的反应投标人资信、能力、业绩方面的证明材料。

(2) 技术标书的主要内容　技术标书在勘察设计招标中有着特殊的重要性，尤其是设计方案招标中，常常是中标与否的决定因素，所以是投标书编制的重点工作。

不同的招标内容，技术标书的内容是不一样的，勘察投标为勘察规划，方案设计投标为设计方案及设计规划，施工图设计投标为设计规划。

(3) 勘察规划的主要内容

1) 工程简况；

2) 勘察目标；

3) 勘察的具体任务简述；

4) 勘察组织结构，人员安排并附主要技术人员的简况一览表，表中要能反映其基本自然情况及学历、经验、能力；

5) 勘察设备、仪器配备；

6) 勘察部署；

7）勘察进度计划；

8）提交勘察成果的内容和时间；

9）需要业主配合的内容和提供的条件等。

（4）设计方案招标的技术标书

1）标书的综合说明，包括项目的简况、设计要求等；

2）建筑工程方案主要设计图纸，包括总平面图、立面图、剖面图、标准层、非标准层及地下室和顶层的平面图，大型建筑要有彩色透视图和模型，工业项目要工艺流程图；

3）主要施工技术要求；

4）工程投资估算，经济分析及主要材料用量；

5）工业项目方案设计中要包括采用的工艺路线、主要设备的选型、物料、热量平衡、能源、环保等经济指标的预测及主要建筑物、构筑物总体布置；

6）设计的人员组织及进度、质量计划等。

对于施工图招标，设计工作规划重点是怎样组织设计，怎样优化目标、优化设计，使所设计的项目更科学、更合理、效果更好，怎样保证设计的深度，怎样保证图纸的质量，怎样与施工配合等。

6. 评标

（1）设计投标书的评审　虽然投标书的设计方案各异，需要评审的内容很多，但大致可以归纳为以下几个方面：

1）设计方案的优劣　设计方案评审内容主要包括：设计指导思想是否正确；设计产品方案是否反映了国内外同类工程项目较先进的水平；总体布置的合理性，场地利用系数是否合理；工艺流程是否先进；设备选型的适用性；主要建筑物、构筑物的结构是否合理；造型是否美观大方并与周围环境协调；“三废”治理方案是否有效以及其他有关问题。

2）投入、产出经济效益比较　主要涉及以下几个方面：建筑标准是否合理；投资估算是否超过限额；先进的工艺流程可能带来的投资回报；实现该方案可能需要的外汇估算等。

3）设计进度快慢　评价投标书内的设计进度计划，看其能否满足招标人制定的项目建设总进度计划要求。大型复杂的工程项目为了缩短建设周期，初步设计完成后就进行施工招标，在施工阶段陆续提供施工详图。此时应重点审查设计进度是否能满足施工进度要求，避免妨碍或延误施工的顺利进行。

4）设计资历和社会信誉　不设置资格预审的邀请招标，在评标时还应进行资格后审作为评审比较条件之一。

5）报价的合理性　在方案水平相当的投标人之间再进行设计报价的比较，不仅评定总价，还应审查各分项取费的合理性。

（2）勘察投标书的评审　勘察投标书主要评审以下几个方面：勘察方案是否合理；勘察技术水平是否先进；各种所需勘察数据是否准确可靠；报价是否合理。

7. 定标

评标委员会通过投标人的评标答辩和对投标书进行评分比较后，在评标报告中推选出候选中标方案。由招标人定标并与候选中标人进行谈判。谈判的主要内容可能涉及探讨改正或补充原投标方案的某些内容，以及将其他投标人的某些设计特点融于该设计方案之中的可能性等有关事项。但为了保护未中标人的合法权益，如果使用其他投标人的技术成果，需首先征得同意后实行有偿使用。

招标人与投标人签订合同后，对未中标的投标人应依据投标书设计工作量的大小，给予一定的经济补偿。

4.4.3　水业及垃圾处理基础设施项目施工招投标管理

1. 施工招标投标概述

（1）施工招标的特点　施工招标与设计招标和监理招标比较，其特点是发包的工作内容明确、具体，各投标人编制的投标书在评标时易于进行横向对比。虽然投标人按招标文件的工程量表中既定的工作内容和工程量编标报价，但价格的高低并非是确定中标人的惟一条件，投标过程实际上是各投标人完成该项任务的技术、经济、管理等综合能力的竞争。

(2) 施工招标的发包工作范围　为了规范建筑市场有关各方的行为，《建筑法》和《招标投标法》规定一个独立合同发包的工作范围可以是：

全部工程招标，即将项目建设的所有土建、安装施工工作内容一次性发包；单位工程招标；特殊专业工程招标。不允许将单位工程肢解成分部、分项工程进行招标。

2. 招标准备工作

(1) 施工招标前应完成的工作　按照建筑法规的要求，初步设计完成后即可开始施工招标。但为了使投标人能够合理地预见合同履行过程中的风险来制定施工方案，进行编标报价以及签订合同后能够及时开工，招标人必须完成以下几方面工作：

1) 完成建设用地的征用和拆迁；

2) 有能够满足施工需要的设计图和技术资料；

3) 建设资金的来源已落实；

4) 施工现场的前期准备工作如果不包括在承包范围内，应满足“三通一平”的开工条件。

(2) 合同数量的划分　全部施工内容只发一个合同包招标，招标人仅与一个中标人签订合同，施工过程中管理工作比较简单，但有能力参与竞争的投标人较少。如果招标人有足够的管理能力，也可以将全部施工内容分解成若干个单位工程标段和特殊专业工程分别发包，一则可能发挥不同投标人的专业特长增强投标的竞争性；二则每个独立合同比总承包合同更容易落实，即使出现问题也是局部的，易于纠正或补救。但招标发包的数量多少要适当，合同太多会给招标工作和施工阶段的管理工作带来麻烦或不必要的损失。依据工程特点和现场条件划分合同包的工作范围时，主要应考虑以下因素的影响：

1）施工内容的专业要求。根据施工内容的专业要求可将土建施工和设备安装分别招标。土建施工可采用公开招标，跨行业、跨地域在较广泛的范围内选择技术水平高、管理能力强而报价又合理的投标人实施。设备安装工作由于专业技术要求高，可采用邀请招标选择有能力的中标人。

2）施工现场条件。划分合同时应充分考虑施工过程中几个独立承包商同时施工可能发生的交叉干扰，以利于业主对各合同的协调管理。基本原则是现场施工尽可能避免平面或不同高程作业的干扰。还需考虑各合同施工中在空间和时间上的衔接，避免两个合同交界面工作责任的推诿或扯皮，以及关键线路上的施工内容划分在不同合同包时要保证总进度计划目标的实现。

3）对工程总投资影响。合同数量划分的多与少对工程总造价的影响，不是可以一概而论的问题，应根据项目的具体特点进行客观分析。只发一个合同包便于投标人进行合理的施工组织，人工、施工机械和临时设备可以统一使用；划分合同数量较多时，各投标书的报价中均要分别考虑动员准备费、施工机械闲置费、施工干扰的风险费等。但大型复杂项目的工程总承包，由于有能力参与竞争的投标人较少，且报价中往往计入分包管理费，会导致中标的合同价较高。

4）其他因素影响。工程项目的施工是一个复杂的系统工程，影响划分合同包的因素很多，如筹措建设资金的计划到位时间，施工图完成的计划进度等条件。

（3）资格预审　资格预审是在招标阶段对申请投标人的第一次筛选，主要侧重于对承包商企业总体能力是否适合招标工程的要求进行审查。

资格预审的主要内容　资格预审表的内容应根据招标工程项目对投标人的要求来确定，中小型工程的审查内容可适当简单，大型复杂工程则要对承包商的能力进行全面审查。

资格预审必须满足的条件。包括基本条件和强制性条件。

基本条件包括：

营业执照——允许承接施工工作范围符合招标工程要求；

资质等级——达到或超过项目要求标准；

财务状况——通过开户银行的资信证明来体现；

流动资金——不少于预计合同价的百分比（例如5%）；

分包计划——主体工程不能分包；

履约情况——没有毁约被驱逐的历史。

强制性条件。强制性条件并非是每个招标项目都必须设置的条件。对于大型复杂工程或有特殊专业技术要求的施工招标，通常在资格预审阶段需考察申请投标人是否具有同类工程的施工经验和能力。强制性条件根据招标工程的施工特点设立具体要求，该项条件不一定与招标工程的实施内容完全相同，只要与本项工技术和管理能力在同一水平即可。

加权打分量化审查。对满足上述条件申请投标人的资格预审文件，采用加权打分法进行量化评定和比较。权重的分配依据招标工程特点和对承包商的要求配设，打分过程中应注意对承包商报送资料的分析。

3. 评标

建设工程招标评标的方法，是对建设工程招标评标活动进行的具体方式、规则和标准的统称。在建设工程招标评标办法的编制过程中，对评标方法的选择和确定，是一个十分重要的问题。既要充分考虑到科学合理、公平正义，又要充分考虑到工程项目招标的具体情况、不同特点和招标人的合理意愿。实践中，经常使用评标方法，主要有单项评议法、综合评议法和评标价法等。

（1）单项评议法　单项评议法，又称单因素评议法、低标价法，是一种只对投标人的投标报价进行评议而确定中标人的评标方法，主要适用于小型工程。采用单项评议法评标，决定成败的惟一因素是标价的高低。一般的做法是，通过对投标书进行分析、比较，经初审后，筛选出低标价，通过进一步的澄清和答辩，经终审证明该低标价确定是切实可行、措施得当的合理低报价的，则确定该合理低标价中标。但是合理低标价不一定是最低投标价。所以，单项评议法可以是最低投标价中标，但并不保证最低投标价必然中标。

采用单项评议法对投标报价进行评议的方法多种多样，其代表性的模式主要有：

1）将投标标报价与标底价相比较的评议方法。这种方法是将各投标人的投标报价直接与经招标投标管理机构审定后的标底价相比较，以标底价为基础来判断标报价的优劣，经评标被确认为合理低标价的投标报价即能中标。

2）将各投标报价相互进行比较的评议方法。从纯粹择优的角度看，可以对投标人的投标报价不做任何限制、不附加任何条件，只将各投标人的投标报价相互进行比较，而不与标底相比，经评标确认投标报价属最低价或次低价的（即为合理低标价的），即可中标。

这种对投标报价的评议方法，优点是给了投标人充分自主报价的自由，标底的保密性不成问题，评标工作也比较简单。不足之处是，招标人无需编制标底，或虽有标底，但形同虚设，不起任何作用，因而导致招标人对投标报价的预期和认同心中无数，事实上处于一种盲目状态，很难说清楚是否科学、合理。而投标人为了中标常常会进行竞相压价的恶性竞争，也极易形成串通投标。

在市场机制健全的社会里，上述方法应该说是一种比较简便可行的评标方法。因为承包商无利可图时一般不会承接任务，即使承接了大多也只是一种经营策略，不会以损害社会利益和工程质量为代价。而从招标人角度看，由于其是真正的利益主体，不可能不关心报价的可行性和工程质量，在招标人十分关注报价可行性的前提下，当然是中标的投标报价越低越好。在市场机制不健全、市场主体不成熟、政府监管不到位等情况下，采用这种方法评议投标报价，常常得不到合理报价，实践的效果并不理想，因而不宜采用。

3）将投标报价与标底价结合对投标人报价因素进行比较的评议方法。这种方法的特点，是要借助于一个可以作为评标参照物的价格。这个在评标中作为参照物的价格，是指投标报价最接近于该价时便能中标的价格，作者称之为“最佳评标价”。

（2）综合评议法　综合评议法，是对价格、施工组织设计（或施工方案）、项目经理的资历和业绩、质量、工期、信誉和业绩等因素进行综合评价，从而确定中标人的评标方法。它是使用最广泛的评标方法，各地通常都采用这种方法。

综合评议法需要综合考虑投标书的各项内容是否同招标文件所要求的各项文件、资料和技术要求相一致。不仅要对价格因素进行评议，而且还要考虑其他因素，对其他因素进行评议。由于综合评议法不是将价格因素作为评审的惟一因素（或指标），因此就有一个评审因素（或评审指标）如何设置的问题。

从各地的实践来看，综合评议法的评审因素一般设置如下：

1）标价（即投标报价）。评审投标报价预算数据计算的准确性和报价的合理性等。

2）施工方案或施工组织设计。评审施工方案或施工组织设计是否齐全、完整、科学合理，包括施工方法是否先进、合理；施工进度计划及措施是否科学、合理、可靠，能否满足招标人关于工期或竣工计划的要求；质量保证措施是否切实可行；安全保证措施是否可靠；现场平面布置及文明施工措施是否合理可靠；主要施工机具及劳动力配备是否合理；提供的材料设备能否满足招标文件及设计要求；项目主要管理人员及工程技术人员的数量和资历等。

3）质量。评审工程质量是否达到国家施工验收规范标准。质量必须符合招标文件要求，质量措施是否全面和可行。

4）工期。指工程施工期，是工程正式开工之日起到施工单位提交竣工报告之日为止的期间。评审工期是否满足招标文件的要求。

5）信誉和业绩。包括经济、技术实力，项目经理施工经历、在施任务；近期施工承包合同履约情况（履约率）；服务态度；是否承担过类似工程；曾获得的优良工程及优质以上的工程情况，优良品率；经营作风和施工管理情况；是否获得过部省级、地市级的表彰和奖励；企业社会整体形象等。

为了让信誉好、质量高、实力强的企业多中标、中好标，在综合评议法的诸多评审因素中，应适当侧重对施工方案、质量和信誉等因素的评议，在施工方案因素中应适当突出对关键部位施工方法或特殊技术措施及保证工程质量、工期的措施的评议。

综合评议法按其具体分析方式的不同，又可分为定性综合评议法和定量综合评议法。

定性综合评议法。定性综合评议法，又称评议法。通常的做法是，由评标组织对工程报价、工期、质量、施工组织设计、主要材料消耗、安全保障措施、业绩、信誉等评审指标，分项进行定性比较分析，综合考虑。经评议后，选择其中被大多数评标组织成员认为各项条件都比较优良的投标人为中标人，也可用记名或无记名投票表决的方式确定中标人。定性综合评议法的特点是不量化各项评审指标。它是一种定性的优选法。采用定性综合评议法，一般要按从优到劣的顺序，对各投标人排列名次，排序第一名的即为中标人。但当投标人超过一定数量（如在 5 家以上）时，可以选择排序第二名的投标人为中标人。

采用定性综合评议法，有利于评标组织成员之间的直接对话和交流，能充分反映不同意见，在广泛深入地开展讨论、分析的基础上，集中大多数人的意见，一般也比较简便易行。但这种方法，评议标准弹性较大，衡量的尺度不具体，各人的理解可能会相差甚远，造成评标意见悬殊过大，会使定标决策左右为难，不能令人信服。

定量综合评议法。定量综合评议法，又称打分法、百分制计分评议法（百分法）。通常的做法是，事先在招标文件或评标办法中将评标的内容进行分类，形成若干评价因素，并确定各项评价因素在百分之内所占的比例和评分标准，开标后由评标组织中的每位成员按照评分规则，采用无记名方式打分，最后统计投标人的得分，得分最高者（排序第一名）或次高者（排序第二名）为中标人。采用定量综合评议法，原则上实行得分最高的投标人为中标人。但当招标工程在一定限额（如 1000 万元等）以上，最高得分者和次高得分者的总得分差距不大（如差距仅在 2 分之内），且次高得分者的报价比最高得分者的报价低到一定数额（如低 2%以上）的，可以选择次高得分者为中标人。对此，在制定评标办法时，应做出详尽说明。

定量综合评议法的主要特点是要量化各评审因素。对各评审因素的量化，也就是评分因素的分值分配和具体打分标准的确定，是两个比较复杂的问题，各地的做法不尽相同。从理论上讲，评标因素指标的设置和评分标准分值的分配，应充分体现企业的整体素质和综合实力，准确反映公开、公平、公正的竞争法则，使质量好、信誉高、价格合理、技术强、方案优的企业能多中标、中好标。

（3）评标价法　评标委员会首先通过对各投标书的审查，淘汰技术方案不满足基本要求的投标书，然后对基本合格的标书按预定的方法将某些评审要素按一定规则折算为评审价格，加到该标书的报价上形成评标价。以评标价最低的标书为最优（不是投标报价最低）。评标价仅作为衡量投标人能力高低的量化比较方法，与中标人签订合同时仍以投标价格为准。可以折算为价格的评审要素一般包括：

1）投标书承诺的工期提前给项目可能带来的超前收益，以月为单位按预定计算规则折算为相应的货币值，从该投标人的报价内核减此值；

2）实施过程中必然发生而投标书中又属明显漏项部分，给予相应的补项，增加到报价上去；

3）技术建议可能带来的实际经济效益，按预定的比例折算后，在投标价内减去该值；

4）投标书内提出的优惠条件可能给招标人带来的好处，以开标日为准，按一定的方法折算后，作为评审价格因素之一；

5）对其他可以折算为价格的要素，按照对招标人有利或不利的原则，增加或减少到投标报价上去。

4.4.4 水业及垃圾处理基础设施项目材料、设备采购招投标管理

1. 建设物资招标投标概述

工程建设项目所需物资按标的物的特点可以区分为大宗材料采购和大型设备采购两大类。采购大宗建筑材料或定型批量生产的中小型设备，由于标的物的价格、性能、主要技术参数均为通用指标，因此招标一般仅限于对投标人的商业信誉、报价和交货期限等方面的比较。而采购非批量生产的大型复杂机组设备、特殊用途的大型非标准部件，招标评选时要对投标人的商业信誉、加工制造能力、报价、交货期限和方式、安装（或安装指导）、调试、保修及操作人员培训等各方面条件进行全面比较。

2. 划分合同包的基本原则

工程项目建设所需的各种物资应按实际需求时间分成几个阶段进行招标。每次招标时，可依据物资的性质只发一个合同包或分成几个合同包同时招标。投标人可以投一个或其中的几个包，但不能仅投一个包中的某几项。如采购钢材的招标，将钢筋供应作为一个合同包，其中包括 $\phi8$、$\phi12$、$\phi20$、$\phi22$ 等型号，投标人不能仅投其中的某一项，而必须包括全部规格和数量供应的报价。划分采购标和合同包的原则应有利于吸引较多的投标人参与竞争，从而达到降低货物价格、保证供货时间和质量的目的，主

要考虑的因素包括：

（1）有利于投标竞争。按照标的物预计金额的大小恰当地分标和划分合同包。若一个包划分过大，中小供货商就无力问津；反之，划分得过小则对有实力供货商又缺少吸引力。

（2）工程进度与供货时间的关系。分阶段招标的计划应以到货时间满足施工进度计划为条件，综合考虑制造周期、运输、仓储能力等因素。既不能延误施工的需要，也不应过早到货，以免支出过多保管费用及占用建设资金。

（3）市场供应情况。项目建设需要大量建筑材料和设备，应合理预计市场价格的浮动影响，合理分阶段、分批采购。

（4）资金计划。考虑建设资金的到位计划和周转计划，合理地进行分次采购招标。

3. 大型设备采购的资格预审

合格的投标人应具有圆满履行合同的能力，具体要求应符合以下条件：

（1）具有独立订立合同的权利。

（2）在专业技术、设备设施、人员组织、业绩经验等方面具有设计、制造、质量控制、经营管理的相应资格和能力。

（3）具有完善的质量管理体系。

（4）业绩良好。要求具有设计、制造与招标设备相同或相近设备1～2台（套），保持2年以上良好运行经验，在安装调试运行中未发现重大设备质量问题或已有有效的改进措施。

（5）有良好的银行资信和商业信誉等。

4. 评标

材料-设备供货评标的特点是不仅要看报价的高低，还要考虑招标人在货物运抵现场过程中可能要支付的其他费用，以及设备在评审预定的寿命期内可能投入的运营和管理费用的多少。如果投标人的设备报价较低但运营费用很高时，仍不符合以最合理价格采购的原则。货物采购评标，一般采用评标价法或综合评分法，也可以将两者结合使用。

5. 评标价法

以货币价格作为评标指标的评标价法，依据标的性质不同可以分为以下几类比较方法：

（1）最低投标价法　采购简单商品、半成品、原材料以及其他性能、质量相同，较易进行比较的货物时，仅以报价和运费作为比较要素，选择总价格最低者中标。

（2）综合评标价法　以投标价为基础，将评审各要素按预定方法换算成相应价格值，增加或减少到报价上形成评标价。采购机组、车辆等大型设备时，较多采用这种方法。投标价之外需考虑的因素通常包括：

1）运输费用。招标人可能额外支付的运费、保险费和其他费用，如运输超大件设备时需要对道路加宽、桥梁加固所需支出的费用等。换算为评标价时，可按照运输部门（铁路、公路、水运）、保险公司以及其他有关部门公布的取费标准，计算货物运抵最终目的地将要发生的费用。

2）交货期。评标时以招标文件的“供货一览表”中规定的交货时间为标准。投标书中提出的交货期早于规定时间，一般不给予评标优惠。因为施工还不需要时的提前到货，不仅不会使招标人获得提前收益，反而要增加仓储管理费和设备保养费。如果迟于规定的交货日期且推迟的时间尚在可以接受的范围内，则交货日期每延迟一个月，按投标价的一定百分比（一般为2%）计算折算价，增加到报价上去。

3）付款条件。投标人应按招标文件中规定的付款条件报价，对不符合规定的投标，可视为非响应性而予以拒绝。但在大型设备采购招标中，如果投标人在投标致函内提出了“若采用不同的付款条件（如增加预付款或前期阶段支付款）可以降低报价”的供选择方案时，评标时也可予以考虑。当要求的条件在可接受范围内，应将偏离要求给招标人增加的费用（奖金、利息等），按招标文件规定的贴现率换算成评标时的净现值，加到投标函中提出的更改报价上后作为评标价。如果投标书中提出可以减少招标文件说明的预付款金额，则招标人延迟支付部分减少的利息，也应以贴现方式从投标价内扣减此值。

4）零配件和售后服务。零配件以设备运行 2 年内各类易损备件的获取途径和价格作为评标要素。售后服务一般包括安装监督、设备调试、提供备件、负责维修、人员培训等工作，评价提供这些服务的可能性和价格。评标时如何处理这两笔费用，视招标文件中的规定区别对待。当这些费用已要求投标人包括在报价之内，评标时不再重复考虑；若要求投标人在报价之外单独填报，则应将其加到投标价上。如果招标文件对此没做任何要求，评标时应按投标书附件中由投标人填报的备件名称、数量计算可能需购置的总价格，以及由招标人自己安排的售后服务价格加到投标价上去。

5）设备性能、生产能力。投标设备应具有招标文件技术规范中要求的生产效率。由于设备是厂家定型设计和生产的，不易随意改动，如果所提供设备的性能、生产能力等某些技术指标没有达到要求的基准参数，则每种参数比基准参数每降低 1%，都应以投标设备实际生产效率成本为基础计算，在投标价上增加若干金额。

将以上各项评审价格综合到报价上去后，累计金额即为该标书的评标价。

（3）以设备寿命周期成本为基础的评标价法　采购生产线、成套设备、车辆等运行期内各种费用较高的货物，评标时可预先确定一个统一的设备评审寿命期（短于实际寿命期），然后再根据投标书的实际情况在报价上加上该年限运行期间所发生的各项费用，再减去寿命期末设备的残值。计算各项费用和残值时，都应按招标文件规定的贴现率折算成净现值。

这种方法是在综合评标价的基础上，进一步加上一定运行年限内的费用作为评审价格。这些以贴现值计算的费用包括：

1）估算寿命期内所需的燃料消耗费；

2）估算寿命期内所需备件及维修费用；

3）估算寿命期设备残值。

（4）综合评分法　按预先确定的评分标准，分别对各投标书的报价和各种服务进行评审记分。

评审记分内容　主要内容包括：投标价格；运输费、保险费和其他费用的合理性；投标书中所报的交货期限；偏离招标文件规定的付款条件影响；备件价格和售后服务；设备的性能、质量、生产能力；技术服务和培训；其他有关内容。

评审要素的分值分配　评审要素确定后，应依据采购标的物的性质、特点，以及各要素对总投资的影响程度分配权重和记分标准，既不能等同对待，也不应一概而论。

综合记分法的优点是简便易行，评标考虑要素较为全面，可以将难以用金额表示的某些要素量化后加以比较。缺点是各评标委员独自给分，对评标人的水平和知识面要求高，主观随意性大；而且投标人提供的设备型号各异，难以合理确定不同技术性能的相关分值差异。

4.4.5　水业及垃圾处理基础设施项目合同管理

1. 工程承包合同的主要内容

工程承包合同条款内容除当事人写明各自的名称、地址、工程名称和工程范围，明确规定履行内容、方式、期限，违约责任以及解决争议的方法外，还应明确建设工期、中间交工工程的开工和竣工时间、工程质量、工程造价、技术资料交付时间、材料设备供应责任、拨款和结算、交工验收、质量保证期、双方互相协作等内容。

（1）工程范围　工程范围是指施工的界区，是施工承包人进行施工的工作范围。工程范围是施工合同中的必备条款。

（2）建设工期　建设工期是指施工承包人完成施工任务的期限。每个工程根据性质的不同，所需要的建设工期也各不相同。建设工期能否合理确定往往会影响到工程质量的好坏。实践中，有的发包人由于种种原因，常常要求缩短工期，施工承包人为了赶进度，只好偷工减料，仓促施工，结果导致严重的工程质量问题。因此为了保证工程质量，双方当事人应当在施工合同中确定合理的建设工期。

（3）中间交工工程　中间交工工程是指施工过程中的阶段性工程。为了保证工程各阶段的交接，顺利完成工程建设，当事人应当明确中间交工工程的开工和交工时间。

（4）工程质量　工程质量是指按规范和工程等级要求，是工程承包合同的核心内容。工程质量往往通过设计图纸和技术要求说明书、施工技术标准加以确定。工程质量条款是明确承包人施工（或含设计）要求，确定承包人责任的依据，是工程承包合同的必备条款。工程质量必须符合国家规范和有关建设工程环保、安全标准化的要求，发包人不得以任何理由，要求施工承包人在施工中违反法律、行政法规以及建设工程质量、安全标准，降低工程质量。

（5）工程造价　工程造价是指建设该工程所需的费用，包括材料费、施工成本等费用。当事人根据工程质量要求，根据工程的概预算，合理地确定工程造价。实践中，有的发包人为了获得更多的利益，往往压低工程造价，承包人为了盈利，不得不偷工减料，以次充好，结果必然导致工程质量不合格，甚至造成严重的工程质量事故。因此，为了保证工程质量，双方当事人应当合理确定工程造价。

（6）技术资料　技术资料主要是指勘察、设计文件以及其他承包人据以施工所必需的基础资料。技术资料的交付是否及时往往影响到施工进度的，因此当事人应当在施工合同中明确技术资料的交付时间。

(7) 材料和设备供应责任　材料和设备供应责任是指由哪一方当事人提供工程建设所必需的原材料以及设备。材料一般包括水泥、砖瓦石料、钢筋、木料、玻璃等建筑材料和构配件；设备一般包括供水、供电管线和设备、消防设施、空调设备等。在实践中，有的由发包人负责提供，也可以由施工人负责采购。材料和设备的供应责任应当由双方当事人在合同中做出明确约定。

(8) 拨款　拨款是指工程款的拨付，结算是指工程交工后，计算工程的实际造价以及与已拨付工程款之间的差额。拨款和结算条款是承包人请求发包人支付工程款和报酬的依据。一般来说，除“交钥匙工程”外，承包人只负责建筑、安装等施工工作，由发包人提供工程进度所需款项，保证施工顺利进行。现实中，发包人往往利用自己在合同中的有利地位，要求施工承包人垫款施工。施工承包人垫款完成施工任务后，发包人常常是不及时结算，拖延支付工程以及施工承包人所垫付的款项，这是造成目前建筑市场中拖欠工程款现象的主要原因，因此当事人不得在合同中约定垫款施工。

(9) 竣工验收　竣工验收是工程交付使用前的必经程序，也是发包人支付价款的前提。竣工验收条款一般包括验收的范围和内容、验收的标准和依据、验收人员的组成、验收方式和日期等内容。建设工程竣工后，发包人应当根据施工图纸及说明书、国家颁发的施工验收规范和质量检验标准及时进行验收。

(10) 保修范围　建设工程的保修范围应当包括地基基础工程、主体结构工程、屋面防水工程和其他工程，以及电气管线、上下水管线的安装工程，供热、供冷工程等项目。质量保证期是指工程各部分正常使用的期限，在实践中也称质量保修期。质量保证期应当与工程的性质相适应，当事人应当按照保证工程合理寿命年限内的正常使用、维护使用者合法权益的原则确定质量保证期，但不得低于国家规定的最低保证期限。

(11) 双方相互协作条款　双方相互协作条款一般包括双方

当事人在施工前的准备工作，施工承包人及时向发包人提出开工通知书、施工进度报告书对发包人的监督检查提供必要的协助等。双方当事人的协作是施工过程的重要组成部分，是工程顺利施工的重要保证。

2. 合同的履行

（1）发包人的义务

1）办理土地征用、拆迁补偿、平整施工场地等工作，使施工场地具备施工条件，并在开工后继续解决以上事项的遗留问题。专用条款内需要约定施工场地具备施工条件的要求及完成的时间，以便承包人能够及时接收适用的施工现场，按计划开始施工。

2）将施工所需水、电、电讯线路从施工场地外部接至专用条款约定地点，并保证施工期间需要。专用条款内需要约定三通的时间、地点和供应要求。某些偏僻地区的工程或大型工程，可能要求承包人自己从水源地（如附近的河中取水）或自己用柴油机发电解决施工用电问题，则也应在专用条件内明确说明通用条款的此项规定本合同不采用。

3）开通施工场地与城乡公共道路的通道，以及专用条款约定的施工场地内的主要交通干道，满足施工运输的需要，保证施工期间的畅通。专用条款内需要约定移交给承包人交通通道或设施的开通时间和应满足的要求。

4）向承包人提供施工场地的工程地质和地下管线资料，保证数据真实，位置准确。专用条款内需要约定向承包人提供工程地质和地下管线资料的时间。

5）办理施工许可证和临时用地、停水、停电、中断道路交通、爆破作业以及可能损坏道路、管线、电力、通讯等公共设施法律、法规规定的申请批准手续及其他施工所需的证件（证明承包人自身资质的证件除外）。专用条款内需要约定发包人提供施工所需证件、批件的名称和时间，以便承包人合理进行施工组织。

6）确定水准点与坐标控制点，以书面形式交给承包人，并进行现场交验。专用条款内需要分项明确约定放线依据资料的交验要求，以便合同履行过程中合理区分放线错误的责任归属。

7）组织承包人和设计单位进行图纸会审和设计交底。专用条款内需要约定具体的时间。

8）协调处理施工现场周围地下管线和邻近建筑物、构筑物（包括文物保护建筑）、古树名木的保护工作，并承担有关费用。专用条款内需要约定具体的范围和内容。

9）发包人应做的其他工作，双方在专用条款内约定。专用条款内需要根据项目特点和具体情况约定相关的内容。

（2）承包人义务

1）根据发包人的委托，在其设计资质允许的范围内完成施工图设计或与工程配套设计，经监理工程师确认后使用，发生的费用由发包人承担。如果属于设计施工承包合同或承包工作范围内包括部分施工图设计任务，则专用条款内需要约定承担设计任务单位的设计资质等级及设计文件的提交时间和文件要求（可能属于施工承包人的设计分包人）。

2）向工程师提供年、季、月工程进度计划及相应进度统计报表。专用条款内需按约定应提供计划、报表的具体名称和时间。

3）按工程需要提供和维修非夜间施工使用的照明、围栏设施，并负责安全保卫。用条款内需要约定具体的工作位置和要求。

4）按专用条款约定的数量和要求，向发包人提供在施工现场办公和生活的房屋设施，发生费用由发包人承担。专用条款内需要约定设施名称、要求和完成时间。

5）遵守有关部门对施工场地交通、施工噪音以及环境保护和安全生产等的管理定，按管理规定办理有关手续，并以书面形式通知发包人。发包人承担由此发生的费用，因承包人责任造成的罚款除外。专用条款内需要约定需承包人办理的有关内容。

6）已竣工工程未交付发包人之前，承包人按专用条款约定负责已完工程的成品保护工作，保护期间发生损坏，承包人自费予以修复。要求承包人采取特殊措施保护单位工程的部位和相应追加合同价款，在专用条款内约定。

7）按专用条款的约定做好施工现场地下管线和邻近建筑物、构筑物（包括文物护建筑）、古树名木的保护工作。专用条款内约定需要保护的范围和费用。

8）保证施工场地清洁符合环境卫生管理的有关规定。交工前清理现场达到专用款约定的要求，承担因自身原因违反有关规定造成的损失和罚款。专用条款内需要根据施工管理规定和当地的环保法规，约定对施工现场的具体要求。

9）承包人应做的其他工作，双方在专用条款内约定。

3. 施工进度

（1）进度计划　承包人应当在专用条款约定的日期，将施工组织设计和工程进度计划提交监理工程师。群体工程中采取分阶段进行施工的单项工程，承包人则应按照发包人提供图纸有关资料的时间，按单项工程编制进度计划，分别向监理工程师提交。监理工程师到承包人提交的进度计划后，应当予以确认或者提出修改意见。如果监理工程师既不确认也不提出书面修改意见的，则视为已经同意。但是，监理工程师对进度计划予以确认或者提出修改意见，并不免除承包人对施工组织设计和工程进度计划本身的缺陷所应承担的责任。

（2）开工及延期开工　承包人应当按协议书约定的开工日期开始施工。承包人不能按时开工，应在不迟于协议书约定的开工日期前 7 天，以书面形式向工程师提出延期开工的理由和要求。工程师在接到延期开工申请后的 48h 内以书面形式答复承包人。工程师在接到延期开工申请后的 48h 内不答复，视为同意承包人的要求，工期相应顺延。因发包人的原因不能按照协议书约定的开工日期开工，监理工程师以书面形式通知承包人后，可推迟开工日期。承包人对延期开工的通知没有否决权，但发包人应当赔偿承包人因此造成的损失，相应顺延工期。

(3) 工期延误　承包人应当按照合同约定完成工程施工，如果由于其自身的原因造成工期延误，应当承担违约责任。但是，在有些情况下工期延误后，竣工日期可以相应顺延。因以下原因造成工期延误，经监理工程师确认，工期相应顺延：

1) 发包人不能按专用条款的约定提供开工条件；

2) 发包人不能按约定日期支付工程预付款、进度款，致使工程不能正常进行；

3) 设计变更和工程量增加；

4) 一周内非承包人原因停水、停电、停气造成停工累计超过 8h；

5) 不可抗力；

6) 专用条款中约定或监理工程师同意工期顺延的其他情况。

承包人在工期可以顺延的情况发生后 14 天内，就将延误的工期向监理工程师提出书面报告。监理工程师在收到报告后 14 天内予以确认答复，逾期不予答复，视为报告要求已经被确认。

4. 工程质量

工程施工中的质量控制是合同履行中的重要环节。施工合同的质量控制涉及许多方面的因素，任何一个方面的缺陷和疏漏，都会使工程质量无法达到预期的标准。

(1) 工程质量标准　工程质量应当达到协议书约定的质量标准，质量标准的评定以国家或者专业的质量检验评定标准为准。达不到约定标准的工程部位，监理工程师一经发现，可要求承包人返工，承包人应当按照要求返工，直到符合约定标准。因承包人的原因达不到约定标准，由承包人承担返工费用，工期不予顺延。因发包人的原因达不到约定标准，由发包人承担返工的追加合同价款，工期相应顺延。因双方原因达不到约定标准，责任由双方分别承担。按照《建设工程质量管理办法》的规定，对达不到国家标准规定的合格要求的或者合同中规定的相应等级要求的工程，要扣除一定幅度的承包价。

（2）施工过程中的检查和返工　在工程施工过程中，监理工程师及其委派人员对工程的检查、检验，是他们的一项日常性工作和重要职能。承包人应认真按照标准、规范和设计要求以及监理工程师根据合同发出的指令施工，为检查、检验提供便利条件，并按监理工程师及其委派人员的要求返工、修改，承担由于自身原因导致返工、修改的费用。检查检验合格后，又发现因承包人引起的质量问题，由承包人承担责任，赔偿发包人的直接损失，工期相应顺延。检查检验不应影响施工正常进行，如影响施工正常进行，检查检验不合格时，影响正常施工的费用由承包人承担。除此之外影响正常施工的追加合同价款由发包人承担，相应顺延工期。

（3）隐蔽工程和中间验收　由于隐蔽工程在施工中一旦完成隐蔽，很难再对其进行质量检查（这种检查成本很大），因此必须在隐蔽前进行检查验收。对于中间验收，合同双方应在专用条款中约定需要进行中间验收的单项工程和部位的名称、验收的时间和要求，以及发包人应提供的便利条件。工程具备隐蔽条件和达到专用条款约定的中间验收部位，承包人进行并在隐蔽和中间验收前48h以书面形式通知监理工程师验收。通知包括隐蔽和中间验收内容、验收时间和地点。承包人准备验收记录，验收不合格，承包人在监理程师限定的时间内修改后重新验收。工程质量符合标准、规范和设计图纸等的要求验收24h后，监理工程师不在验收记录上签字，视为监理工程师已经批准，承包人可进行隐蔽或者继续施工。

（4）重新检验　监理工程师不能按时参加验收，须在开始验收前24h向承包人提出书面延期要求；延期不能超过2天。工程师未能按以上时间提出延期要求，不参加验收，承包人可自行组织验收，发包人应承认验收记录。无论工程师是否参加验收，当其提出对已经隐蔽的工程重新检验的要求时，承包人应按要求进行剥露或者开孔，并在检验后重新覆盖或者修复。检验合格，发包人承担由此发生的全部追加合同价款，赔偿承包人损失，并相应顺延工期。检验不合格，承包人承担发生的全部费用，但工期也予顺延。

（5）试车　对于设备安装工程，应当组织试车。试车内容应与承包人承包的安装范围相一致。

1）单机无负荷试车　设备安装工程具备单机无负荷试车条件，由承包人组织试车。只有单机试运转达到规定要求，才能进行联试。承包人应在试车前48h书面通知工程师。通知内容包试车内容、时间、地点。承包人准备试车记录，发包人根据承包人要求为试车提供必要条件。试车通过，工程师在试车记录上签字。

2）联动无负荷试车　设备安装工程具备无负荷联动试车条件，由发包人组织试车，并在试车前48h书面通知承包人。通知内容包括试车内容、时间、地点和对发包人的要求，承包人按要求做好准备工作和试车记录。试车通过，双方在试车记录上签字。

3）投料试车　投料试车，应当在工程竣工验收后由发包人全部负责。如果发包人要求承包人配合或在工程竣工验收前进行时，应当征得承包人同意，另行签订补充协议。

5. 合同价款管理

（1）施工合同价款及调整　施工合同价款，是按有关规定和协议条款约定的各种取费标准计算，用以支付承包人按照合同要求完成工程内容的价款总额。这是合同双方关心的核心问题之一，招投标等工作主要是围绕合同价款展开的。合同价款应依据中标通知书中的中标价格和非招标工程的工程预算书确定。合同价款在协议书内约定后，任何一方不得擅自改变。合同价款可以按照固定价格合同、可调整价格合同、成本加酬金合同3种方式约定。

可调整价格合同中价款调整的范围包括：

1）国家法律、行政法规和国家政策变化影响合同价款；

2）工程造价管理部门公布的价格调整；

3）一周内非承包人原因停水、停电、停气造成停工累计超过8h；

4）双方约定的其他调整或增减。

（2）工程预付款　工程预付款主要是用于采购建筑材料。预付额度，建筑工程一般不得超过当年建筑（包括水、电、暖、卫等）工程工作量的30%，大量采用预制构件以及工期在6个月以内的工程，可以适当增加；安装工程一般不得超过当年安装工程量的10%，安装材料用量较大的工程，可以适当增加。双方应当在专用条款内约定发包人向承包人预付工程款的时间和数额，开工后按约定的时间和比例逐次扣回。预付时间应不迟于约定的开工日期前7天。

（3）工程量的确认　对承包人已完成工程量的核实确认，是发包人支付工程款的前提。其具体的确认程序如下：首先，承包人向监理工程师提交已完工程量的报告，然后，监理工程师进行计量。监理工程师接到报告后7天内按设计图纸核实已完成工程量（以下称计量），并在计量前24h通知承包人，承包人为计量提供便利条件并派人参加。

（4）工程款（进度款）支付　发包人应在双方计量确认后1～4天内，向承包人支付工程款（进度款）。同期用于工程上的发包人供应材料设备的价款，以及按约定时间发包人应按比例扣回的预付款，与工程款（进度款）同期结算。合同价款调整、设计变更调整的合同价款及追加的合同价款，应与工程款（进度款）同期调整支付。

6. 竣工验收与结算管理

（1）竣工验收工作程序　工程具备竣工验收条件，承包人按国家工程竣工验收的有关规定，向发包人提供完整竣工资料及竣工验收报告。双方约定由承包人提供竣工图的，应当在专用条款内约定提供的日期和份数。发包人收到竣工验收报告后 28 天内组织有关部门验收，并在验收后 14 天内给予认可或提出修改意见。承包人按要求修改。

（2）竣工结算　工程竣工验收报告经发包人认可后 28 天内，承包人向发包人递交竣工决算报告及完整的结算资料。发包人自收到竣工结算报告及结算资料后 28 天内进行核实，确认后支付工程竣工结算价款。承包人收到竣工结算价款后 14 天内将竣工工程交付发包人。

（3）质量保修　建设工程办理交工验收手续后，在规定的期限内，因勘察、设计、施工、材料等原因造成的质量缺陷，应当由施工单位负责维修。所谓质量缺陷，是指工程不符合国家或行业现行的有关技术标准、设计文件以及合同中对质量的要求。

为了保证保修任务的完成，承包人应当向发包人支付保修金，也可由发包人从应付承包人工程款内预留。质量保修金的比例及金额由双方约定，但不应超过施工合同价款的 3%。工程的质量保证期满后，发包人应当及时结算和返还（如有剩余）质量保修金。发包人应当在质量保证期满后 14 天内，将剩余保修金和按约定利率计算的利息返还承包人。

7. 合同变更的管理

（1）设计变更　在施工过程中如果发生设计变更，将对施工进度产生很大的影响。因此，应尽量减少设计变更，如果必须对设计进行变更，必须严格按照国家的规定和合同约定的程序进行。

（2）其他变更　合同履行中发包人要求变更工程质量标准及发生其他实质性变更，由双方协商解决。

8. 索赔和争议管理

(1) 索赔　索赔是当事人在合同实施过程中，根据法律、行政法规及合同等规定，对于并非由于自己的过错，而是属于应由合同对方承担责任的情况造成，且实际发生了损失，向对方提出给予补偿的要求。补偿包括经济补偿和时间补偿即顺延工期；索赔是合同当事人的权利，既包括承包人向发包人索赔，也包括发包人向承包人索赔。当合同当事人一方向另一方提出索赔时，要有正当的索赔理由，且有索赔事件发生时的有效证据。

(2) 争议的解决　合同当事人在履行施工合同时发生争议，可以和解或者要求合同管理及其他有关主管部门进行调解。和解或调解不成的，双方可以在专用条款内约定以下一种方式解决争议：

1) 双方达成仲裁协议，向约定的仲裁委员会申请仲裁；

2) 向有管辖权的人民法院起诉。

发生争议后，在一般情况下，双方都应继续履行合同保持施工连续，保护好已完工程。只有出现下列情况时当事人方可停止履行施工合同：

1) 单方违约导致合同确已无法履行，双方协议停止施工；

2) 调解要求停止施工，且为双方接受；

3) 仲裁机构要求停止施工；

4) 法院要求停止施工。

9. 合同风险管理

建设工程施工阶段风险的客观存在是取决于建设工程的特点。建设工程具有规模大、工期长、材料设备消耗大，产品固定、施工生产流动性强，受地质条件、水文条件和社会环境因素影响等特点，这些特点都不可避免地给工程实施阶段从环境与技术、经济等各方面带来不可确定性风险。

(1) 合同签订和履行方面的风险

1) 合同条款不全面。合同条款不全面、不完善，合同文字不细致、不严密，致使合同存在比较严重的漏洞；或者合同存在着单方面约束性、过于苛刻的责权利不平衡条款。

2）合同内没有或不完善的转移风险的担保、索赔、保险等相应条款。

3）合同内缺少因第三方影响造成工期延误或经济损失的条款。

4）发包方资信因素。发包方履约能力差，由于发包方经济情况变化工程款；或是发包方信誉差，不诚实，有意拖欠工程款。

5）分包。由于选择分包商不当，会遇到分包商违约，不能按质按量按时完成分包工程，致使影响整个工程进度或发生经济损失。

6）合同履行过程中，由于发包方驻工地代表或监理工程师工作效率低，不能及时解决问题或付款，或者是发出错误的指令。

（2）合同风险的处理

1）控制风险　重视合同谈判，签订完善的施工合同。作为承包商宁可不承包工程，也不能签订不利的、独立承担过多风险的合同。减少或避免风险是谈判施工合同的重点，通过合同谈判，对合同条款拾遗补缺，尽量完整，防止不必要的风险，对不可避免的风险，由双方合理分担。使用合同示范文本（或称标准文本）签订合同是使施工合同趋于完善的有效途径。由于合同示范文本内容完整，条款齐全，双方责权利明确、平衡，从而风险较小，对一些不可避免的风险，分担也比较公正合理。

加强合同履行管理，分析工程风险。虽然在合同谈判和签订过程中对工程风险已经发现，但是合同中还会存在词语含糊，约定不具体、不全面，责任不明确，甚至矛盾的条款。因此任何建设工程施工合同履行过程中都要加强合同管理，分析不可避免的风险，如果不能及时透彻地分析出风险，就不可能对风险有充分的准备，则在合同履行中很难进行有效的控制。特别是对风险大的工程更要强化合同分析工作。

2）转移风险　转移风险包括相互转移风险和向第三方转移风险。转移工程项目风险有如下措施：

第一，推行索赔制度，相互转移风险。在合同履行中，推行索赔制度是相互转移风险的有效方法。工程索赔制度在我国尚未普遍推行，承发包双方对索赔的认识还很不足，对索赔和反索赔具体做法也还十分生疏。因此，政府主管部门和中介机构要向承发包方不断宣传推行索赔制度，转移风险的意义，教会索赔方法，制定有关推行索赔的管理办法，使转移工程风险的合理合法的索赔制度健康地开展起来，逐步向国际工程惯例接轨。

第二，向第三方转移风险。向第三方转移风险包括推行担保制度和进行工程保险。推行担保制度是向第三方转移风险的一种有法律保证的做法。我国《担保法》内规定有五种担保方式，在建设工程施工阶段以推行保证和抵押两种方式为宜。工程保险是业主和承包商转移风险的一种重要手段。当出现保险范围内的风险，造成经济损失时，业主和承包商可以向保险公司索赔，以获得相应的赔偿。

第5章 水业及垃圾处理基础设施项目实施过程管理

5.1 水业及垃圾处理基础设施项目设计管理

5.1.1 水业及垃圾处理基础设施项目设计管理概述

1. 工程项目设计概念

工程设计是一门涉及科技、经济和方针政策等各个方面的综合性应用技术科学。它是根据批准的设计任务书，按照国家的有关政策、法规、技术规范，运用先进的科学方法，在规定的场地范围内，对拟建工程从技术上和经济上进行详细规划、全面布局，把可行性研究中推荐的最佳方案具体化形成图纸、文字，为工程施工提供依据。

水业及垃圾处理基础设施项目设计包含水业及垃圾处理基础设施生产工艺设计和建筑设计。工艺设计是根据工程建设的目的和要求，合理选择生产工艺，确定环境设备的种类和型号，具体布置工艺流程；建筑设计是根据工艺的要求，完整的表现出建筑物的外形、内部空间布置、结构构造，以及建筑群体的组成和建筑物与周围环境的相互关系。

2. 工程项目设计原则

工程项目设计的指导思想是：贯彻执行国家经济建设的方针、政策，符合国家现行的建筑工程建设标准和设计规范，遵守设计工作程序，以提高经济效益为核心，大力促进技术进步。设计要切合实际，安全可靠，质量第一，技术先进，经济合理。具体来讲，应该始终贯彻下列原则：

（1）工程项目设计中要认真贯彻国家的经济建设方针、政策，如产业政策、技术政策、能源政策、环保政策等。正确处理各产业之间、长期与近期之间、生产与生活之间等方面的关系。

（2）工程项目设计应充分考虑资源的综合利用，要根据技术上的可能性和经济上的合理性，对矿藏、能源、水源、农、林、牧、土地等资源进行合理充分的综合利用。尤其是对于土地资源的利用，要做到尽量不占或少占良田，充分利用荒地、劣地、山地和空地。建设项目的总平面布置要紧凑合理，充分提高土地利用率。

（3）选用的技术要先进适用。在设计中要尽量采用先进的、成熟的、适用的技术，要符合我国国情，同时要积极吸收国外的先进技术和经验，但要符合国内的管理水平和消化能力。采用新技术要经过试验而且要有正式的技术鉴定。必须引进国外新技术及进口国外设备的，要与我国的技术标准、原材料供应、生成协作配套、维修零部件的供给条件相协调。设计人员既要从实际出发，实事求是，又要不断创新。

（4）工程项目设计一定要坚持安全可靠、质量第一的原则。工程项目建设投资大，一旦在运作中出现质量事故，造成生产停顿或人员伤亡事故，损失巨大。安全可靠是指项目建设投产后，能保证长期安全正常生产。要牢固树立“百年大计，质量第一”的思想。一方面要坚持坚固耐用，质量第一，另一方面也要防止追求过高的设计标准，造成浪费。应从我国的实际情况出发，合理确定设计标准。

（5）坚持经济合理的原则。在我国现有资源和财力条件下，使项目建设达到投资的目标（产品方案、生产规模），取得投资省、工期短、技术经济指标最佳的效果，这是衡量设计水平的主要标准，技术方案的取舍最终是由经济效果决定的。设计中还要注意节约土地、能源和原材料，特别是稀缺资源。

（6）注意保护生态环境。要严格控制项目建设可能对环境带来的损害，水业及垃圾处理基础设施项目建设更应如此，应尽可能采取行之有效的措施，防止建设过程和建成投产对环境的污染。

3. 工程项目设计程序和阶段划分

工程项目设计的工作程序按以下几方面进行：

（1）承接设计任务；

（2）编制设计文件；

（3）配合施工，解决施工中的设计问题；

（4）参加工程验收。

按照国家规定，我国目前一般建设项目采用两阶段设计，即初步设计阶段和施工图设计阶段。小型项目中技术简单的，在简化的初步设计到方案设计之后，即可开展施工图设计。

而对于一些技术上复杂，采用新工艺、新技术缺乏设计经验的重大项目，采用三阶段设计，即在初步设计批准后增加技术设计阶段，其内容与初步设计大致相同，但比初步设计更为具体确切。对于一些特殊的大型项目，应当做总体规划设计，但不作为一个设计阶段，仅作为可行性研究的一个内容和作为初步设计的依据。

4. 工程项目设计管理

工程项目设计管理就是指做好管理和配合工作，组织协调设计单位之间与其他单位之间的工作配合，为设计单位创造必要的工作条件，以保证其及时提供设计文件，满足工程需要，使项目建设得以顺利进行。

建设单位工程项目设计管理的具体工作包括：

（1）选定设计单位，招标发包设计任务，签订设计协议或合同，并组织管理合同的实施；

（2）收集、提供设计基础资料及建设协议文件；

(3) 组织协调各设计单位之间以及设计单位与科研、勘察、物资供应、设备制造和施工等单位之间的工作配合；

(4) 主持研究和确认重大设计方案；

(5) 配合设计单位编制设计概预算，并做好概预算的管理工作；

(6) 组织上报设计文件，提请国家主管部门批准；

(7) 组织设计、施工单位进行设计交底、会审施工图纸；

(8) 做好设计文件和图纸的验收、分发、使用、保管和归档工作；

(9) 为设计人员现场服务，提供工作和生活条件；

(10) 办理设计费用的支付和结算。

5.1.2 水业及垃圾处理基础设施项目设计外部协作条件的取证

1. 工程项目设计依据

设计的主要依据有：

(1) 批准的设计任务书或可行性研究报告及有关文件；

(2) 设计所需的各种基础资料和技术条件。指工程设计所必需的自然、地理、经济等方面基本条件和资料。一般包括：

1) 工程项目所在地区的气候、水文、地理、地震、大气环境等资料；

2) 建设场地工程地质、水文地质资料；

3) 各种资源及原材料、燃料等资源；

4) 工艺、技术和设备资料，生产协作条件；

5) 供电、供水、供气、通讯、交通运输等条件；

6) 人文地理情况；

7) 施工作业条件；

8) 城市规划、环境保护等部门有关用地、规划、环保、消防、人防、抗震设防烈度等的要求和依据资料；

9) 其他：如建设项目所在地区周围的机场、港口、码头、文物以及其他军事设施对建设项目的要求、限制或影响等方面的文件资料。

（3）国家颁发的工程建设标准和设计规范。如“建筑设计规范”、“结构设计规范”、“暖通空调工程设计与施工规范”、“给水排水工程设计与施工规范”、“住宅设计标准”等。

2. 工程项目设计资质管理

《中华人民共和国建筑法》、建设部《建设工程勘察设计市场管理规定》、《建设工程勘察设计单位资质管理规定》都有明文规定，实行勘察设计从业单位资质、设计技术个人职业资格双重资质资格管理制度。

（1）设计单位资质　凡从事设计活动的单位，必须取得相应登记的资质证书，方可在其资质证书等级许可的范围内，开展工程设计业务。

按照承担不同业务范围，分为甲、乙、丙、丁四级。工程项目设计单位只能在资质等级许可的范围内承担业务。擅自超越资质级别或范围承接业务的，由建设行政主管部门责令改正，没收违法所得，并视情节轻重，责令停业整顿、降低资质等级，并处以 1～10 万元的罚款；情节严重的，吊销资质证书。

（2）设计人员个人执业资格　建筑设计成果是设计图。设计图主要是设计人员个人脑力劳动的结晶。我国的设计体制实行的双重认证制度中，决定设计单位的认证等级条件其中重要的一条，是具有相应资格的设计人员的配备数量。委托给设计单位的设计任务最终是要落实到设计人员个人身上。所以，法律法规对设计从业人员个人资格有较严格、较明确的规定。

按照《中华人民共和国建筑法》、《中华人民共和国注册建筑师条例》、《建设工程质量管理条例》、《建设工程勘察设计管理条例》有关条文，对设计人员个人也有如下规定：

1）国家对从事建设工程设计活动的专业技术人员实行执业资格管理制度。专业技术人员必须具备相当学历和规定工作年资，通过国家统一考试，依法取得相应的职业资格证书，并在执业资格证书许可的范围内从事建筑工程的设计技术活动。未经注册的建设工程设计人员不得以注册执业人员的名义从事建设工程的设计活动；

2）注册建筑师、注册结构工程师等注册执业人员应当在设计文件上签字，对设计文件负责；

3）国家对注册执业人员实行全国统一考试制度。注册执业人员考试合格，取得相应注册执业资格的，可以申请注册。注册有效期满需要继续注册的，应当继续办理注册；

4）国务院建设行政主管部门、人事行政主管部门和省、自治区、直辖市人民政府建设行政主管部门、人事行政主管部门依据国家有关规定对注册人员的考试、注册和执业实施指导和监督。

3. 工程项目设计文件管理

（1）设计文件的审批　设计文件的审批，实行分级管理、分级审批的原则。根据国家有关规定，设计文件的审批权限如下：

1）大型项目的初步设计，按隶属关系由各主管部门或省、自治区、直辖市审查，提出审查意见，报国家发改委审批。其中总投资在 2 亿元以上的重大项目由国家发改委先委托中国国际工程咨询公司对初步设计文件进行评估，提出评估报告，报国务院审批。

2）企业横向联合投资的大中型基本建设项目，凡资金筹措、能源、原材料、设备以及投产后的产供销、动力、运力等能够自行落实，而且已经与有关部门、地方、企业签订合同，不需要国家安排的，初步设计由有关部门或有关省、自治区、直辖市和计划单列市发改委（建委）审批，抄报国家发改委和有关部门备案。

3）中小型项目初步设计，按照隶属关系，分别由主管部门或省、自治区、直辖市发改委（建委）审批。

4）总体设计文件的审批权限与初步设计文件审批权限相同。技术设计文件按隶属关系，由各主管部门或省、自治区、直辖市审批。施工图设计除主管部门指定的外，一般不再审批，由建设单位、设计单位和建设银行共同审定后，设计单位向建设、施工单位进行技术交底，听取意见。

（2）设计文件的修改　设计文件是工程建设的主要依据，经批准后不得任意修改。如果必须修改，须经有关部门批准。其批准权限如下：

1）凡涉及设计任务书的主要内容，如建设规模、产品方案、建设地点、主要协作关系等方面的修改，须经原设计任务书审批机关批准。

2）凡涉及初步设计的主要内容，如总平面图布置、主要工艺流程、主要设备、建筑面积、建筑标准、总定员、总概算等方面的修改，须经原设计审批机关批准。修改工作需由原设计单位负责进行。

3）施工图设计文件交付施工后，如发现设计文件有错误、遗漏、交待不清，或与现场实际情况不符确需修改时，应由原设计单位提出设计变更通知单或技术核定单，并作为设计文件的补充和组成部分。任何单位和个人未经原设计单位同意，不得擅自修改。

（3）设计文件的质量　设计质量对工程建设影响极大，因此，必须提高设计文件的质量。设计文件的质量要求：

1）符合国家的方针政策，符合城市规划的要求，符合国家颁布的设计规范、标准的有关规定；

2）设计中采用的基础资料齐全、准确，遵守设计工作原则；

3）各专业采用的技术条件一致，采用的新技术行之有效，选用的设备性能优良；

4）正确执行现行标准规范，各个阶段设计文件的内容、深度符合国家规定，设计合理，综合经济效益好；

5）计算依据齐全可靠，计算结果准确无误；

6）设计文件完整，文字说明清楚，图纸清晰、准确，基本无错、漏、碰、缺现象。

4. 工程项目设计质量责任管理

依据《中华人民共和国建筑法》、《建设工程质量管理条例》、《建设工程勘察设计市场管理规定》、《建设工程勘察设计单位资质管理规定》等法律法规，对设计质量责任的规定十分严格而明确。归纳起来有：

（1）设计单位资格

1）从事工程设计的单位，必须取得资质证书，只能在资质等级许可的范围内承担业务；

2）禁止设计单位超越其资质等级许可的范围或者以其他设计单位名义承揽工程；

3）禁止设计单位允许其他设计单位或者个人以本单位名义承揽工程。

（2）设计技术人员资格和执业保证

1）从事建筑设计的专业技术人员，应当依法取得相应的职业资格证书，并在执业资格证书许可的范围内从事设计活动；

2）注册建筑师、注册结构工程师等注册执业人员，应当在设计文件上签字，对设计文件负责；

3）从事设计业务应当遵守国家有关法律法规，必须符合工程建设强制性标准；

4）设计文件中选用的建筑材料、建筑购配件和设备，应当注明规格型号性能等技术指标，其质量要求必须符合国家质量标准；

5）除有特殊要求的建筑材料、专用设备、工艺生产线外，设计单位不得指定材料生产厂、供应商。

（3）设计单位的质量责任

1）设计单位是设计文件的主办单位，对设计文件的汇编、设计质量和设计的提交时间等都要全面负责。当设计文件编制完毕后，承担设计任务的单位，应按规定（或合同）向委托单位或其上级部门提供完整、清楚、齐全的设计文件；

2）当一个建设项目由几个单位共同设计时，主管部门要制定一个设计单位为主体设计单位。主体设计单位是建设项目的设计总负责单位。对建设项目设计的合理性和整体性负责。其他设计单位除按统一要求完成分担的任务外，还应主动与主体设计单位搞好协作配合工作；

3）设计单位应建立有效的质量保证体系，领导（院长或所长等）要对本单位编制的建筑工程设计文件的质量负责；要按照工程项目设置项目总负责人，对工程项目的设计质量全面负责；还要按各专业设置专业技术负责人，对各专业的设计质量负责。所有设计文件、图纸需经各级技术负责人审定签字后，方得交付施工；

4）设计文件必须符合国家规定的标准和要求；

5）设计单位有责任在所设计的工程施工中督促设计文件的实施。施工图设计文件交付施工后，设计单位还应做好设计技术交底，施工过程中的设计修改，隐蔽工程验收和竣工验收等工作。

（4）相关各方的行为保证

1）建设活动相关各方必须坚持先勘察后设计、先设计后施工的程序，保证工程建设勘察设计质量；

2）建设单位不得以任何理由，要求设计单位在工程设计中，违反法律法规和建筑工程质量安全标准、降低工程质量；

3）建筑工程的勘察设计单位必须对其勘察、设计的质量负责，勘察单位提供的地形测量、地质、水文资料必须真实准确，设计单位应当根据勘察成果文件进行设计；

4）设计文件应当符合国家规定的深度，注明工程合理使用年限；

5）设计单位应当就审查合格的施工图文件向施工单位做出详细技术交底、解释说明，及时解决施工中出现的设计问题；

6）工程设计的修改由原设计单位负责，建筑施工企业不得擅自修改工程设计；

7）任何单位和个人对建筑工程的质量事故、质量缺陷都有权向建设行政主管部门或者有关部门进行检举、控告、投诉。

（5）设计处罚原则

1）未按强制性标准进行设计，或未按勘察成果进行设计，或指定材料设备生产厂供应商的，责令改正，并处10万元以上30万元以下罚款；

2）承接设计业务方因工作失误，造成设计质量事故，应当无偿补充设计，修改完善设计文件。给委托方造成经济损失的，应当减免设计费，并承担相应赔偿责任；由于设计原因造成严重工程质量事故的，由颁发证书部门降低或吊销其单位的资质证书，承担赔偿责任。构成犯罪的，依法追究刑事责任。

5. 工程项目设计取费管理

（1）工程项目设计取费内容

1）工程设计费：一般包括初步设计和概算，施工图设计，按合同规定配合施工，进行设计技术交底，参加试车及工程竣工验收等工作的费用。本收费标准中未包括做施工图预算的费用。

2）初步设计之前的工作费：是编制可行性研究报告、参加厂址选择和规划、进行环境预评价等工作所需的费用。

3）非标准设备设计费：是指非定型设备的设计费。有的行业工程设计本身包括设备设计，则不另计收非标准设备设计费。由于行业特点不同，非标准设备设计的范围，由各行业分别做出规定。

4）软件编制费：是指工厂生产过程计算机控制程序等编制费用。行业有软件编制收费标准的，执行行业标准；行业没有标准的，可根据软件的使用价值、先进程度，并考虑编制软件的实际工作量，由双方商定。

5）其他费用：例如单独提供技术资料、图纸、翻译、电算等，其收费办法由主管部门或工程设计单位另行确定。

（2）工程项目设计取费方法　工程设计收费标准以实物定额收费办法为主，根据各行业特点，分别以生产能力和实物工程量为单位计算。只有对目前没有条件编制定额的部分，才辅以按工日和单项工程概算为基础计算收费标准。计算工程设计费时，应先按实物定额办法收费，没有实物收费定额的项目，方可按单项工程概算或工日标准收费。

技术服务和没有制定具体收费标准的工作，可采用按直接生产人员工日计算收费的办法。工日的计算由委托单位和设计单位根据任务情况在签订合同时协商确定。

有引进设备的项目，如按单项工程概算为基础取费，工程设计全部由设计单位承担，则计取设计费时，其设备价格要按照国内同类设备价格计算；如果工艺设计由国外承担，则计费时不应包括工艺设备价格；按实物定额取费的，应按行业划分的设计工作量所占的比例，扣除相应的设计费。

（3）工程项目设计费拨付方法　设计费按设计进度分期拨付。设计合同生效后，委托方应向设计单位预付设计费的 20％作为定金；初步设计完成后付 30％；施工图完成后付 50％。设计合同履行后，定金抵作设计费。设计费付清后，设计单位对所承担设计任务的建设项目应配合施工，参加试车考核及工程竣工验收等，并不应另收技术服务费和差旅费。

5.1.3　水业及垃圾处理基础设施项目设计目标控制

1. 工程项目设计的三大目标

工程项目设计的三大目标是指业主对项目所要求的安全可靠性、适用性和经济性。业主根据这三大目标要求，向设计单位提供设计资料、文件，全面检验设计成果的质量。

（1）安全可靠性　所谓安全可靠性，就是要保证工程项目的大部分或全部的使用价值不致丧失、投资不致浪费。安全可靠性的实现关键在于业主对设计标准的控制。工程项目设计标准的选择是为了保证工程的安全可靠。

1）设计标准的内容　包括建设规模、占地面积、工艺设备、建筑标准、配套工程、劳动定员、环境保护、安全防护、卫生标准及防灾抗灾级别等的标准或指标。

2）设计标准的类别

① 规范、规程、标准、规定：在总结前人实践的基础上，国际各级主管部门用规范、规程和设计标准、规定等规范形式提出的标准。

② 业主标准：业主根据工程的性质、规模、使用期限、企业形象等规划条件提出的宏观标准，并根据设备类型、性能、备件配置、操作特点等生产条件提出的微观标准。

③ 厂方标准：设备生产厂家订立的与设备有关的标准。

3）设计标准与设计三大目标的相互关系　设计标准与设计的三大目标是相互制约、相辅相成的。所以，业主要求设计单位对设计标准的选定，要将三大目标通盘考虑，严格控制。既不能为了降低造价而降低设计标准，又不能为了追求安全而片面追求高标准。对于非规范性标准，业主要经过详细调查、试验，并结合设计的三大目标，综合平衡后，监督设计单位采用。

业主对工程可靠度的要求主要着眼于三个方面：生产适用上要有效和耐久；建筑结构上保证强度、刚度和稳定；总体规划上要满足防灾、抗灾的安全要求。

（2）适用性　适用性就是工程项目要具有良好的使用功能和美观效果，既方便生产，又方便生活。工程项目的使用功能当然是第一位的，但优美的生产和生活环境，则有利于提高生产效率和产品质量，两者不可偏废。适用性的实现关键在于业主对使用功能的控制。

适用性主要是在项目决策阶段和初步设计阶段形成的。业主应抓住以下环节加以控制：

1）使用功能必须满足市场要求，满足社会和环境的要求，不然就失去了建设的意义；

2）总体布置上，要便于运输和联系，避免干扰和矛盾；

3）内部布置要求工艺和运输流程衔接通顺，有必要的操作面积和空间，有必要的通风、照明、空调、防尘、防毒、防火等设施，保证工作人员的身体健康；

4）工程的形象处理要统一有序，要有合适的体量，比例要适宜，装饰要明快，与外部空间的环境要协调，要给人以庄重大方和充满时代气息的感受。

（3）经济性　经济性主要是指在保证工程安全可靠和适用的前提下，做到建设周期短、工程投资低、投产使用后经济效益高。经济性的主要内涵包括：节约用地，节约能源；回收期短，内部收益率高（与国内同类建设项目以及国际常规相比）；投资省，工期短；成本低，维修简单，运营使用费用少。

经济性实现的关键在于业主对主要设计参数的正确选择。设计参数，有些是客观的自然条件决定的，应按实际情况采用，如地质情况等；有些是人为决定的，如工作制度、管理方式等。业主提供的原始数据必须准确、有根据、且经过检验；设计单位选定的参数，必须先进、合理、具有科学性，有些关键参数，业主代表应负责审定。设计参数的来源主要是：勘探和科研部门提供的资料；国家的规范、规程、标准、规定；业主及设备厂家提供的资料。

采用先进技术、降低造价是设计部门的职责。但是投资省的设计并不等于是一个经济的设计。只有结合产品成本进行综合评价，才能品评设计的经济性。投资低、成本低的方案当然是最佳方案。但一般却是投资低的往往产品成本高或者运营维护费用高，而产品成本或维护运营费用低的往往又投资高，这就是主要把握的关键所在。设计单位对方案进行技术经济分析，用投资回收期和内部收益率来综合评价项目设计的经济性。项目的经济评价，不仅要评价建设单位自身的效益，还要从社会效益来评价，从国民经济和整个社会的受益或受损来正确评价。业主一定要认真审查设计单位的经济性评价文件，反复咨询调研，避免走入误区。

2. 工程项目设计的三大控制

设计过程是从选址、可行性研究开始，直到竣工验收、投产准备的全过程，即设计贯穿于建设的全过程。所以业主对设计的控制也贯穿于建设的全过程。

对设计过程的控制，主要围绕三个方面——质量控制、进度控制、投资控制。

（1）质量控制　对工程项目的质量目标和水平，要通过设计加以具体化。对设计的质量要求是：应本着“统一规划，合理布局，因地制宜，综合开发，配套建设”的方针，做到适用、经济、美观、防灾、抗灾、安全、节约用地、与环境协调，做到造价不高质量高，标准不高水平高，面积不大功能全，占地不多环境美。

（2）进度控制　这里所说的进度是指项目的实施进度。项目的实施进度，决定于设计承包商所作的工程设计。设计所采用的总体规划、外部协作条件设计、主体工艺流程、设备制造及安装方式、主体建筑结构形式、施工方法等等，都直接决定着项目实施进度。业主对设计所形成的项目进度的控制，就是要对设计内容审查其实施过程所需的劳动力投入和时间进程，是否能在预定的计划工期内完成。

（3）投资控制　设计阶段投资控制的目标是：初步设计概算不超过可行性研究报告中的总投资估算；施工图设计预算不超过设计概算；施工配合过程中涉及变更引起的预算改变不超过批准的总投资额。

5.2 水业及垃圾处理基础设施项目施工过程管理

5.2.1 水业及垃圾处理基础设施项目施工准备

业主通过招投标方式确定了承包工程建设的施工单位，并与施工单位签订了工程承包合同。当双方合同关系确定之后，应尽快建立项目的管理机构。业主单位进驻项目的管理机构在国内常习惯称为建设单位或建设开发公司等。

1. 施工组织准备

施工组织准备工作涉及项目建设的三方，即业主单位、施工承包单位及监理单位，其准备工作的内容主要包括建立组织机构及进行管理规划两部分。

（1）建立组织机构　组织机构设置的目的是为了进一步充分发挥项目管理功能，为项目管理服务，提高项目管理整体效率以达到项目管理的最终目标，设置的原则如下：

√高效精干的原则；

√管理跨度与管理分层统一的原则；

√业务系统化管理和协作一致的原则；

√因事设岗、按岗定人、以责授权的原则；

√项目组织弹性、流动的原则。

（2）项目管理规划　在项目的建设过程中，参与的三方虽然责任与分工不同，但有着一个共同的目标，即以投资、质量、工期最优为实现目标，完成工程项目的建设。因此，要求各方应做到分工合作、主动配合、互谅互让、有问题协商解决。应根据项目管理规划，建立管理组织及人员的职责分工，建立内部管理的规章制度。

在项目法人责任制的条件下，业主应以项目总经理的形式负责项目的建设及建成投产后的生产经营，并按任期目标责任制承担责任。建设项目施工阶段的具体管理，由业主单位通过招标或邀请选择监理单位承担。

2. 施工技术准备

（1）图纸会审和技术交底　业主应在开工前向有关规划部门送审初步设计及施工图。初步设计文件审批后，根据批准的年度基建计划，组织进行施工图设计。施工图是进行施工的具体依据，图纸会审是施工前的一项重要准备工作。

图纸会审工作一般在施工承包单位完成自审的基础上，由业主单位主持，建立单位组织，设计单位、施工承包单位、银行、质量监督管理部门和物资供应单位等有关人员参加。对于复杂的大型工程，业主单位应先组织技术部门的各专业技术人员预审，将问题汇总，并提出初步处理意见，做到再会审时心中有数。会审的各方都应充分准备、认真对待，对设计意图及技术要求彻底了解融会贯通，并能发现问题提出建议与意见，提高图纸会审的工作质量，把图纸上的差错、缺陷，在施工之前纠正和补充完整。

业主单位有责任组织设计单位对于图纸的设计意图、工程技术与质量要求等向施工单位做出明确的技术交底，通过图纸会审重点解决以下问题：

√理解设计意图和业主对工程建设的要求；

√设计深度是否满足指导施工的要求，采用新技术、新工艺、新材料、新设备的情况，工程结构是否安全合理；

√设计方案及技术措施中，贯彻国家及行业规范、标准的情况；

√根据设计图纸要求，施工单位组织施工的条件是否具备，施工现场能否满足施工需要；

√图纸上的工程部位、高程、尺寸及材料标准等数据是否准确一致，各类图纸在结构、管线、设备标注上有无矛盾，各种管线走向是否合理，与地上建筑、地下构筑物的交叉有无矛盾等；

√施工承包单位应检查图纸上标明的工作范围与合同中明确的有无差异。

会审时要有专人做好纪录，会后做出会审纪要，注明会审时间、地点、主持单位及参加单位、与会人员，就会审中提出的问题，着重说明处理和解决的意见与办法。会审纪要经参加会审的单位签字认同后，一式若干份，分别送交有关单位执行及存档，将作为竣工验收依据文件的部分内容。

（2）施工组织设计　施工组织设计是指导现场施工全过程的重要技术经济文件，应在满足国家或业主对拟建工程要求的前提下，依据设计文件与图纸、现场的施工条件和编制施工组织设计的基本原则进行贬值。编制施工组织设计必须贯彻以下原则：统筹规划；科学的组织施工，建立正常的生产秩序；充分利用空间、争取时间；推广、采用先进施工技术；用最少的人力和财力取得最佳的经济效果。

施工组织设计按编制范围的不同可以分为：施工组织总设计、单位工程施工组织设计和分部（项）工程施工组织设计。

施工组织设计应根据工程的特点及规模、技术复杂程度、施工期线、施工条件等因素决定其内容的范围和详尽程度。其主要内容包括：

1）工程概况　包括建设概况，建筑设计概况及结构设计概况。

2）施工条件　包括自然条件，交通运输条件，当地技术经济条件，物资设备采购，水、电、路、场地及周围环境等。

3）施工部署及施工方案　施工部署是施工设计中对整个建设项目施工进行全面安排。包括确定各单位工程的施工顺序及主要建筑物的施工方案，规划为全工地施工服务的临时设施，明确施工机构及任务分工。施工方案是对单位工程或分部工程施工方法的分析与选择。包括施工方法、施工顺序与机械设备的技术经济分析及最终方案的确定，采取的技术措施。

4）施工进度计划及主要物资需要量计划　应用网络技术合理安排施工进度，并满足工期、资源、费用等目标。根据施工进度及工程量，编制主要资源需用量计划。

5）施工平面图　在施工各阶段，合理利用场地布置各项临时设施及施工材料、机具等。

6）技术组织措施　主要指保证工程质量、降低成本及施工安全等方面的具体措施。

7）主要技术经济指标　包括工期与劳动力均衡性指标、综合机械化程度、降低成本率、用工量、劳动生产率、工程质量优良率等。

以上几项都应在施工组织设计中有明确的编制和规定，以便于开工后可以有计划、有步骤的实施，确保工程的进度和施工质量。

3. 施工现场准备

（1）做好施工现场的补充勘探及测量放线

1）为保证基础工程能按期保质的完成，为主体工程施工创造有利条件，必要时应对施工现场进行补充勘探，主要是在施工范围内寻找枯井、地下管道、旧河道、古墓等隐蔽物，以便及时拟定处理的实施方案；

2）按照提供的建筑总平面图、现场红线标桩、基准高程标桩和经纬坐标控制网，对全场做进一步的测量，设置各类施工基桩及测量控制网；

3）根据场地平面控制网或设计给定的作为建筑物定位放线依据的建筑物以及构筑物的平面图，进行建筑物的定位、放线，它是确定建筑物平面位置和开挖基础的关键环节。施工测量中必须保证精度，避免出现难以处理的技术错误。

（2）施工道路及管线准备　主要完成施工现场“五通一平”即供电、供水（上、下水）、通信、通路及施工场地平整，地上、地下障碍物清除，具体应进一步检查以下内容：

1）施工道路是否满足主要材料、设备及劳动力进场需要；各种材料能否减少二次搬运而直接按施工平面图运到对方地点；

2）施工给水与排水设施的能力及管网的铺设是否合理及满足施工需要；

3）施工供电设施应满足用电量需要，做到合理安排供电，不影响施工进度；

4）为节约投资，施工道路及各种管线的敷设应尽量利用永久性的设施。

（3）施工临时设施的建设　临时设施可分为生产设施和办公生活设施。临时设施的规模与布置应满足施工阶段生产的需要，同时还应满足防火与施工安全的要求。

根据工程规模、特点及施工管理要求，对施工临时设施应进行平面布置规划，并报有关部门审批。临时设施的规划与建设应尽量利用原有的建筑物与设施，做到既能满足施工需要，又能降低成本。

4. 施工材料、物资准备

施工材料、物资准备主要包括建筑材料、施工机具和永久设备三个方面的准备工作，均应在工程开工前完成落实，并对开工必备的材料、机具安排先期进场。

对于材料及物资的准备工作应包括认真核算数量、规格和品种，要求保证如期送到现场并符合质量要求。存储量应满足正常工程和存储经济的要求，存储堆场、仓库布置应符合施工平面图的要求。

对于机械、模具及设备，应根据工程进度计划所需的时间、类型、数量协助承包单位组织施工机械进场。在施工前，应完成所有的安装与调试，并做好易损零配件的供应。

5.2.2　水业及垃圾处理基础设施项目施工进度控制

1. 概述

在市场经济条件下，时间就是金钱，效率就是生命。一个工程项目能否在预定的工期内竣工交付使用，这是投资者最关心的问题之一，也是项目管理的重要内容。不论什么项目，按期建成投产是早日收回投资、提高经济效益的关键。对于实行投资包干的项目，包工期更是投资包干经济责任制的一个重要内容，就承包单位而言，能否按期完工，也是衡量管理水平的一个重要标志。

施工项目进度控制，是项目施工中的重点控制项目之一。它是保证施工项目按期完成，合理安排资源供应、节约工程成本的重要措施。进度控制是指在既定的工期内，编制出最优的施工进度计划，在执行该计划的施工中，经常检查施工实际进度情况；若出现进度情况，并将其与计划进度相比较，若出现偏差，便分析产生的原因和对工期的影响程度，找出必要的调整措施，修改原计划，如此循环，直到工程竣工验收。施工项目进度控制的总目标是确保施工项目的既定目标工期的实现，或者在保证施工质量和不因此而增加施工实际成本的条件下，适当缩短施工工期。

2. 进度控制原理

(1) 动态控制原理　施工项目进度控制是一个不断进行的动态控制，也是一个循环进行的过程。在进度计划执行中，由于各种干扰因素的影响，实际进度与计划进度可能会产生偏差，分析偏差的原因，采取相应的措施，调整原来计划，是实际工作与计划在新的起点上重合，继续按其进行施工活动。但是在新的干扰因素作用下，又会产生新的偏差，所以施工进展的控制又是一个循环进行的过程。施工进度计划控制就是采用这种循环的动态控制方法，从开工到竣工才结束。

(2) 系统原理　为了对施工项目实行进度计划控制，首先必须编制施工项目的各种进度计划，形成施工项目计划系统。施工项目的进度计划编制对象由大到小，内容由粗到细。编制出的也是总体计划到局部计划，逐步进行控制目标分解，计划具有完整的逻辑性和较强的系统性。计划执行时，从月（旬）作业计划开始实施，逐级按目标控制，从而达到对施工项目整体进度目标控制。施工组织各级负责人，从项目经理、施工队长、班组长以及所属全体成员组成了施工项目实施的完整组织系统，都按照施工进度规定的要求进行严格管理、落实和完成各自的任务。为了保证施工项目按进度实施，自公司经理、项目经理，一直到作业班组都设有专门职能部门或人员负责检查汇报，统计整理实际施工进度的资料，并与计划进度比较分析和进行调整，形成一个纵横连接的施工项目控制组织系统。

（3）信息反馈原理　信息反馈是施工项目进度控制的依据，施工的实际进度由各作业班组反映给各工作人员，再逐级反馈到项目管理层，由其将各方面信息进行统计、整理、分析并做出决策，保证计划的顺利进行。施工项目进度控制过程就是信息反馈的过程。没有连续、完整、真实、准确、及时的信息反馈，进度控制也无法实现。

（4）弹性原理　施工项目进度计划影响因素多，在编制进度计划时，根据经验对各种影响因素的影响程度、出现的可能性进行分析，编制施工项目进度计划时要留有余地，使计划具有弹性。这样在受到一定干扰时，可以利用这些弹性，对工期、计划进行适当调整，以保证原目标的顺利实施。这就是弹性原理在项目进度控制中的应用。

（5）封闭循环原理　项目的进度计划控制的全过程是计划、实施、检查、比较分析、确定调整措施、再计划的不断循环过程。形成如图 5-1 所示的封闭循环回路图。

（6）网络计划技术原理　在施工项目进度的控制中利用网络计划技术来编制进度计划，通过收集信息优化网络计划中的工期、成本、资源等。网络计划技术原理，是施工项目进度控制的完整的计划管理和分析计算理论基础。

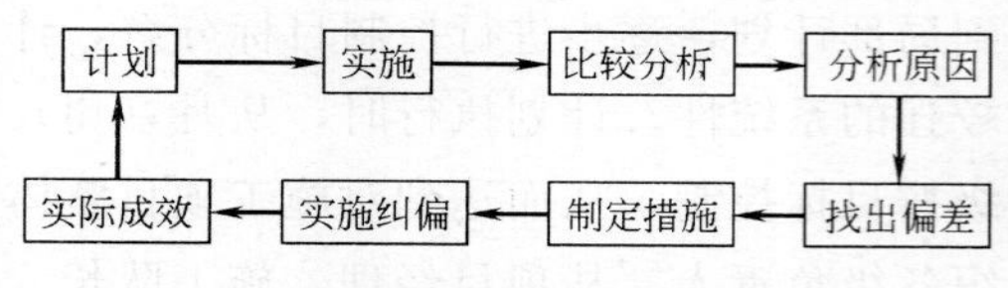

图 5-1　全过程封闭循环回路图

3. 项目进度控制主要任务、方法和措施

项目进度控制的主要任务是编制施工总进度计划并控制其执行，按期完成整个施工项目的任务；编制单位工程施工进度计划并控制其执行，按期完成单位工程的施工任务；编制分部、分项工程施工进度计划，并控制其执行，按期完成分部、分项工程的施工任务：编制季度、月（旬）作业计划，并控制其执行，完成规定的目标等。

项目进度控制方法，主要是规划、控制和协调。规划是指确定施工项目总进度控制目标和分进度控制目标，并编制其进度计划。控制是指在施工项目实施的全过程中，进行施工实际进度与施工计划进度的比较，出现偏差及时采取措施调整。协调就是指协调与施工进度有关的单位、部门和工作队组之间的进度关系。

项目进度控制的措施主要有组织措施、技术措施、合同措施、经济措施和信息管理措施等。

（1）组织措施　主要是指落实各层次的进度控制人员，具体任务和工作责任；建立进度控制的组织系统；按施工项目的结构、进展阶段或合同结构等进行项目分解；确定其进度目标，建立控制目标体系；确定进度控制工作制度；对影响进度的因素进行分析和预测。

（2）技术措施　主要是指采取加快施工进度的技术方法，以保证进度目标的实现。落实施工方案的部署，尽可能选用新技术、新工艺、新材料，调整工作之间的逻辑关系，缩短持续时间，加快施工进度。

（3）合同措施　合同措施是以合同形式保证工期进度的实

现，如签订分包合同、合同工期与计划的协调、合同工期分析、工期延长索赔等。

（4）经济措施　是指实现进度计划的资金保证措施。

（5）信息管理措施　信息管理措施是指不断地收集施工实际进度的有关资料进行整理统计，与计划进度比较，定期向建设单位提供比较报告，同时也为项目经理对进度控制决策管理提供依据。建立监测、分析、调整、反馈系统，通过计划进度与实际进度的动态比较，提供进度比较信息，实现连续、动态的全过程进度目标控制。

4. 影响工程项目进度的因素

影响工程项目进度的因素很多，有人的因素、材料设备因素、技术因素、资金因素、工程水文地质因素、气象因素、环境因素、社会环境因素等等。归纳起来在工程项目上有如下具体表现：

（1）不满足业主使用要求的设计变更；

（2）业主提供的施工场地不满足施工需要；

（3）勘察资料不准确；

（4）设计、施工中采用的技术及工艺不合理；

（5）不能及时提供设计图纸或图纸不配套；

（6）施工场地无水、电供应；

（7）材料供应不及时和相关专业不协调；

（8）各专业、工序交接有矛盾，不协调；

（9）社会环境干扰；

（10）出现质量事故时的停工调查；

（11）业主资金有问题；

（12）突发事件的影响等等。

按照责任的归属，上述影响因素可分为两大类：

第一类，由承包商自身的原因造成工期的延长，称为工程延误。其一切损失由承包商自己承担，包括承包商在监理工程师同意下所采取加快工程进度的任何措施所增加的各种费用。同时，由于工程延误所造成的经济损失，承包商还要向业主支付误期损失赔偿金。

第二类，由承包商以外的原因造成工期的延长，称为工程延期。经监理工程师批准的工程延期，所延长的时间属于合同工期的一部分，即工程竣工的时间，等于标书规定的时间加上监理工程师批准的工程延期的时间。

5. 项目进度计划的实施

施工项目进度计划的实施就是施工活动的开展，即用施工进度计划指导施工活动、落实和完成计划，保证各进度目标的实现。为落实和完成计划，应形成严密的计划保证系统，将计划目标层层分解，层层签订承包合同或下达施工任务书，明确施工任务、技术措施、质量要求等，充分发动群众，使管理层和作业层协调一致，组成一个计划实施的保证体系。为组织好施工项目进度计划的实施，保证各进度目标的实现，应做好如下工作：

（1）将规定的任务结合现场施工条件，在施工开始前和进行中不断编制月（旬）作业计划，使施工项目进度计划更具体、切合实际和可行；

（2）要检查各层次的进度计划，形成严密的计划保证系统；

（3）层层签订承包合同或施工任务书、保证计划目标落实到班组，落实到人，实行目标管理；

（4）对计划进行全面交底，使大家在树立全局观念的同时，又清楚自己的任务和责任，发动每一个人都来努力保证计划的顺利实施；

（5）做好施工记录，填好施工进度统计表，各级管理者都要跟踪做好施工记录，记载计划中的每项工作开始日期、工作进度和完成日期，为施工项目进度检查分析提供信息；

（6）做好施工中的调度工作协调各方面关系，采取措施，排除各种矛盾，加强薄弱环节，实现动态平衡，保证完成作业计划和实现进度目标。调度工作是使施工进度计划顺利实施的重要手段。

6. 项目进度计划的检查

在施工项目实施过程中，为了进行进度控制，各级进度控制人员要经常地、定期地以各种形式检查施工实际进度情况，收集有关进度资料，为控制决策服务。施工项目进度计划的检查过程可分为调查、整理、对比分析和处理等步骤。

（1）调查　目的是收集实际施工进展的有关数据。一般检查时间间隔与项目类型、规模、施工条件、控制人员素质和进度执行要求程度有关。通常可以每月、旬、周进行一次（遇特殊情况例外）。检查方式可以采用现场调查、进度报表或进度工作汇报会等，总之要保证经常、定期地准确掌握施工项目的实际进度，以对施工全过程进行跟踪检测，收集信息。

（2）整理　主要是将收集到的各种有关进度的信息数据，按一定要求和限定进行整理、统计，加工成与施工进度计划具有可比性的反映实际施工进度的资料。

（3）对比分析　将上述具有可比性的数据按一定方法进行比较，计算出计划的完成程度与存在的差距，并经常结合与计划表达方法一致的图形一起进行对比分析。常用的方法有横道图、S形曲线、“香蕉”形曲线、前锋线和列表比较方法等。

（4）处理　将经比较得出的一致、超前、拖后三种情况的结果向有关部门和人员汇报，报告中可提出进度控制人员的建议、处理措施等，以供有关决策人员（部门）参考。

7. 项目进度计划的调整

施工进度计划在执行过程中呈现出波动性、多变性和不均衡性的特点，所以在施工项目进度计划执行中，要经常检查进度计划的执行情况，及时发现问题，当实际进度与计划进度存在差异时，必须对进度计划进行调整，以实现进度目标。

(1) 分析进度偏差的影响　根据前述检查、比较的结果，当判断有偏差时，应分析偏差对后续工作和总工期的影响程度和种类，如：

1）分析进度偏差的工作是否为关键工作。若是关键工作，肯定会对后续工作和总工期产生影响，必须采取相应的调整措施。反之，则根据其偏差值与总时差和自由时差的大小关系，确定对后续工作和总工期的影响程度再做处理。

2）分析进度偏差是否大于总时差。若大于该工作的总时差，说明此偏差肯定会影响后续工作和总工期，必须采取相应调整措施。反之，则不会影响总工期，但对后续工作的影响要比较其与自由时差的情况而定。

3）分析进度偏差是否大于自由时差。若大于该工作自由时差，说明会对后续工作产生影响，应根据后续工作允许范围进行处理；反之，则不需要调整。

(2) 施工项目进度计划的调整方法　在上述分析基础上，常有以下两种方法进行调整：

1）改变某些工作之间的逻辑关系。如在工作之间逻辑关系允许改变的条件下，改变关键线路和超过计划工期的非关键线路上的有关工作之间的逻辑关系，达到缩短工期的目的。这种方法效果是比较显著的。但采用此种方式进行调整时，由于增加了各工作间的相互衔接时间，因而使进度控制工作显得更加重要，实施中必须做好协调工作。

2）缩短某些工作的持续时间。这是在不改变工作之间逻辑关系前提下，缩短某些工作持续时间，从而加快施工进度；实现计划工期的方法。这实际上就是网络计划优化中的工期优化方法和工期—成本优化方法。

在实际工作中应根据具体情况选用上述方法进行进度计划的调整，某一种方式的调整幅度不能满足工期目标要求时，可以同时采用上述两种方法进行进度计划调整。

5.2.3　水业及垃圾处理基础设施项目投资控制

1. 概述

投资一般是指投资主体为获取预期收益所投入的资金。投资主体为项目投入资金，目的就是为了获取预期的收益，所以投资者在进行投资前必须进行合理科学的投资决策以避免巨大的经济损失。工程项目投资的有效控制是工程项目管理的重要组成部分。所谓工程项目投资控制，就是在项目决策阶段、设计阶段、承发包阶段和建设实施阶段，把投资的发生控制在批准的投资限额以内，随时纠正发生的偏差，以保证项目投资管理目标的实现，有效使用人力、物力、财力，取得较好的投资效益和社会效益。

2. 水业及垃圾处理基础设施项目投资控制过程

项目投资控制的基本过程是将计划投资额作为工程项目投资目标值，再把工程项目建设进展过程中的实际支出额与工程项目投资目标进行比较，发现并找出实际支出与投资目标值的偏离额，进而采取有效的调整措施加以控制，具体控制过程可见图5-2。

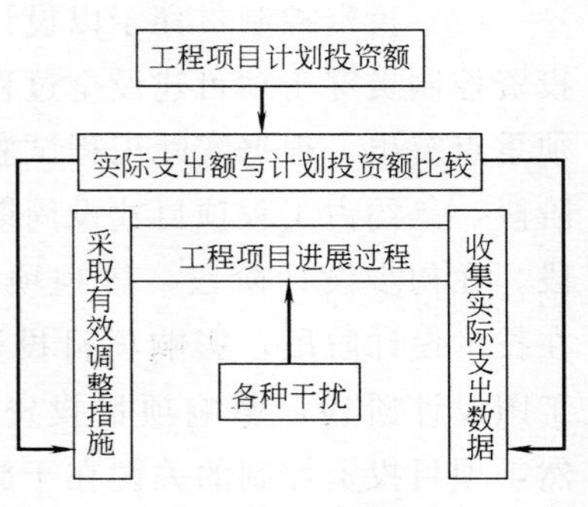

图5-2　项目投资控制过程

3. 水业及垃圾处理基础设施项目投资控制原则

（1）必须分阶段设置明确的投资控制目标　控制是为确保目标的实现，没有目标，控制也就失去意义了。目标的设置是要有科学依据的，并且是很严肃的。

工程项目建设过程是一个周期长、数量大的生产消费过程，因而不可能在工程项目的开始就设置一个科学的、一成不变的投资控制目标，而只能设置一个大致的投资控制目标，也就是投资估算。随着工程建设的实践、认识、再实践、再认识，投资控制目标一步步清晰、准确，从而形成设计概算、施工图预算、承包合同价等。也就是说，工程项目投资控制目标应是随着工程项目建设实践的不断深入而分阶段设置的。具体地讲，投资估算应是设计方案选择和进行初步设计的投资控制目标；设计概算应是进行技术设计和施工图设计的投资控制目标；设计预算或建设安装工程承包合同价则应是施工阶段控制建设安装工程投资的目标。有机联系的阶段目标相互制约，相互补充，前者控制后者，后者补充前者，共同组成项目投资控制的目标系统。

分阶段设置的投资控制目标要既有先进性又有实现的可能性，目标水平要能激发执行者的进取心和充分发挥他们的工作能力。

（2）投资控制贯穿于以设计阶段为重点的建设全过程　项目投资控制贯穿于项目建设全过程，这一点是没有疑义的，但是必须重点突出。根据实际工程试验和测算，对项目投资影响最大的阶段，是约占工程项目建设周期 1/4 的技术设计结束前的工作阶段。在初步设计阶段，影响项目投资的可能性为 75％～95％；在技术设计阶段，影响项目投资的可能性为 35％～75％；在施工图设计阶段，影响项目投资的可能性则为 5％～35％。很显然，项目投资控制的关键在于施工以前的投资决策和设计阶段，而在项目作出投资决策后，控制项目投资的关键就在于设计。要想有效地控制工程项目投资，就要坚决地把工作重点转移到建设前期，尤其是抓住设计这个关键阶段。

（3）采取主动控制，能动地影响投资决策　工程项目投资控制应立足于事先主动采取措施，尽可能地减少以至避免目标值与实际值的偏离，这是主动、积极的控制方法。如果仅仅是机械地比较目标值与实际值，当实际值偏离目标值时，分析其产生偏差的原因，并确定下一步的对策，这种被动控制虽然在工程建设中也有其存在的实际意义，但它不能使已产生的偏差消失，不能预防可能发生的偏差。所以，我们的项目投资控制应采取积极主动的控制方法。要能动地去影响投资决策，影响设计、发包和施工。

(4) 技术与经济相结合是控制项目投资的有效手段　在我国工程建设领域中，技术与经济脱节严重。工程技术人员与财会、概算人员往往不熟悉工程进展中的各种关系和问题，单纯地从各自角度出发，难以有效地控制项目投资。为此，当前迫切需要解决的是以提高项目投资效益为目的，在工程建设过程中把技术与经济有机结合，要通过技术比较、经济分析和效果评价，正确处理技术先进与经济合理两者之间的对立统一关系，力求在技术先进条件下的经济合理，在经济合理基础上的技术先进，把控制项目投资观念渗透到各项设计和施工技术措施之中。

(5) 遵循“最适”原则控制项目投资　由美国经济学家西蒙首创的现代决策理论的核心是“最适”准则。因此，对决策人来说，最优化决策几乎是不可能的，应该用“最适”这个词来代替“最优化”。由工程项目的三大目标（工期、质量、投资）组成的目标系统，是一个相互制约、相互影响的统一体，其中任何一个目标的变化，势必会引起另外两个目标的变化，并受它们的影响和制约。在项目建设时，一般不可能同时最优，即能同时做到投资最省、工期最短、质量最高。

为此，在工程项目建设中，应根据业主要求、建设的客观条件进行综合研究，确定一套切合实际的衡量准则，只要投资控制的方案符合这套衡量准则，取得令人满意的结果，投资控制就算达到了预期目标。

4. 水业及垃圾处理基础设施项目投资控制内容

(1) 决策阶段的投资控制　决策阶段包括项目建议书阶段、可行性研究阶段和设计任务书阶段。

在项目建议书阶段要进行投资估算和资金筹措设想。对打算利用外资的项目，应分析利用外资的可能性，初步测算偿还贷款的能力。还要对项目的经济效益和社会效益做初步估计。

在可行性研究阶段要在完成市场需求预测、厂址选择、工艺技术方案选择等可行性研究的基础上，对拟建项目的各种经济因素进行调查、研究、预测、计算及论证，运用定量分析及定性分析相结合、动态分析与静态分析相结合的方法，计算内部收益率、净现值率、投资利润率等指标，完成财务评价；大中型项目还利用影子价格、影子汇率、社会折现率等国家参数，进行国民经济评价，从而考察投资行为的宏观经济合理性。

在设计任务书中，决定一个工程是否建设和如何建设，提出了编制设计文件的依据。设计任务书阶段要估算出较准确的投资控制数额，作为建设期投资控制的最高限额。

（2）设计阶段的投资控制　在投资和工程质量之间，工程质量是核心，与投资的大小和质量要求的高低直接相联系。因此，应在满足现行技术规范标准和业主的要求条件下，符合投资和工程质量的要求。具体的要求是：

1）在初步设计阶段要提出设计要求，进行设计招标，选择设计单位并签订合同，审查初步设计和初步设计概算，以此进行投资控制，应不突破决策阶段确定的投资估算。

2）在技术设计阶段，对重大技术问题进一步深化设计，作为施工图设计的依据，编制修正预算，修正投资控制额，控制目标应不突破初步设计阶段确定的概算。

3）在施工图设计阶段，要控制设计标准及主要参数，通过施工图预算审查，确定项目的造价，控制目标应不突破技术设计阶段确定的设计概算。

设计阶段投资控制有以下方法：①完善设计阶段投资控制的手段；②应用价值工程原理和方法协调设计的目标关系；③通过技术经济分析确定工程造价的影响因素，提出降低造价的措施；④采用优秀设计标准和推广标准设计；⑤采用技术手段和方法进行优化设计等。

（3）招投标阶段的投资控制　施工招投标阶段主要是编制与审查标底，编制与审核招标文件，与总承包单位签订发包合同等，以此进行投资控制。

（4）施工阶段的投资控制　施工阶段是投资活动的物化过程，是真正的大量投资支出阶段。这个阶段投资控制的任务是按设计要求实施，使实际支出控制在施工图预算之内，施工图预算要控制在初步设计概算之内。因此，要减少设计变更，努力降低造价，竣工后搞好结算和决算。当然，根据具体情况，允许对控制目标进行必要的调整，调整的目的是使控制目标永远处于最佳状态，切合实际。

施工阶段投资控制的任务主要包括：编制施工阶段投资控制详细的工作流程图和投资计划；建立、健全施工阶段投资控制的措施；监督施工过程中各方合同的履行情况；处理好施工过程中的索赔工作等。

5. 水业及垃圾处理基础设施项目投资控制措施

根据我国项目建设过程中多年的实践经验及对有关资料的统计分析，控制工程项目投资，主要有如下几项具体措施：

（1）采取组织措施，建立合理的项目组织结构　通过建立合理的项目组织结构，明确建设单位在某项目中的负责人及其职责和任务。建立投资控制组织保证体系，有明确的项目组织机构，使投资控制有专门机构和人员管理，任务职责明确，工作流程规范化。

（2）采取技术措施，做好设计方案的经济性评价　在项目规划、方案设计过程中，重视技术经济分析，应深入到技术、工艺领域，应用价值工程进行多方案选择，严格审查初步设计、施工图设计、施工组织设计和施工方案，选择最优方案；并通过严格控制设计变更，研究采取其他相应的有效措施来达到节约投资的目的。

（3）采取经济措施，将投资进行有效分解　采取经济措施，是指合理确定投资控制目标，严格费用支出的审批制度。推行经济承包责任制，当项目的投资目标值确定之后，对项目投资总额进行分解和综合，将计划目标进行分解，落实到基层，动态地对工程投资的计划值与实际支出值进行比较分析，严格各项费用的审批和支付，对节约投资采取奖励措施。

(4) 采取合同措施，加强合同的签订与管理　正确合理地签订和履行合同，有助于对项目投资的控制。根据不同的项目类型，有针对性地采用不同结构形式的合同，并通过合同条款的制定，明确和约束在设计、施工阶段控制工程投资，不突破计划目标值。

(5) 加强信息管理措施　投资信息资料是控制工程项目投资的基础和依据，主要包括工程项目的投资规划信息、投资耗用情况信息、任务量及完成的任务量情况信息以及环境信息等等。采用计算机辅助管理，实现对这些有效信息的及时交流、比较、反馈，以利于做出正确投资决策。

(6) 采取工程项目设计招标措施　设计招标是控制项目造价，提高设计质量，采用新材料、新技术，提高投资效益并促进缩短设计周期的有效措施。推行设计招标制度，增强了设计单位之间的竞争意识，这对于设计方案优选、提高设计质量和投资效益十分有益。

5.2.4　水业及垃圾处理基础设施项目质量控制

1. 概述

当今世界，由于地区化、集团化经济的发展，竞争越来越激烈，各行各业均感到提高产品与服务质量的重要性。作为建设工程产品的工程项目，投资和消耗的人工、材料、能源都相当大，建筑施工项目质量的优劣不但关系到工程适用性，还关系到人民生命财产的安全和社会安全，直接影响国民经济建设的速度，所以把质量管理放在头等重要地位是刻不容缓的当务之急。

根据我国国家标准（GB/T 6583—92）和国标标准（ISO 8402—86），质量的定义是“反映产品或服务满足明确隐含需要能力的特征和特性的总和”。定义中，“产品或服务”是质量的主体；也就是说，质量必须符合规定要求，而且还要满足用户期望。以往对质量的概念局限于符合规定的要求，而忽视了用户的需要。可以说，现行的质量定义是质量管理的一大发展。

工程项目质量包括建筑工程产品实体和服务这两类特殊产品质量，是国家现行的有关法律、法规、规范、规程、技术标准、设计文件及工程合同对工程项目的安全、适用、经济、美观等性能在规定期限内的综合要求。工程项目质量有普遍性和特殊性两个方面，普遍性有国家的法律、法规对他们给予规定；特殊性则根据具体的工程项目和业主对他们的要求而定，分别体现在工程项目的实用性、经济性、可靠性、外观及环境协调等方面。工程项目质量的目标必须由业主用合同的形式约定。

工程项目质量控制是指为满足工程项目的质量需求而采取的作业技术和活动。对工程质量的控制是实现工程项目管理三大控制的重点。

2. 工程项目管理质量保证体系

随着工程项目的国际化，水业及垃圾处理基础设施项目质量控制也逐渐与国际接轨，提高竞争力，都在贯彻国际通用的质量标准体系——ISO 9000 系列。

ISO 9000 系列标准简介　ISO 9000 系列包括两大部分：质量体系认证和产品质量认证。质量体系认证包括质量管理、组织结构、职责和程序等内容。

1）ISO 9000 系列标准结构　ISO 9000 系列标准分为合同环境和非合同环境两种情况。合同环境下又分为三种模式，具体划分如图 5-3 所示：

ISO 9000：指导文件（标准选择和使用指南）。

ISO 9001～ISO 9003：合同环境下，质量模式选择。

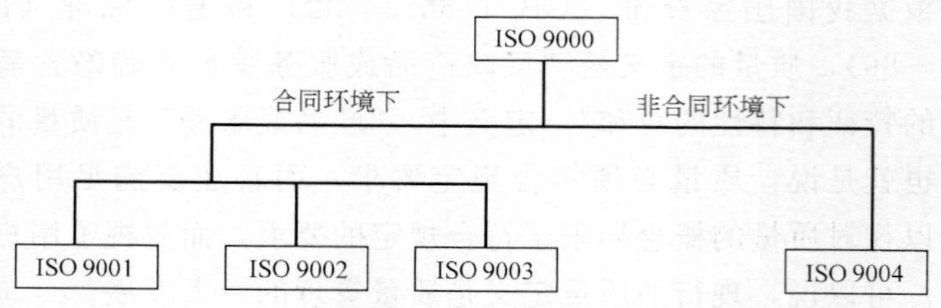

图 5-3 合同环境下 ISO 9000 系列标准结构

ISO 9001：产品开发、设计、生产、安装和服务。

ISO 9002：生产、安装企业。

ISO 9003：产品最终检验、试验。

ISO 9004：非合同环境下，企业内部的质量管理体系，也就是用以确定质量体系要素的通用性文件。

对于水业及垃圾处理基础设施项目建设，一般应选择具有 ISO 9001 认证的承包运营商。

2）质量体系要素 质量体系要素是组成质量体系的最基本的单元，一般包括 17 个要素：管理职责，体系原则（包括二级要素：质量环，即质量形成的各个阶段，体系结构、体系文件、审核），营销质量，质量成本，设计与规范，采购质量，生产质量，生产过程控制，产品检验，检测试验设备质量控制，不合格品的控制，搬运与生产者责任，纠偏措施，质量文件与记录，人员，产品的安全与责任，统计方法的应用。

3）质量体系（QS）的建立、运行与认证 质量体系（QS）总体设计包括市场调研、质量方针、目标、环境分析、对照标准、确定要素等工作内容。

质量体系（QS）编制的文件主要包括，质量手册、质量计划、质量记录、程序文件等内容。

质量体系（QS）认证管理机构是中国技术监督局，中国方圆标志委员会，认证程序为：申请→检查评定→审批→发证书→监督检查。

3. 水业及垃圾处理基础设施项目质量控制的特点

由于水业及垃圾处理基础设施项目施工涉及面广，是一个长期复杂的综合过程，而且项目位置固定、生产流动、结构类型不一、施工方法不一、体型大、周期长、受自然条件影响大的特点，使其质量难以控制，主要特点表现以下几方面：

(1) 影响质量的因素多 影响质量的因素包括很多方面，如设计、材料、机械、地形、地质、水文、气象、施工工艺、操作方法、技术措施、管理制度等。

(2) 容易产生质量变异 由于影响施工项目质量的偶然性因素和系统性因素较多，因此容易产生质量变异。

(3) 工程质量离散性较大 工程项目由于工序交换多，中间产品多，且不具有重复性，某一处或某一部位质量不好，另一处就可能质量不好。如某一关键部位质量不好，就可能造成整个单项工程质量不好，或引起整个工程项目的质量不好。所以在质量检查验收时应特别注意。

(4) 工程质量隐蔽性强 工程项目建设过程中，大部分工序是隐蔽过程，完工后很难看出质量问题，由于不能解体、拆卸，所以质量检查难度增大。另外，一些工序间的交接也容易造成隐蔽性质量事故。因而应把重点放在事前和事中进行。

(5) 质量受投资、进度的制约 一般情况下，投资大、进度慢，质量就容易保证；反之，质量就差。但这三者之间是相互促进、相互制约的，要努力使三者达到有机的对立统一。

4. 水业及垃圾处理基础设施项目质量控制的原则

在水业及垃圾处理基础设施项目建设过程中，对其质量控制应遵循以下几项原则：

(1) 质量第一的原则 建筑产品是一种“百年大计”的商品，其质量的好坏，直接关系到国家繁荣富强，关系到人民生命财产的安全，关系到子孙后代的幸福，所以必须树立“质量第一”的思想。要确立质量第一的原则，必须弄清并且摆正质量和数量、质量和进度之间的关系。不符合质量要求的工程，数量和进度都失去了意义，也没有任何使用价值。而且数量越多，进度越快，国家和人民遭受的损失也将越大。

（2）以人为核心的原则　人是质量的创造者，所以必须“以人为核心”，把人作为控制动力，调动起人的积极性、创造性；增强人的责任感；提高人的素质，避免人的失误；以人的工作质量来保证工序质量、工程质量。

（3）预防为主的原则　对于工程项目的质量，应该从消极保守的事后检验变为重视事前、事中控制，即把对产品质量控制放在工作质量、工序质量和中间产品质量上。因为好的建筑产品是好的设计、好的施工所产生的，而不是检查出来的。必须在项目管理的全过程中，事先采取各种措施，消灭种种不符合质量要求的因素，以保证建筑产品质量。

（4）为用户服务的原则　水业及垃圾处理基础设施项目是为了满足用户的要求，尤其要满足用户对质量的要求。真正好的质量是用户完全满意的质量。进行质量控制，就是要把为用户服务的原则，作为工程项目质量管理的出发点，贯穿到各项工作中去。

（5）坚持质量标准、坚持用数据说话的原则　质量标准是评价产品质量的尺度，数据是质量控制的基础和依据。质量控制必须建立在有效完整的数据基础之上，必须依靠能够确切反映客观实际的数字和资料，按规范标准严格把好质量关。

（6）贯彻科学、公正、守法职业规范的原则　在处理质量问题中，要尊重事实、尊重科学、正直、公正、不持偏见；遵纪守法，杜绝不正之风；既要坚持原则、严格要求、秉公办事，又要谦虚谨慎、实事求是、以理服人、热情服务。

5. 水业及垃圾处理基础设施项目质量控制的基本内容

项目的质量控制工作是一个系统过程，要控制工程项目的质量就应按照项目程序依次控制各阶段的质量，全面、综合地进行控制。

（1）决策阶段质量控制　在水业及垃圾处理基础设施项目决策阶段，要认真审查可行性研究，使项目的质量标准符合业主要求，并应与投资目标协调；使项目与所在地的环境相协调，避免产生环境污染，使工程项目的经济效益和社会效益得到充分发挥。

（2）控制设计质量　设计是整个项目的基础。在此阶段，要通过设计招标，组织设计方案竞赛，从中选择优秀设计方案和优秀设计单位。还要保证设计符合决策确定的质量要求，并保证各部分的设计符合国家现行有关规范和技术标准。水业及垃圾处理基础设施项目大多属于“交钥匙”工程，因而建设单位有权审查图纸，提出意见，对于其他承包方式的工程，建设单位要选好设计，按合同规定对其工作进行质量检查。

（3）确保设备和材料的质量　对于水业及垃圾处理基础设施项目，因采用交钥匙承包的方式居多，甲方一般在验收阶段对乙方所采购的材料、设备要进行抽查。对于某些不便检查但又很关键的设备或设施，甲方应尽可能争取延长乙方的保质期。对于其他承包方式的项目，从设备的造型、订货到安装调试的整个过程，以及从材料的选购到建筑的全过程，都应由有经验的工程技术人员负责把关。

（4）施工阶段的质量控制　施工阶段是质量控制的重要阶段。建设单位要组织工程项目施工招标，依据工程质量保证措施和施工方案以及其他因素，从中选择优秀的施工承包商，并保证在合同中对质量的规定以及双方对质量的责任应准确无误，以避免日后出现质量纠纷；科学确定施工工期，既能满足质量要求，又能满足项目建设进度；委托认真负责的监理工程师，派驻现场，对施工过程进行严格监督管理；竣工验收，严格进行，发现质量问题，及时返工；项目建成试运转期间，认真检查生产运转情况，以便及时发现问题，分清责任，妥善解决。

6. 水业及垃圾处理基础设施项目质量因素的控制

影响施工项目质量主要有五大因素，即人（Man）、材料（Material）、机械（Machine）、方法（Method）和环境（Environment），又成4M1E。

（1）人的控制　控制的对象包括项目的组织者、管理者和操作者。人是生产建设过程的活动主体，其个体素质和自身能力决定这一切质量活动的效果。因此，既要把人作为质量控制对象，又要作为其他质量活动的控制动力。人作为控制的对象，要避免产生失误；作为控制的动力，要调动其积极性，发挥主导作用。

（2）材料的控制　材料控制包括对施工所需要的原材料、成品、半成品、构配件等的质量控制，主要是严格检查验收，正确合理的使用，建立管理台账，进行收、发、储、运等各环节的技术管理，避免混料和将不合格的材料用到工程上。材料质量是施工项目质量形成的物质基础，所以加强材料的质量控制是提高施工项目质量的重要保证。

（3）机械的控制　机械的控制包括施工机械、设备、工具等的质量控制和工程项目设备的质量控制。对于施工机械设备，要根据不同工艺特点和技术要求，选用合适的机械设备；正确合理使用、管理和保养好机械设备。对于工程项目设备，要按设备选型优选设备供应厂商及供货商；机械设备进场，要认真检查，确保设备质量符合设计要求；机械设备安装要符合有关技术要求和质量标准；机械设备调试要按照设计要求和程序进行，正常试车。

（4）方法控制　方法控制主要包括施工技术方案、施工工艺、施工组织设计、施工技术措施等方面的控制。保证其能切合工程实际，能解决施工难题，并能随工程的进展而不断细化和深化。选择各类方案时，要拟定几个可行方案，明确各方案优缺点，从技术可行、经济合理等角度，反复论证比较，优选最佳方案，并且能充分估计到可能发生的问题和处理方法。

(5) 环境控制　环境的控制主要是对影响工程质量的各种环境进行控制、改善和合理利用，其中主要有自然环境，如工程地质、水文、气象等信息资料；管理环境，如质量保证体系、质量管理制度等；劳动环境，如劳动组合、作业场所、工作面等。对他们采取有效的措施加以控制，保证施工安全、顺利进行和保证工程质量。

7. 水业及垃圾处理基础设施项目质量控制的方法

依据侧重点不同，工作范围和内容及划分标准不同，施工质量控制方法很多，常见的划分方法主要有以下两种：

(1) 按照项目进展阶段，对质量控制可划分为：

1) 事前控制　主要是控制好施工准备工作。

2) 事中控制　主要是对工序质量、中间产品质量的控制及全面控制施工过程。

3) 事后控制　主要是对施工形成产品的质量控制。

(2) 按照质量控制类型，可划分为：

1) 一般技术方法。如图纸复审、施工规划、技术交底、技术复核等方法。

2) 试验方法。如材料试验、施工试验、构件结构试验等方法。

3) 检查验收方法。如预验收、隐蔽工程验收、结构工程验收、单位工程验收等方法。

4) 管理技术方法。如优选法、数理统计法、图表法、TQC法等。

5) 多单位控制法。如操作者自控、项目经理部自控、企业控制、建立单位控制、质量监督单位和政府控制、业主和设计单位控制。

以上质量控制方法，应结合工程实际及软硬件状况，有针对性地综合运用。

5.3 水业及垃圾处理基础设施项目施工安全与现场管理

5.3.1 水业及垃圾处理基础设施项目安全管理

1. 概述

项目安全管理是一项综合性管理工作，是指在项目施工的全过程中，运用科学管理的理论、方法，通过法规、技术、组织等手段来规范劳动者行为，控制劳动对象、劳动手段和施工环境条件，消除或减少不安全因素，是施工生产体系达到最佳安全状态等全部管理活动的总称。

由于施工项目具有露天、高空作业多，受环境影响大，工程结构复杂等特性，因而项目施工生产过程的安全事故与其他行业相比，发生频率高，因此应在项目管理过程中高度重视安全管理问题，将其作为一项复杂的系统工程认真对待。

随着项目管理的推行，客观上要求安全生产管理与之同步发展。项目管理对安全生产管理提出了新的更高的要求，同时又为完善安全生产管理、增强管理效果创造了条件。因而，必须坚持以实现安全生产管理目标为中心，增强安全意识、提高全员管理水平为方向，从而提高施工防护水平，减少、杜绝伤亡事故，实现施工项目两个效益的提高。

2. 水业及垃圾处理基础设施项目安全管理范围

安全管理的核心问题是保护生产活动中人的安全与健康，保证生产顺利进行。安全管理的内容从宏观上分主要包括以下三个方面的内容：

（1）劳动保护　劳动保护主要是侧重对劳动者的保护。通过依法制定有关安全的政策、法规、条例、制度，规范操作和管理行为，给予劳动者的安全、身体健康以法律保障，以约束劳动者的不安全行为，消除或减少主观上的不安全隐患。

（2）安全技术　安全技术主要是侧重于对劳动手段和劳动对象的管理。采取改善施工工艺、改进设备性能等措施，以及预防伤亡事故的工程技术和安全技术规范、标准条例等规范性文件，消除和控制生产过程中可能出现的危险因素，并通过安全技术保证措施，达到规范的状态，以消除和减轻其对劳动者的威胁和可能造成的财产损失。

（3）工业卫生　工业卫生主要是侧重于对劳动条件和施工环境的管理。通过防护、医疗、保健等措施，以防止、控制施工中高温、严寒、粉尘、噪声、震动、毒物对劳动者安全与健康的危害，改善和创造良好劳动条件，防止职业伤害。

3. 水业及垃圾处理基础设施项目安全管理特点

当企业以工程项目为工作中心之后，项目安全管理会出现许多新的情况，表现为许多新的特点：

（1）安全管理活动必须紧紧围绕项目管理，充分发挥监控作用，保证项目管理顺利、健康发展。要协调“生产必须安全，安全促进生产”的辩证关系，保证“安全第一，预防为主”方针的落实。在施工过程中要认真落实好安全生产责任制，充分调动全员参加安全监控，保证生产、安全同步发展。要把安全管理和安全生产控制目标纳入项目经营承包内容，使项目运营和安全生产同时实现。

（2）施工企业内部管理层与作业层分开后，需要重新分析、确定管理层和作业层在安全管理中的不同责任和作用。项目经理部要体现项目工程承包中人、财、物的集中，控制生产活动五大因素（人、机械、材料、施工方法、施工环境）的自主权；负有创造安全生产条件、提供物质保证和控制施工防护的全面责任。在生产承包经营中，侧重于解决好安全施工条件的创造与物质保证以及人的科学安排与合理使用。

（3）内部租赁市场为现场施工机具、设备、周围性材料的计划、协调安排、供应提供了有效的保障，也为项目经理部和劳务人员实施安全生产管理提供了有利条件。

4. 水业及垃圾处理基础设施项目安全管理原则

安全管理是企业生产管理的重要组成部分，是一门综合性的系统学科，对象是一切生产中的人、物、环境的状态管理与控制，是一种动态的管理。

水业及垃圾处理基础设施项目的安全管理，主要是组织实施企业安全管理规划、指导、检查和决策，同时又是保证生产处于最佳安全状态的根本环节。在实施安全管理的过程中，必须坚持六项基本原则：

（1）管生产同时管安全　安全寓于生产之中，并对生产发挥促进与保证作用。管生产的同时管安全，不仅是对各级领导人员明确安全管理责任，同时也向一切与生产有关的机构、人员明确了业务范围内的安全管理责任。

（2）坚持安全管理的目的性　安全管理是为了有效地控制人的不安全行为和物的不安全状态，消除或避免事故，以达到保护劳动者的安全与健康的目的。没有明确目的的安全管理是一种盲目行为，只能纵容威胁人的安全与健康的状态，向更为严重的方向发展或转化。

（3）坚持贯彻预防为主的方针　进行安全管理不是处理事故，而是在生产活动中，针对生产的特点，对生产因素采取管理措施，有效地控制不安全因素的发展与扩大，把可能发生的事故消灭在萌芽状态，以保证生产活动中人的安全与健康。

（4）坚持“四全”动态管理　安全管理不是少数人和安全机构的事，而是一切与生产有关的人共同的事。安全管理涉及生产活动的各个方面，涉及全部生产过程，全部生产时间，所有变化着的生产因素。因此，生产活动中必须坚持全员、全过程、全方位、全天候的动态安全管理。

（5）安全管理重在控制　在安全管理的主要内容中，虽然都是为了达到安全管理的目的，但是对生产因素状态的控制，与安全管理目的关系更为直接，显得更为突出。因此，对生产中人的不安全行为和物的不安全状态的控制，都是动态安全管理的重点。

（6）在管理中发展提高　既然安全管理是一种动态管理，就意味着是不断发展、不断变化的，以适应变化的生产活动，消除新的危险因素。然而更为需要的是不间断的摸索新的规律，总结管理、控制的办法与经验，指导新的变化后的管理，从而使安全管理不断上升到新的高度。

5. 水业及垃圾处理基础设施项目安全管理措施

（1）落实安全责任　建立安全生产制度

1）在工程项目实施过程中，建立符合项目特点的安全生产制度，参加施工的所有管理人员和工人都必须认真执行并遵守制度的规定和要求；

2）成立以项目经理为主的安全生产委员会或领导小组，建立各级人员安全生产制度，明确各级人员的安全生产责任；

3）施工项目应通过监察部门的安全生产资质审查，并得到认可。一切从事生产管理与操作的人员、依照其从事的生产内容，分别通过企业、施工项目的安全审查，取得安全操作认可证，持证上岗；

4）安全生产责任落实情况的检查，应认真、详细地记录，作为分配、补偿的原始资料之一。

（2）安全教育与训练　进行安全教育与训练，能增强人的安全生产意识，提高安全生产知识，有效地防止人的不安全行为，减少人为失误。安全教育、训练是进行人的行为控制的重要方法和手段。因此，进行安全教育、训练要适时、宜人，内容合理、方式多样，形成制度。组织安全教育、训练做到严肃、严格、严密、严谨，讲求实效。

1）一切管理、操作人员应具有基本条件与较高的素质。

2）安全教育、训练包括知识、技能、意识三个阶段的教育。

进行安全教育、训练，不仅要使操作者掌握安全生产知识，而且能正确、认真地在作业过程中，表现出安全的行为。

3）安全教育的内容随实际需要而确定。

4）加强教育管理，增强安全教育效果。

5）进行各种形式、不同内容的安全教育，都应把教育的时间、内容等清楚地记录在安全教育记录本或记录卡上。

（3）安全检查　安全检查是发现不安全行为和不安全状态的重要途径，是消除事故隐患，落实整改措施，防止事故伤害，改善劳动条件的重要方法。安全检查的形式有普遍检查，专业检查和季节性检查。

（4）作业标准化　在操作者产生的不安全行为中，由于不知正确的操作方法，为了干得快些而省略了必要的操作步骤，坚持自己的操作习惯等原因所占比例很大。按科学的作业标准规范人的行为，有利于控制人的不安全行为，减少人为失误。

（5）生产技术与安全技术的统一　生产技术工作是通过完善生产工艺过程、完备生产设备、规范工艺操作，发挥技术的作用，保证生产顺利进行的。包含了安全技术在保证生产顺利进行的全部职能和作用。两者的实施目标虽各有侧重，但工作目的完全统一在保证生产顺利进行、实现效益这一共同的基点上。生产技术、安全技术统一，体现了安全生产责任制的落实、具体的落实“管生产同时管安全”的管理原则。

（6）正确对待事故的调查与处理　事故是违背人们意愿，且又不希望发生的事件。一旦发生事故，不能以违背人们意愿为理由，予以否定。关键在于对事故的发生要有正确认识，并用严肃、认真、科学、积极的态度，处理好已发生的事故，尽量减少损失。采取有效措施，避免同类事故重复发生。

5.3.2　水业及垃圾处理基础设施项目现场管理

1. 概述

基础设施项目体积庞大、结构复杂、公众发多，立体交叉作业，平行流水施工，生产周期长，需要的原材料多，工程质量和进度受环境影响很大。现场管理就是通过对施工现场中的质量、安全防护、安全用电、机械设备、技术、消防保卫、卫生环保、材料等各个方面的管理，创造良好的施工环境和施工秩序。建设行业的迅速发展，城市面貌日新月异，现场文明施工的程度也在不断提高，建筑工地的场容场貌已成为建筑业乃至城市的文明“窗口”。

现代化施工采用先进的技术、工艺材料和设备，需要严密的组织，严格的要求，标准化的管理，科学的施工方案和员工较高的素质，因而加强项目现场管理是现代化施工本身的客观要求。同时，加强施工项目现场管理是企业展示自身综合实力，对外宣传的需求。改革开放把企业推向了市场，建筑市场竞争日趋激烈。市场与现场的关系更加密切，施工现场的地位和作用就更加突出。建筑产品是现场生产的，施工现场成了企业的对外窗口。此外，加强施工项目现场管理还有利于培养一支懂科学，善管理，讲文明的施工队伍，有利于提高整个建设行业从业人员的素质。

2. 水业及垃圾处理基础设施项目现场管理要求

（1）项目经理部必须遵循国务院及地方建设行政主管部门颁布的施工现场管理法规和规章，认真搞好施工现场管理，规范场容，做到文明施工、安全有序、整洁卫生、不扰民、不损害公众利益。

（2）现场处应设置承包人的标志，项目经理部应负责施工现场场容文明形象管理的总体策划和部署，各分包人应在项目经理部的指导和协调下，按照分区划块原则，搞好分包人施工用地区域的场容文明形象管理规划并严格执行。

（3）项目经理部应在现场入口的醒目位置，公示以下标牌：

1）工程概况牌，包括：工程规模、性质、用途、发包单位、承包单位、设计单位和建立单位的名称，施工起止年月等。

2）安全纪律牌。

3）防火须知牌。

4）安全无重大事故计时牌。

5）安全生产、文明施工牌。

6）施工总平面图。

7）项目经理部组织机构图及主要管理人员名单。

（4）项目经理应把施工现场管理列入经常性的巡视检查内容，并与日常管理有机结合，认真听取近邻单位、社会公众的意见，及时抓好整改。

3. 水业及垃圾处理基础设施项目现场管理措施

项目现场管理的措施主要包括两类：组织管理措施和现场管理措施。

（1）组织管理措施

1）健全管理组织　项目现场应成立以项目经理为组长，主管生产副经理、主任工程师、承包队负责人，生产、技术、质量、安全、消防、保卫、环保、行政卫生等管理人员为成员的施工现场文明施工管理组织。施工现场分包单位应服从总包单位的统一管理，接受总包单位的监督检查，负责本单位的文明施工工作。

2）健全管理制度　建立健全的个人岗位责任制，建立列入文明施工的经济承包责任制，建立定期现场检查制度，建立赏罚分明的文明施工奖惩制度，建立现场持证上岗制度，以及各类的专业管理制度。

3）健全管理资料　关于文明施工现场管理的标准、规定、法律法规应齐全；施工组织设计方案中应有质量、安全、保卫、环保、消防技术措施和管理要求，以及各阶段施工现场平面布置图和季节性施工方案；现场施工日志应有文明施工内容，文明施工教育、培训考核均应有计划、有资料、有记录。

4）积极推广应用新技术、新工艺、新设备和现代化管理方法，为文明施工创造了条件，打下了基础，是文明施工达到了新的更高水平。

（2）现场管理措施

1）开展“5S”活动　“5S”活动是指对施工现场各生产要素（主要事物的要素）所处状态不断地进行整理、整顿、清扫、清洁和保养。由于这五个词语中罗马拼音的第一个字母都是“S”，所以简称为“5S”。“5S”活动是符合现代化大生产特点的一种科学的管理方法，是提高职工素质，实现文明施工的一项有效措施与手段。开展“5S”活动，既要领导重视，又要调动全体职工的积极性，从而提高施工现场的管理水平。

2）合理定置　合理定置是指把全工地施工期间所需要的物在空间上合理布置，实现人与物、人与场所、物与场所、物与物之间的最佳结合，是施工现场秩序化、标准化、规范化，体现文明施工水平。它是现场管理的一项重要内容，是实现文明施工的一项重要措施，是谋求改善施工现场环境的一个科学的管理办法。

3）目视管理　目视管理是一种符合建筑业现代化施工要求和生理及心理需要的科学管理方式，它是现场管理的一项内容，是搞好文明施工、安全生产的一项重要措施。目视管理就是用眼睛看的管理，是一种形象直观，渐变使用，透明度高，便于职工自主管理、自我控制，科学组织生产的一种有效管理方式。

4. 水业及垃圾处理基础设施项目现场管理环境保护

（1）水业及垃圾处理基础设施项目现场管理与环境保护的意义

1）保护和改善环境是保证人们身体健康的需要　工人是企业的主人，是施工生产的主力军。防止粉尘、噪声和水源污染，搞好施工现场环境卫生，改善作业环境，就能保证职工身体健康，使其积极投入施工生产。若环境污染严重，工人和周围居民将直接受害。

2）保护和改善施工现场环境是消除外部干扰，保证施工顺利进行的需要　城市施工过程中，施工扰民问题反映突出，随着人们法制观念和自我保护意识的增强，向政府主管部门反映的扰民来信增多，有的工地导致冲突发生，有的则被管理部门罚款停工整治。应采取防治措施，既能防止污染，又能消除外部干扰，使现场施工顺利进行。

3）保护和改善施工环境是水业及垃圾处理基础设施建设的客观要求　水业及垃圾处理基础设施建设广泛采用新设备、新技术、新的生产工艺，对环境质量要求很高，如果粉尘、震动超过指标就可能损坏设备、影响功能发挥，再好的设备、再先进的技术也难于发挥作用。

4）保护和改善施工现场环境与水业及垃圾处理基础设施建设最终目的是一致的　环境保护是法律和政府的要求，关系国计民生，因而保护和改善施工现场环境对企业来说责无旁贷。水业及垃圾处理基础设施建设其目的正是为了保护和改善环境。所以可以说此类项目对自身环境的保护和改善与其最终目的是一致的。

（2）项目现场环境保护的具体措施

1）实行环保目标责任制　把环保指标以责任书的形式层层分解到有关单位和个人，列入承包合同和岗位责任制，建立一个懂行善管的环保监控体系。项目经理是环保工作的第一责任人，是施工现场环境保护自我监控体系的领导者和责任者。要把环保政绩作为考核项目经理的一项重要内容。

2）加强检查和监控工作　要加强对施工现场粉尘、噪声、废气的检查、检测和控制作用。要与文明施工现场管理一起检查、考核、奖惩，及时采取措施消除粉尘、废气和污水的污染。

3）保护和改善施工现场的环境　一方面施工单位要采取有效措施控制人为噪声、粉尘的污染和采取措施控制烟尘、污水、噪声污染。另一方面，建设单位应该负责协调外部关系，同当地居委会、村委会、派出所、居民、环保部门加强联系。要做好宣传教育工作，认真对待来信来访，凡能解决的问题立即解决，一时不能解决的扰民问题，也要说明情况，求得谅解并限期解决。

4）要有技术措施，严格执行国家法律、法规　在编制施工组织设计时，必须有环境保护的技术措施。在施工现场平面布置和组织施工过程中都要执行国家、地区、行业和企业有关防治空气污染、水源污染、噪声污染等环境保护的法律、法规和规章制度。

此外，还应结合每个项目自身特点及不同的现场状况，对现场造成的大气、水源和噪声污染根源采取一些有效的防治措施。

第6章　水业及垃圾处理基础设施项目竣工验收与项目后评价

6.1　水业及垃圾处理基础设施项目竣工验收

6.1.1　水业及垃圾处理基础设施项目竣工验收的目的和方式

建设项目的施工达到竣工条件进行验收，是项目施工周期的最后一个程序，也是建设成果转入生产使用的标志。

1. 竣工验收的目的

国家有关法规规定了严格的竣工验收程序，其目的在于以下几方面：

(1) 全面考察建设项目的施工质量　竣工验收阶段通过对已竣工工程的检查和试验，考核承包商的施工成果是否达到了设计要求而形成生产或使用能力，可以正式转入生产运行。通过竣工验收，及时发现和解决影响生产和使用方面存在的问题，以保证建设项目按照设计要求的各项技术经济指标正常投入运行。

(2) 明确合同责任　能否顺利通过竣工验收，是判别承包商是否按施工承包合同约定的责任范围完成了施工任务的标志。圆满地通过竣工验收后，承包商即可以与业主办理竣工结算手续，将所施工的工程移交给业主使用和照管。

(3) 建设项目转入投产使用的必备程序　建设项目竣工验收也是国家全面考核项目建设成果，检验项目决策、设计、施工、设备制造和管理水平，以及总结建设项目建设经验的重要环节。

一个建设项目建成投产交付使用后，能否取得预想的宏观效益，需要经过国家权威管理部门按照技术规范、技术标准组织验收确认。

2. 竣工验收的方式

为了保证建设项目竣工验收的顺利进行，必须遵循一定的程序，并按照建设项目总体计划的要求，以及施工进展的实际情况分阶段进行。项目施工达到验收条件的验收方式可分为项目中间验收、单项工程验收和全部工程验收三大类。规模较小、施工内容简单的建设项目，也可以一次进行全部项目的竣工验收。

3. 竣工验收的范围

（1）凡是新建、扩建、改建和迁建的项目，已按设计文件、施工图纸和合同要求全部建成，并具备投产和使用条件。

（2）住宅小区已按小区规划、设计文件和施工图纸全部建成，满足使用要求。

（3）单项工程或工程项目中已按设计要求建成，并具备相应生产能力的项目。

（4）工程项目已按设计全部建成，但由于外部条件（如缺少或暂时缺少电力、煤气、燃料等）不能投产使用或不能全部投产使用，也可组织竣工验收。

（5）市政、绿化和公用设施等的配套设施项目，已按设计和合同要求建成。

4. 竣工验收的依据

竣工验收的依据主要包括：

（1）上级主管部门的有关工程竣工验收的文件和规定。

（2）施工承包合同。

（3）已批准的设计文件（包括施工图纸、设计说明书、设计变更洽商记录）。

（4）各种设备的技术说明书。

（5）国家和部门颁布的施工规范、质量标准、验收规范。

(6) 建筑安装工程统计规定。

(7) 有关的协作配合协议书。

5. 竣工验收的基本条件和应达到的标准及要求

建设工程项目竣工验收应具备下列基本条件：

(1) 完成建设工程设计和合同约定的各项内容。

(2) 有完整的技术档案和施工管理资料。

(3) 有工程使用的主要建筑材料、建筑构配件和设备的进场试验报告。

(4) 有勘测、设计、施工、工程监理等单位分别签署的质量合格文件。

(5) 有施工单位签署的工程保修书。

工程竣工验收时应达到的标准和要求：

(1) 生产性建设项目及其辅助生产设施，已按设计的内容和要求建成，能满足生产需要。例如，生产科研类建设项目、土建、给水排水、暖气通风、工艺管线等工程和属于厂房组成部分的生活间、控制室、操作室、烟囱、设备基础等土建工程均已完成，有关工艺科研设备也已安装完毕。

(2) 主要工艺设计及配套设施已安装完成，生产线联动负荷试车合格，运转正常，形成生产能力，能够生产出设计文件规定的合格产品，并达到或基本达到设计生产能力。

(3) 必要的生活设施已按设计要求建成，生产准备工作和生活设施能适应投产的需要。

(4) 环保设施，劳动、安全、卫生设施，消防设施等已按设计要求与主体工程同时建成交付使用。

(5) 已按合同规定的内容建成，工程质量和使用功能符合规范规定和设计要求，并按合同规定完成了协议内容。

6.1.2 竣工验收的程序和组织

1. 竣工验收的程序和内容

工程项目的竣工验收应根据项目规模的大小组成验收委员会或验收小组来进行。对于国家批准建设的大中型工程项目，由国家或国家委托有关部门来组织验收，各省、市、自治区建委参与验收；对于地方兴建的大中型工程项目，由各省、市、自治区主管部门组织验收；对于小型工程项目，由地、市级主管部门或建设单位组织验收。

工程项目的竣工验收工作，通常分为三个阶段，即准备阶段、初步验收（预验收）和正式验收；对于小型工程也可分为两个阶段，即准备阶段和正式验收。

（1）竣工验收的准备工作　在竣工验收准备阶段，监理单位应做好以下工作：

1）施工单位组织人力绘制竣工图纸，整编竣工资料，主要包括地基基础、主体结构、装修和水、暖、电、卫生、设备安装等施工各阶段的质量检验资料，如分项、分部、单位工程的质量检验评定资料，隐蔽工程验收记录，生产工艺设备调试和运行记录，吊装和试压记录，以及工程质量事故调查处理报告、工程竣工报告、工程保修证书等。

2）设计单位提供有关的设计技术资料，如项目的可行性研究报告，项目的立项批准书，土地、规划批准文件，设计任务书，初步设计（或扩大初步设计）、技术设计，工程概预算等。

3）组织人员编制竣工决算，起草竣工验收报告等各种文件和表格。

（2）预验收（竣工初验）　当工程项目达到竣工验收条件后，施工承包单位在自检（自审、自查、自评）合格的基础上，填写工程竣工报验单，并将全部竣工资料报送监理单位，申请竣工验收。

监理单位在接到施工承包单位报送的工程竣工报验单后，应由总监理工程师组织专业监理工程师依据有关法律、法规、工程建设强制性标准、设计文件及施工合同，对竣工资料进行审查，并对工程质量进行全面检查，对检查出的问题督促施工承包单位及时整改。对需要进行功能试验的工程项目，监理工程师应督促施工承包单位及时进行试验（单机试运行和无负荷试运行），并对试验情况进行现场监督、检查，认真审查试验报告。在监理单位预验收合格后，由总监理工程师签署工程竣工报验单，并向建设单位提出质量评估报告。工程质量评估报告应由总监理工程师和监理单位技术负责人审核签字。

(3) 正式验收　建设单位在接到项目监理单位的质量评估报告和竣工报验单后，经过审查，确认符合竣工验收条件和标准，即可组织正式验收。

由建设单位组织设计单位、施工单位、监理单位组成验收小组，进行竣工验收，对工程进行检查，并签署验收意见。对必须进行整改的质量问题，施工单位进行整改完成后，监理单位应进行复验。对某些剩余工程和缺陷工程，在不影响交付使用的前提下，由四方协商规定施工单位在竣工验收后限定的时间内完成。正式竣工验收完成后，由建设单位和项目总监理工程师共同签署《竣工移交证书》。

正式竣工验收的程序一般是：

1）建设单位、勘察设计单位分别汇报工程合同履约情况和在工程建设各环节执行法律、法规和工程建设强制性标准情况。

2）听取施工单位报告工程项目施工情况、自检情况及竣工情况。

3）听取监理单位报告工程监理内容和监理情况，以及对工程竣工的意见。

4）组织竣工验收小组全体人员进行现场检查；了解工程现状，查验工程质量，发现存在和遗留的问题。

5）竣工验收小组查阅建设、勘察、设计、施工、监理单位的工程档案资料，结合施工单位和监理单位的情况汇报，以及现场检查情况，对工程项目进行全面鉴定和评价，并形成工程竣工验收意见。

6）经过竣工验收小组检查鉴定，确认工程项目质量符合竣工验收条件和标准的规定，以及承包合同的要求后，即可签发《工程竣工验收证明书》。

7）办理竣工资料移交手续。

8）办理工程移交手续。

2. 竣工验收资料的主要内容

竣工验收资料作为工程项目的档案在竣工验收后应移交给建设单位，作为今后在生产和使用中对工程进行维修、改建和扩建的依据，也是工程一旦需要进行复查时的主要根据。竣工验收资料通常应该包括以下主要内容：

（1）工程项目的开工执照。

（2）竣工工程一览表。包括各个单项工程的名称、面积、层数、结构、主要工艺设备的装置的目录。

（3）工程地质勘察资料。

（4）工程竣工图纸，图纸会审记录，设计交底记录，设计变更通知单。

（5）永久性水准点位置坐标，建筑物、构筑物定位测量记录，沉降和位移观测记录。

（6）各种材料、构件和设备的出厂合格证明和试验资料。

（7）新材料、新工艺、新技术、新设备的试验、验收记录和鉴定文件。

（8）灰土、砂浆、混凝土、防水材料的试验记录。

（9）各种管道工程、钢筋、金属件等的埋设，打桩、吊装等隐蔽工程的检查验收记录及施工日志。

（10）生产工艺设备单体试车、无负荷联动试车、有负荷联动试车记录。

（11）电气工程线路系统的全负荷试验记录。

（12）地基和基础工程检查记录。

（13）结构工程、防水工程（包括地下室外墙防水体系等）的检查记录。

（14）工程质量检验评定资料。

（15）工程质量事故调查分析和处理报告。

（16）设计单位会同施工单位提出的对建筑物、构筑物、生产工艺设备等使用中应注意事项的文件。

（17）工程项目竣工报告、工程项目竣工验收报告、工程项目竣工验收文件。

在工程项目初验阶段，监理工程师应对竣工资料进行审查，重点审查下列内容：

（1）材料、构件和设备的质量合格证明材料（出厂合格证、技术说明书和质量检验资料等）。检查这些材料是否如实反映实际情况，有无涂改、伪造和事后补做的情况。

（2）试验、检验资料。检查各种材料的试验是否按规范要求制作试件和试样，检验数量是否符合要求，检验结果是否符合设计要求。

（3）核查隐蔽工程记录和施工记录。

（4）审查竣工图纸是否齐全，是否符合施工实际情况，竣工图纸的绘制是否符合国家有关规定（《编制基本建设工程竣工图的几项暂行规定》[82] 建发施字 50 号）的要求。

建设项目竣工图是真实地记录各种地下、地上建筑物等详细情况的技术文件，是对工程进行交工验收、维护、扩建、改建的依据，也是使用单位长期保存的技术资料。

监理工程师必须根据国家有关规定对竣工图绘制基本要求进行审核，以考查施工单位提交竣工图是否符合要求，一般规定如下：

1）凡按图施工没有变动的，则由施工单位（包括总包和分包施工单位）在原施工图上加盖“竣工图”标志后即作为竣工图。

2）凡在施工中，虽有一般性设计变更，但能将原施工图加以修改补充作为竣工图的，可不重新绘制，由施工单位负责在原施工图（必须是新蓝图）上注明修改部分，并附以设计变更通知单和施工说明，加盖“竣工图”标志后，即作为竣工图。

3）凡结构形式改变、工艺改变、平面布置改变、项目改变以及有其他重大改变，不宜再在原施工图上修改补充者，应重新绘制改变后的竣工图。由于设计原因造成，由设计单位负责重新绘图；由于施工原因造成的，由施工单位负责重新绘图；由于其他原因造成的，由建设单位自行绘图或委托设计单位绘图，施工单位负责在新图上加盖“竣工图”标志附以有关记录和说明，作为竣工图。

4）各项基本建设工程，特别是基础、地下建筑物、管线、结构、井巷、峒室、桥梁、隧道、港口、水坝以及设备安装等隐蔽部位都要绘制竣工图。

审查施工单位提交的竣工图是否与实际情况相符。若有疑问，及时向施工单位提出质询。

竣工图图面是否整洁，字迹是否清楚，是否用圆珠笔和其他易于褪色的墨水绘制，若不整洁，字迹不清，使用圆珠笔绘制等，必须让施工单位按要求重新绘制。

审查中发现施工图不准确或短缺时，要及时让施工单位采取措施修改和补充。

由监理工程师审查完承包单位提交的竣工资料之后，认为符合工程合同及有关规定，且准确、完整、真实，便可签证同意竣工验收的意见。

3. 竣工验收报告的主要内容

工程竣工验收合格后，建设单位应及时提出工程竣工验收报告，竣工验收报告的主要内容包括：

（1）建设项目的总说明。

（2）技术档案的建立情况。

(3) 工程项目的建设情况，包括建设单位执行基本建设程序的情况，对工程勘察、设计、施工、监理等方面的评价，建筑工程和建筑安装工程的进度和工程质量情况；试生产期间设备运行情况和各项生产指标达标的情况；工程决算情况、投资使用情况及原因分析；环保、卫生、安全设施情况，移民迁建情况；工程竣工验收的时间、程序和组织形式，工程验收意见等内容。

(4) 工程效益情况。

(5) 遗留问题。

(6) 有关附件。如竣工项目一览表，已完单位工程一览表，未完工程项目一览表，已完设备一览表，未完设备一览表，竣工项目财务决算一览表，概算调整与执行一览表，交付使用财产一览表，单位工程质量汇总表，项目（工程）总体质量评价表，施工许可证，施工图设计文件审查意见，勘察、设计、施工、工程监理等单位分别签署的质量合格文件，竣工验收原始文件，市政基础设施工程有关质量检测和功能试验资料，施工承包单位签署的工程质量保修书等。

在工程项目竣工验收中，质量监督机构将对工程项目竣工验收组织形式、验收程序、验收标准等情况进行现场监督，发现有违反建设工程质量管理规定的行为，将责令改正，并将对工程竣工验收的监督情况作为工程质量监督报告的重要内容。

4. 建筑工程竣工备案制

建筑工程竣工备案制。《建设工程质量管理条例》第四十九条规定“建设单位应当自建设工程竣工验收合格之日起七日内，将建设工程竣工验收报告和规划、公安消防、环保等部门出具的认可文件或者准许使用文件报建设行政主管部门或其他有关部门备案”。建设部以第78号令发布了《房屋建筑工程和市政基础设施竣工验收管理暂行办法》。

建设工程竣工验收备案制度是加强政府监督管理防止不合格工程流向社会的一个重要手段。建设单位应依据国家有关规定，在工程竣工验收合格后的 15 日内按有关程序规定要求，到县级以上人民政府建设行政主管部门或其他有关部门备案。建设单位办理工程竣工验收备案应提交以下材料：

(1) 房屋建设工程竣工验收备案表。

(2) 建设工程竣工验收报告（包括工程报建日期、施工许可证号，施工图设计文件审查意见，勘察、设计、施工、工程监理等单位分别签署的工程验收文件及验收人员签署的竣工验收原始文件，市政基础设施的有关质量检测和功能性试验资料以及备案机关认为需要提供的有关资料）。

(3) 法律、行政法规规定应由规划、消防、环保等部门出具的认可文件或者准许使用的文件。

(4) 施工单位签署的工程质量保修书、住宅工程的《住宅工程质量保修书》和《住宅工程使用说明书》。

(5) 法规、规范规定必须提供的其他文件。

6.1.3　水业及垃圾处理基础设施项目交接与回访保修

1. 水业及垃圾处理基础设施项目交接

工程项目竣工和交接是两个不同的概念。所谓竣工是针对承包单位而言，它有以下几层含义：第一，承包单位按合同要求完成了工作内容；第二，承包单位按质量要求进行了自检；第三，项目的工期、进度、质量均满足合同的要求。工程项目交接则是由监理工程师对工程的质量进行验收之后，协助承包单位与业主进行移交项目所有权的过程。能否交接取决于承包单位所承包的工程项目是否通过了竣工验收。因此，交接是建立在竣工验收基础上的时间过程。

在我国社会主义制度下，生产资料归国家所有。原则上讲，一切项目均应通过国家的验收与交接。但改革开放以来，随着投资主体多元化的出现，改变了国家投资的单一模式，因而工程项目竣工验收与交接发生了变化。目前工程项目的竣工验收与交接主要有三类：

（1）个人投资的项目　例如，外商投资项目，监理工程师只需验收之后，协助承包单位与投资者进行交接便可。

（2）企业投资的项目　企业利用自有资金进行的技改项目，验收与交接是对企业的法人代表的。

（3）国家投资项目

1）中小型项目　一般是地方政府的某个部门担任业主的角色，例如，可能是本地的建委、城建局或其他单位作为业主，此时项目的验收与交接也是在承建单位与业主之间进行。

2）大型项目　通常是委托地方政府的某个部门担任建设单位（业主）的角色，但建成后的所有权属国家（中央），这时的项目验收与交接有以下两个层次：

① 承包单位向建设单位的验收与交接：一般是项目竣工，并通过监理工程师的竣工验收之后，由监理工程师协助承包单位向建设单位进行项目所有权的交接。

② 建设单位向国家的验收与交接：通常是在建设单位接受竣工的项目并投入使用一年之后，由国家有关部委组成验收工作小组进驻项目所在地。在全面检查项目的质量和使用情况之后进行验收，并履行项目移交的手续。因而验收与交接是在国家有关部委与当地的建设单位之间进行。

工程项目经竣工验收合格后，便可办理工程交接手续，即将工程项目的所有权移交给建设单位。交接手续应及时办理，以便使项目早日投产使用，充分发挥投资效益。

在办理工程项目交接前，施工单位要编制竣工结算书，以此作为向建设单位结算最终拨付的工程价款；而竣工结算书通过监理工程师审核、确认并签证后，才能通知建设银行与施工单位办理工程价款的拨付手续。

竣工结算书的审核，是以工程承包合同、竣工验收单、施工图纸、设计变更通知书、施工变更记录、现行建筑安装工程预算定额、材料预算价格、取费标准等为依据，分别对各单位工程的工程量、套用定额、单价、取费标准及费用等进行核对，搞清有无多算、错算，与工程实际是否相符合，所增减的预算费用有无根据、是否合法。

在工程项目交接时，还应将成套的工程技术资料进行分类整理、编目建档后移交给建设单位，同时，施工单位还应将在施工中所占用的房屋设施，进行维修清理，打扫干净，连同房门钥匙全部予以移交。

2. 水业及垃圾处理基础设施项目的质量回访

水业及垃圾处理基础设施项目的质量回访是在工程项目竣工验收后的一定时期内（在质量保修期内），由施工单位派人到建设单位或用户了解工程项目的运行情况和存在问题，对于确因施工单位的责任造成的工程质量问题实施保修。施工单位应组织原项目人员主动对交付使用的竣工工程进行回访，听取用户对工程质量的意见，填写质量回访表，报公司技术与生产部门备案处理。

质量回访，一般采用三种形式：一是季节性回访。大多数是雨季回访屋面、墙面的防水情况，冬季回访采暖系统的情况，发现问题，采取有效措施及时加以解决。二是技术性回访。主要了解在工程施工过程中可采用的新材料、新技术、新工艺、新设备等的技术性能和使用后的效果，发现问题及时加以补救和解决，同时也便于总结经验，获取科学依据，为改进、完善和推广创造条件。三是保修期满前的回访。这种回访一般是在保修期即将结束之前进行回访。

3. 水业及垃圾处理基础设施项目的保修

（1）工程项目的保修范围　工程项目的保修范围，一般包括：

1）屋面、地下室、外墙阳台、卫生间、厨房等处的渗水、漏水问题。

2）各种通水管道（如自来水、热水、污水、雨水等）的漏水问题；各种气体管道的漏气问题；通气孔和烟道的不通问题。

3）水泥地面有较大面积空鼓、裂缝或起砂问题。

4）内墙抹灰有较大面积起泡，乃至空鼓脱落或墙面浆泛起碱脱皮问题；外墙粉刷自动脱落问题。

5）暖气管线安装不良，局部不热，管线接口处漏水问题。

6）地基基础、主体结构等存在质量问题，影响工程正常使用问题。

（2）工程项目的保修期　工程项目在正常使用条件下的最低保修期限为：

1）基础设施工程、房屋建筑的地基基础工程和主体结构工程，为设计文件规定的该工程的合理使用年限。

2）屋面防水工程；有防水要求的卫生间、房间和外墙面的防漏为5年。

3）供热与供冷系统为2个采暖期和供冷期。

4）电气管线、给水排水管道、设备安装和装修工程为5年。

在保修期内，属于施工单位施工过程中造成的质量问题，要负责维修，不留隐患。一般施工项目竣工后，各承包单位的工程款保留5%左右，作为保修金，按照合同在保修期满退回承包单位。如属于设计原因造成的质量问题，在征得甲方和设计单位认可后，协助修补，其费用由设计单位承担。

施工单位在接到用户来访、来信的质量投诉后，应立即组织力量维修，发现影响安全的质量问题应紧急处理。项目经理对于回访中发现的质量问题，应组织有关人员进行分析，制定措施，作为进一步改进和提高质量的依据。

对所有的回访和保修都必须予以记录，并提交书面报告，作为技术资料归档。施工单位还应不定期听取用户对工程质量的意见。对于某些质量纠纷或问题应尽量协商解决，若无法达成统一意见则由有关仲裁部门进行仲裁。

6.2 水业及垃圾处理基础设施项目竣工结算与决算

6.2.1 水业及垃圾处理基础设施项目竣工结算

竣工结算是指承包商完成合同内工程的施工并通过了交工验收后，所提交的竣工结算书经过业主和监理工程师审查签证，送交当地建设银行或地方工程预算审查部门审查签认，然后由建设银行办理拨付工程款手续的过程。

1. 竣工结算的依据

包括以下几方面：

（1）工程竣工验收报告和竣工验收证明；

（2）建筑安装工程承包合同；

（3）施工图、设计变更通知单及施工变更记录；

（4）现行建筑安装工程预算定额，建筑安装工程管理费定额，其他取费标准及调整合同价款的规定；

（5）其他有关施工技术资料。

2. 竣工结算的管理程序

承包人预算主管部门应坚持科学的管理程序，从专业归口的角度，编制工程竣工结算报告及收集完整的结算资料；对原报价的主要项目内容以及计算结果进行检查和核对，发现差错应进行调整纠正。按照单位工程、单项工程、建设项目分别编制出工程结算报告。

《工程竣工验收报告》完成后，项目承包人应在规定或约定时间内向发包人递交工程竣工结算报告及完整的结算资料。包括：①施工合同；②中标投标书的报价单；③施工图及设计变更通知单，施工变更记录，技术经济签证；④工程预算定额，取费定额及调价规定；⑤有关施工技术资料；⑥工程竣工验收报告；⑦工程质量保修书；⑧其他有关资料。在规定或约定时间内未递交结算报告及资料的，由此造成工程结算不能及时办理，承包人应自行承担结算价款不能正常及时收取的责任。

工程竣工结算报告及结算资料经承包人确认送出后，承发包双方应在各自规定的期限内，进行竣工结算核实，对承包合同内规定的施工内容进行检查和核对，包括工程项目、工程量、单价取费和计算结果等。若有修改意见，要及时协商达成共识。对结算价款有争议的，应按约定的解决方式处理。

核对合同工程的执行情况。包括：开工前准备工作费用是否准确，土石方工程与基础处理有无漏算或多算；钢筋混凝土工程中的含钢量是否按规定进行了调整；加工订货的项目规格、数量、单价与实际安装的规格、数量、单价是否相符；特殊工程中使用的特殊材料的单价有无变化；工程施工变更记录与合同价格的调整是否相符；实际工程中有无与施工图要求不符的项目；单项工程综合结算书与单位工程结算书是否相符。

对核对过程中发现的不符合合同规定情况，如多算、漏算或计算错误应予以调整。

将批准的工程结算书送交有关部门审查。

工程竣工结算书经过确认后，办理工程价款的最终结算拨款手续。

办完工程竣工结算手续，承包人和发包人应按国家有关竣工验收规定，将竣工结算报告及结算资料纳入工程竣工资料进行汇总；作为承包人的工程技术经济档案资料存档。发包人应按规定及时向建设行政主管部门或有关部门移交档案资料备案。

工程竣工结算的基础工作来源于项目经理部，项目经理要指定熟悉工程施工情况和预结算专业人员，对工程结算书的内容进行检查。应突出重点地检查费用计算是否准确、工程量调整、预算与实际对比、单价有无出入变化、款项调整内容等。

项目经理应按照“项目管理目标责任书”的承诺，根据工程竣工结算报告，向发包人催收工程结算价款。预算主管部门应将结算报告及资料送交财务部门，据此进行工程价款的最终结算和收款。回收工程结算价款是项目经理部的重要工作；也是实现承包企业施工劳动价值的最终步骤。发包人在规定期限未支付工程结算价款且无正当理由的，应承担违约责任。在规定的追加时间内仍不支付工程结算价款的；双方可按约定协议解决方式，或由承包人依法申请：向法院提起诉讼，最终收回工程结算价款。

6.2.2　水业及垃圾处理基础设施项目竣工决算

竣工决算是指建设项目竣工后，由业主按照国家有关规定编制的综合反映该工程从筹建到竣工投产全过程中各项资金的实际运用情况、建设成果及全部建设费用的；总结性经济文件。

竣工决算的内容由编制说明和决算报表两部分组成。编制说明主要包括：工程概况、设计概算和基建计划的执行情况，各项技术经济指标完成情况，各项投资资金使用情况，建设成本的投资效益分析，以及建设过程中的主要经验、存在问题和解决意见等。决算表格分为大中型项目和小型项目两种。小型项目竣工决算表按上述内容合并简化为小型项目竣工决算总表和交付使用财产明细表。

竣工决算的审查：一般由建设主管部门会同银行对业主提交的竣工决算进行会审，重点审查以下内容：是否存在计划外的工程项目；建设成本是否超标和超标原因；各项开支是否符合规定，有无超范围和超标问题；报废工程和应核销的其他支出中，各项损失是否经过有关机构审批同意；历年建设资金投入和节余资金是否真实准确；分析和审查投资效果。

竣工结算是竣工决算的主要依据，竣工结算与竣工决算两者的区别主要在建设项目的竣工验收与投产准备：

（1）编制单位和内容不同　竣工结算是由施工单位的预算（财务）部门进行编制的，其内容包括施工单位承担施工的建筑安装工程全部费用，它与所完成的建筑安装工程量及单位工程造价一致，最终反映的是施工单位在本工程项目中所完成的产值。

竣工决算是建设单位财务部门编制的，包括建设项目从筹建开始到项目竣工交付生产（使用、营运）为止的全部建设费用，最终反映的是工程项目的全部投资。

（2）作用不同 竣工结算的作用是：为竣工决算提供基础资料；作为建设单位和施工单位核对和结算工程价款的依据；是最终确定项目建筑安装施工产值和实物工程量完成情况的基础材料之一。

竣工结算的作用是：反映竣工项目的建设成果；作为办理交付验收的依据，是竣工验收的重要组成部分。

6.3 水业及垃圾处理基础设施项目后评价

6.3.1 水业及垃圾处理基础设施项目后评价概述

1. 建设项目后评价的概念

建设项目后评价是指建设项目在竣工投产、生产运营一段时间后，对项目的立项决策、设计施工、竣工投产、生产运营等全过程进行系统评价的一种技术经济活动。它是固定资产投资管理的一项重要内容，同时也是固定资产投资管理的最后一个环节。

建设项目后评价是一项比较新的事业，一些西方发达国家和世界银行等国际金融组织，开始建设项目后评价工作也仅有二三十年的历史，我国从 1988 年以后才正式开始建设项目后评价试点工作。

2. 建设项目后评价的作用

通过建设项目后评价，可以达到肯定成绩，总结经验，研究问题，吸取教训，提出建议，改进工作，不断提高项目决策水平和投资效果的目的。建设项目后评价的作用体现在以下几个方面：

（1）有利于提高项目决策水平　一个建设项目的成功与否，主要取决于立项决策是否正确。在我国的建设项目中，大部分项目的立项决策是正确的，但也不乏立项决策明显失误的项目。例如，有的工厂建设时，贪大求洋，不认真进行市场预测，建设规模过大；建成投产后，原料靠国外，产品成本高，产品销路不畅，长期亏损，甚至被迫停产或部分停产。后评价将教训提供给项目决策者，这对于控制和调整同类建设项目具有重要作用。

（2）有利于提高设计施工水平　通过项目后评价，可以总结建设项目设计施工过程中的经验教训，从而有利于不断提高工程设计施工水平。例如，一个煤矿建成投产后，运输大巷地鼓变形严重，虽经多方抢修仍不能使用。在后评价过程中，聘请了高层次专家建设项目管理进行“会诊”，一致认为，运输巷道放在三灰岩上面的泥岩中是一个失误，施工中虽已发现该问题，但仍按原设计进行锚喷支护，待地鼓变形后再用 U 形钢支护抢修，已收不到预期效果。设计单位和施工承包单位从中吸取了教训，这无疑会对提高设计、施工水平起到积极的促进作用。

（3）有利于提高生产能力和经济效益　建设项目投产后，经济效益好坏、何时能达到生产能力（或产生效益）等问题，是后评价十分关心的问题。如果有的项目到了达产期不能达产，或虽已达产但效益很差，后评价时就要认真分析原因，提出措施，促其尽快达产，努力提高经济效益，使建成后的项目充分发挥作用。

（4）有利于提高引进技术和装备的成功率　在一般情况下，国家可以选择若干同类型的引进项目。通过后评价，总结引进技术和装备过程中成功的经验和失误的教训，提高引进技术和装备的成功率。

（5）有利于控制工程造价　大中型建设项目的投资额，少则几亿元，多则十几亿元、几十亿元，甚至几百亿元，造价稍加控制就可能节约一笔可观的投资。目前，在建设项目前期决策阶段的咨询评估，在建设过程中的招投标、投资包干等，都是控制工程造价行之有效的方法。通过后评价，总结这方面的经验教训，对于控制工程造价将会起到积极的作用。

3. 建设项目后评价的范围和内容

建设项目后评价是固定资产投资管理的一项重要内容，后评价的范围既包括基本建设项目，又包括更新改造项目；既包括大中型基本建设项目和限额以上更新改造项目，又包括小型基本建设项目和限额以下更新改造项目。也就是说，所有固定资产投资项目都包括在项目后评价范围之内。

建设项目后评价的内容包括立项决策评价、设计施工评价、生产运营评价和建设效益评价。在实际工作中，可以根据建设项目的特点和工作需要而有所侧重。

4. 建设项目后评价的方法

建设项目后评价的基本方法是对比法，就是将建设项目建成投产后所取得的实际效果、经济效益和社会效益、环境保护等情况，与前期决策阶段的预测情况相对比，与项目建设前的情况相对比，从中发现问题，总结经验和教训。

在实际工作中，往往从以下三个方面对建设项目进行后评价：

(1) 影响评价　通过项目竣工投产（营运、使用）后对社会的经济、政治、技术和环境等方面所产生的影响，来评价项目决策的正确性。如果项目建成后达到了原来预期的效果，对国民经济发展、产业结构调整、生产力布局、人民生活水平提高、环境保护等方面都带来有益的影响，说明项目决策是正确的；如果背离了既定的决策目标，就应具体分析，找出原因，引以为戒。

(2) 经济效益评价　通过项目竣工投产后所产生的实际经济效益与可行性研究时所预测的经济效益相比较，对项目进行评价。对生产性建设项目，要运用投产运营后的实际资料，计算财务内部收益率、财务净现值、财务净现值率、投资利润率、投资利税率、贷款偿还期、国民经济内部收益率、经济净现值、经济净现值率等一系列后评价指标，然后与可行性研究阶段所预测的相应指标进行对比，从经济上分析项目投产运营后是否达到了预期效果。没有达到预期效果的，应分析原因，采取措施，提高经济效益。

（3）过程评价　对建设项目的立项决策、设计施工、竣工投产、生产运营等全过程进行系统分析，找出项目后评价与原预期效益之间的差异及其产生的原因，使后评价结论有根有据，同时针对问题提出解决的办法。

以上三个方面的评价有着密切的联系，必须全面理解和运用，才能对后评价项目做出客观、公正、科学的结论。

5. 建设项目后评价的组织与实施

（1）建设项目后评价工作的组织　我国目前进行建设项目后评价，一般按三个层次组织实施，即业主单位的自我评价、项目所属行业（或地区）的评价和各级计划部门的评价。

1）业主单位的自我评价。业主单位的自我评价，也称自评。所有建设项目竣工投产（营运、使用）一段时间以后，都应进行自我评价。

2）行业（或地区）主管部门的评价。行业（或地区）主管部门必须配备专人主管建设项目的后评价工作。当收到业主单位报来的自我后评价报告后，首先要审查其报来的资料是否齐全、后评价报告是否实事求是；同时要根据工作需要，从行业或地区的角度选择一些项目进行行业或地区评价，如从行业布局、行业的发展、同行业的技术水平、经营成果等方面进行评价。行业或地区的后评价报告应报同级和上级计划部门。

3）各级计划部门的评价。各级计划部门是建设项目后评价工作的组织者、领导者和方法制度的制定者。各级计划部门当收到项目业主单位和行业（或地区）业务主管部门报来的后评价报告后，应根据需要选择一些项目列入年度计划，开展后评价复审工作，也可委托具有相应资质的咨询公司代为组织实施。

（2）后评价项目的选择　各级计划部门和行业（或地区）业务主管部门不可能对所有建设项目的后评价报告逐一进行审查，只能根据所要研究的问题和实际工作的需要，选择一部分项目开展后评价工作。

6.3.2　建设过程后评价

项目的建设过程是固定资产逐步形成的过程，它对项目最终能否发挥投资效益有着十分重要的作用。建设项目过程后评价的目的在于评价建设项目前期决策和实施的实绩，分析和总结前期决策工作和项目实施中的经验教训，为今后项目管理积累经验。

1. 立项决策评价

根据已建项目的实际情况，主要从以下几个方面对项目决策进行后评价：

（1）决策依据　根据工程实际资料，论证立项条件的正确程度。要对项目建议书和可行性研究报告中有关工业布局、资源、厂址、生产规模、工艺设备、产品性能等方面的预测和项目评估资料，做出比较和评价。

（2）投资方向　根据国情国力现状，分析投资方向的适应程度。要从产业政策、城乡建设和社会经济发展的前景，评价其对提高行业的生产能力和技术水平，以及对繁荣区域经济和文化生活的促进作用。

（3）建设方案　对项目的原建设方案进行分析，并与最终实施方案进行比较，评价重大的修改变更情况。

（4）技术水平　分析建设项目的技术状况，与国家的技术经济政策和国内外同类项目的技术水平相比，评价其先进、合理、经济、适用、高效、可靠、耐久程度，以及所采用的工艺、设备标准、规程等的成熟程度。

（5）引进效果　对于涉外项目，还应对引进技术、引进设备的必要性和消化吸收情况、签约程序、合同条款的变更、索赔事项、外资筹措和支付等方面的情况进行评价。

(6) 协作条件　评价项目所在地的外部协作配合条件，包括供电、供热、供气、供水、排水、防洪、通讯、交通、气象、劳务等方面的落实程度。

(7) 土地使用　对土地占用情况的评价。主要评价是否遵守有关国土规划、城市规划，以及文物保护、环境保护、资源保护等方面的法令法规，说明土地征用、建筑物拆迁、人员安置的情况。

(8) 咨询意见　对前期咨询评估报告的内容和意见的评价。主要评价咨询单位的评估内容和意见是否具有公正性、可靠性和科学性，评估的意见是否得到贯彻执行。

(9) 决策程序　评价决策过程的效率和决策科学化、民主化的程度。按照项目管理的要求，评价项目筹建机构的组织指挥能力。

(10) 效益评价　对可行性研究报告预测的经济效益和市场预测深度进行评价。

2. 勘察设计工作评价

(1) 选择勘察设计单位及监理单位方式的评价　是否通过招标方式选择勘察设计单位和建设监理单位，效果如何。还要对勘察设计单位和建设监理单位的能力及资信情况进行评价。

(2) 勘察工作质量的评价　应结合工程实践说明以下问题：

1) 地形地貌测绘图纸对工程总平面图布置的满足程度，特别是防止洪涝灾害、减少土石方工程量、清除施工障碍等方面的精确程度。

2) 水文地质和工程地质等方面的勘察工作深度。根据实际情况，对钻孔布置、勘察精度等与工程实际状况进行比较。

3) 结合资源勘探结论，根据实际投产后的数据分析，对原来提供的资源分布情况、储量、开采年限、采掘条件等进行评价。

4）对特殊项目，要说明所提供的气象勘察资料在建设过程中的验证情况。

（3）设计方案的评价　要从总体设计上说明：

1）设计的指导思想是否充分体现了技术上先进、经济上合理、方案可行、规模适度的要求。

2）设计方案的优选方法是经过设计招标或多方案的评比优化，还是套用国内外同类项目的模式。

3）最终确定的设计方案在工程实践中的修改和变更情况。

（4）设计水平的评价　主要评价以下内容：总体设计规划和总图质量水平，主要设计技术指标的先进程度和达标要求，工程总概算的控制能力；设计采用的新工艺、新技术、新材料、新结构情况，安装设备、建筑设备的选型定型情况和国产化程度；设计单位的图纸和预算质量，包括出图计划执行情况，图纸差错、设计变更、预算漏项等，以及由此造成的投资增减、工期调整、环境影响等方面的情况；设计单位的服务质量，主要评价是否能为国家节约投资，全面安排好配套设施、预留发展或技术改造条件；还要评价设计人员深入工程现场，进行技术交底和提供咨询服务、指导施工的情况。

3. 采购工作评价

采购工作评价的主要内容包括：

（1）在设备采购准备阶段，主要评价建设项目是否已正式列入国家计划，是否具有批准的初步设计文件或设计单位确认的设备清单及详细的技术规格书，大型专用设备预安排是否具有批准的可行性研究报告。

（2）项目采购的设备和材料是否经过招投标方式进行，招投标文件和有关证明文件是否规范和满足要求，对参加投标及中标的供货商或承包商是否进行过资信调查。

（3）项目采购的设备和材料是否符合国家的技术政策，是否先进、适用、可靠，采用的国内科研成果是否经过工业实验和技术鉴定。

(4) 引进的国外设备和技术是否符合国家有关规定和国情，是否成熟，有无盲目、重复引进的现象，消化吸收如何；引进的专利技术制造的设备是否有其先进性和适用性。

(5) 采购合同执行阶段，主要评价采购合同是否完善，设备到场后保管是否有其先进性和适用性。

(6) 评价设备的运行情况是否达到设计能力。

4. 施工评价

(1) 施工准备工作评价　进行施工招标时，工程是否已正式列入年度建设计划；资金是否已经到位，主要材料、设备的来源是否已经落实；初步设计及概算是否已经批准，是否有能满足标价计算要求的设计文件。

施工招标是否通过公平竞争择优选择施工承包单位，达到了使建设项目质量优、工期短、造价合理的目的。

施工组织方式是否科学合理，施工承包单位人员素质和技术装备情况是否达到规定要求，施工现场的“三通一平”和大型临时设施的准备情况，施工物资的供应、验收和使用情况。

施工技术准备情况，包括施工组织设计的编制，施工技术组织措施的落实，以及现场的技术交底和技术培训工作等。

(2) 施工管理工作评价　主要评价施工过程中工期目标、质量目标、成本目标完成的情况和特点。

工期目标评价。主要评价合同工期履约情况和各单项（单位）工程进度计划执行情况；核实单项工程实际开、竣工日期，计算实际建设工期和实际建设工期的变化率；分析施工进度提前或拖后的原因。

质量目标评价。主要评价单位工程的合格率、优良率和综合质量情况。

计算实际工程质量的合格品率、实际工程质量的优良品率等指标，将实际工程质量指标与合同文件中规定的、或设计规定的、或其他同类工程的质量状况进行比较，分析变化的原因。

评价设备质量，分析设备及其安装工程质量能否保证投产后正常生产的需要。

计算和分析工程质量事故的经济损失，包括计算返工损失率、因质量事故拖延建设工期所造成的实际损失，以及分析无法补救的工程质量事故对项目投产后投资效益的影响程度。

工程安全情况评价，分析有无重大安全事故发生，分析其原因和所带来的实际影响。

成本目标评价。主要评价物资消耗、工时定额、设备折旧、管理费等计划与实际支出的情况，评价项目成本控制方法是否科学合理，分析实际成本高于或低于目标成本的原因。

主要实物工程量的变化及其范围。

主要材料消耗的变化情况，分析造成超耗的原因。

各项工时定额和管理费用标准是否符合有关规定。

5. 生产运营评价

建设项目生产运营评价，是将项目实际经营状况、投资效果与预测情况或其他同类项目的经营状况相比较，分析和研究偏离程度及其原因，系统地总结项目投资的经验教训，为进一步提高项目实际运营效益献计献策。

(1) 生产运行准备工作评价　建设项目的生产运行准备工作，是充分发挥投资效益的重要组成部分，后评价时要分析以下内容：

1) 原设计方案的定员标准和实有职工人数情况，机构设置是否科学合理。

2) 生产和管理人员的熟练程度，培训和考核上岗情况。

3) 生产性项目的产、供、销渠道和生产资金的准备情况。

4) 生产运行的外部条件调整和改善措施。

(2) 生产管理系统评价　大型建设项目应当建立相应的现代

化管理系统，后评价时要根据项目性质和特点，分析管理系统的完善程度，具体如下：

1）为保证产品质量和提高经济效益的生产技术和经营管理系统的完善程度。

2）交通运输、邮电通讯、输电输油输气项目进入局域网后，运行管理系统的完善程度。

3）农林水利、环保项目等涉及社会效益、环境效益的综合管理系统的完善程度。

4）城市公用事业和教育、科学、文化、卫生、体育项目的服务和维护管理系统的完善程度。

5）国防军工项目的安全保证和管理系统的完善程度。

（3）项目使用功能评价　项目建成投产后的使用功能评价包括：

1）生产性项目的达产达标情况。

2）非生产性项目的使用效果。

3）原材料消耗和能源消耗与国内外同类项目的水平对比。

4）对可靠性、耐久性的分析和长期使用效果的预测。

6. 建设项目效益后评价

（1）建设项目效益后评价的概念　建设项目效益后评价是项目后评价工作的有机组成部分和重要内容。它以项目投产后实际取得的经济效益和社会效益为基础，重新测算项目计算期内各主要投资效益指标与项目前期决策指标或基准判据参数，在比较的偏差中发现问题，找出原因和改进措施，总结经验教训，为提高项目的投资效益、管理水平和投资决策服务。

项目效益后评价有别于可行性研究中的效益评估。它不是以预期效益目标为基础的预测分析，而是在对已投产项目所取得的实际效益进行统计分析的基础上所做的一种重新测算分析。

项目效益后评价也不同于企业日常经营活动的盈亏平衡分析。它是对项目整个计算期进行的长期分析，是从项目总的投入和产出角度，考察项目的盈利能力和借款偿还能力。

（2）建设项目效益后评价的主要内容　项目建成投产后，对当时的社会、经济、政治、技术、环境等各个方面，必然产生不同程度的影响。凡是有利的影响，都可视为项目产生的一种效益。项目效益后评价包括以下主要内容：

1）项目投资和执行情况的后评价。

2）复核项目竣工决算的正确性。将项目实际固定资产总投资额，与项目可行性研究报告中固定资产总投资额估算数和最初批准的概算总投资额进行比较，计算出项目实际建设成本的变化率，分析偏差产生的原因。

3）评价固定资产实际投资范围、构成比例是否合理，工程概预算是否准确，分析引起超概算的原因。如因价格、汇率、利率、税目、税率和费用标准的变化对总投资的影响，因设计方案变更、设计漏项、自行改变建设规模、提高建设标准、预留投资缺口、损失浪费等对总投资的影响。计算各类因素引起超支占总超支额的比例。

4）认真总结超概算、无效投资和损失浪费的教训，以及降低费用和节约投资的成功经验。

5）对建设资金的实际来源渠道、数额、到位时间和对工程进度的满足程度做出说明，同时要分析流动资金实际占用是否合理，总结资金筹措的经验。

6）利用外资（含港、澳、台及侨资）项目还应评价外资利用方向、范围、规模及内外比例是否合理，前期工作中对国标金融市场变化趋势、利率、汇率和通货膨胀等风险因素预测是否准确，总结不同外贷类型、外贷方式的利弊得失和争取优惠贷款的经验。

（3）项目经营达产和实际效益的后评价

计算项目从投产到后评价时点止，各年的销售额利润率和销售额利税率，结合当年生产负荷情况，考察项目生产效益状况。

分析产品生产成本、销售收入、利润水平与前期决策阶段的预测值相比的变化率大小和产生原因，对涨价因素做出客观处理，对企业管理费和主要产品能源及原材料消耗的超标原因，进行深入分析，并提出改进措施。

对未如期达到生产能力的项目，要分别从产品销售市场、工艺技术及设备、原材料、燃料、动力、资金供应及管理等方面，分析影响和制约生产能力利用率的原因，提出相应对策。

生产能力和实际效益状况是项目立项决策及建设实施效果的综合反映，也是重新测算后评价时点后计算期剩余年份内各项经济数据的基础和依据，是项目效益后评价的关键环节，要求各项实际数据详实可靠，分析判断真实准确。

（4）项目财务效益后评价　在对项目投产后的产品市场、成本、价格和利税进行统计分析的基础上，以后评价时间为起始点，预测项目计算期内未来时间将要发生的投入和产出，重新测算财务后评价的主要效益指标和变化率，据此考察整个项目的财务盈利能力、清偿能力及外汇效果等财务状况。

编制基本财务报告，将后评价时点前的统计数字和后评价时点后的预测数字添入表中，据此计算项目效益后评价的各项财务评价指标。

通过后评价计算出的各项财务评价指标，与可行性研究报告预测值或行业基准判据参数进行对比分析，着重从项目固定资产投资、流动资金、建设工期、达产年限、达产率、产品销售量、销售价格、产品成本、汇率、利率等方面，分析变化的原因和产生的影响，抓住主要影响因素和深层次诱因，提出进一步改进和提高项目财务效益的主要对策和措施。

通过“财务后评价外汇流量表”与可行性研究时所编制的外汇流量表对比，分析变化原因，对外汇平衡、节汇创汇和外贷偿还的现状、前景及改善措施做出评价。

总结如何提高项目财务分析、经营管理和投资决策水平的规律和经验。

(5) 项目国民经济效益后评价　编制国民经济后评价基本报表，计算整个项目的国民经济后评价指标。从国民经济整体角度考察项目的效益和费用，在计算时要采用不同时期的影子价格、影子工资、影子汇率和社会折现率等国家参数，对后评价时点前的各年项目实际发生的和计算期未来时间各年预测的财务费用、效益进行调整。

国民经济后评价确定投入产出物的影子价格时，外贸货物、非外贸货物、特殊投入物的划分原则和影子价格的计算方法，依据国家计委颁发的《建设项目经济评价方法与参数》规定执行。

通过国民经济的评价指标与可行性研究预测的相关指标对比，对项目做出评价。例如，将国民经济后评价内部收益率，分别与国家最新发布的社会折现率和可行性研究确定的经济内部收益率进行比较，分析产生的差异及其原因。

从国家整体角度评价项目经济效益决策的正确性，并就改善项目投资环境、优化产业产品结构、指定倾斜政策、合理调整价格、深化体制改革等方面，提出以提高经济效益为重点的政策性建议或具体措施。

(6) 项目社会效益后评价　评价项目建成投产后在就业、居民生活条件改善，收入和生活水平提高，文教卫生、体育、商业等公用设施增加和质量提高等方面带来的影响。

评价项目建成后，对本地区经济发展、社会繁荣和城市建设、交通便利等方面产生的实际影响，以及对改善生态平衡、环境保护、促进水矿产资源综合利用、开发自然风光和名胜古迹等旅游事业方面所产生的影响。

评价在产业结构的增量或存量调整和改善生产力布局、资源优化配置等方面产生的作用和影响。

将项目投产后所产生的效果，与可行性研究预期达到的社会效益目标进行对比，分析项目投产后是否产生了负效果或公害，提出具体的解决措施、办法和期限。

（7）技术进步和规模效益后评价　对项目采用先进技术的含量以及由于推进科技进步、增加科技投入或智力投资而产生的技术进步效益，用“有无对比”的方法做出评价。

评价项目引进的技术、设备或标准，对行业技术进步、国产化、推广应用和提高国家的科技水平、装备水平所产生的实际影响。

大中型项目尤其是国家重点建设项目，应根据达产后的实际效益状况，对比国内中小型项目或参照国外同等规模项目，评价其是否达到了应有的规模经济效益水平。

通过与可行性研究预期效益的对比，提出成功和不足的经验教训，进一步向技术进步和规模经济要效益。

（8）可行性研究深度的后评价　评价项目在前期立项和决策阶段对项目效益预期目标的论证和认定；是否严肃认真地进行了可行性研究工作；对项目内部收益率或其他主要效益指标的确定，是否有高估冒算的情况。

综合计算项目后评价效益指标与前期决策阶段预期效益指标的变化率大小，考核对项目效益进行可行性研究工作的深度。

当综合效益变化率＜±15％时，视为深度合格；

当综合效益变化率＞±35％时，视为深度不合格；

当±15％≤综合效益变化率≤±35％时，视为相当于初步可行性研究水平。

在实际评价工作中，由于计算后评价综合效益的权数不易确定，常用内部收益率的变化率指标，从效益角度对前期工作深度进行评定。

第 7 章 水业及垃圾处理基础设施项目运营管理

基础设施由于其公共服务性，通常是由政府投资运营、管理。传统上我国采取由政府直接投资并管理或由政府控制的国有企业投资运营两种投资方式。近年来国家投资体制改革，在基础设施投资方面，开始引入新的投资机制，以特许经营的方式引入非国有的其他投资人投资。基础设施特许经营，是由国家或地方政府将基础设施的投资和经营权，通过法定的程序，有偿或者无偿地交给选定的投资人投资经营。建设项目的运营管理，主要是产品或服务的质量管理，生产或服务的成本费用管理和产品或服务的价格管理。

7.1 产品或服务质量管理

7.1.1 质量管理原理

1. 质量指标

产品质量一般包括产品的性能、寿命、可靠性、安全性、经济性五个方面，另外还有数量、交货期和售后服务三个引申特性。供水、污水和垃圾处理产品的性能是指水质或堆肥质量；可靠性是指供水、污水和垃圾处理系统出现故障，对用户中断供水、污水和垃圾处理的程度；安全性是指供水、污水和垃圾处理系统出现爆裂，对用户人和财物的损害程度；经济性是指供水、污水和垃圾处理系统建设运营，耗费资金的程度；交货期是指国家有关部门规定的供水、污水和垃圾处理时间；售后服务是指用户报修，供水、污水和垃圾处理企业派人处理的及时程度。至于产品的寿命，由于供水、污水和垃圾处理的特点，不存在这些特性。

2. 质量全面管理

供水、污水和垃圾处理质量受供水、污水和垃圾处理企业生产经营活动的多种因素的影响，是供水、污水和垃圾处理企业各项工作的综合反映。保证和提高供水、污水和垃圾处理质量，必须把影响供水、污水和垃圾处理质量的因素，全面地、系统地管理起来，也就是说，必须实行供水、污水和垃圾处理质量全面管理。这就是不仅要管供水、污水和垃圾处理质量，还要管理产品质量赖以形成的工作质量。供水、污水和垃圾处理工作质量，指的是供水、污水和垃圾处理企业的生产经营管理、技术、组织以至思想政治工作等方面工作的供水、污水和垃圾处理水平，是指它们达到满足供水、污水和垃圾处理质量要求和提高产品质量的保证程度。供水、污水和垃圾处理企业各项工作的质量，最终都会影响到供水、污水和垃圾处理的质量。离开了供水、污水和垃圾处理工作质量的改善，提高供水、污水和垃圾处理质量是不可能的。供水、污水和垃圾处理质量全面管理，要求必须从抓工作质量入手，在改善工作质量上下功夫。通过提高工作质量，不仅做到保证和提高供水、污水和垃圾处理质量，而且要做到成本降低，价格便宜，服务周到，以供水、污水和垃圾处理质量的全面提高来满足用户的要求。

供水、污水和垃圾处理质量，是经过供水、污水和垃圾处理生产全过程一步步形成的。优良的供水、污水和垃圾处理质量是生产（包括设计）出来的，不是靠最后检验出来的。供水、污水和垃圾处理质量全面管理要求把不合格供水、污水和垃圾处理消灭在它的形成过程中，做到防检结合，以防为主。为此，必须提高供水、污水和垃圾处理质量工作的重点，从最后的事后检验，转到事先控制不合格供水、污水和垃圾处理的产生和供水、污水和垃圾处理系统设计方面。在供水、污水和垃圾处理过程的一切环节加强质量管理，消除产生不合格供水、污水和垃圾处理的各种隐患，形成一个能够稳定的供水、污水和垃圾处理系统。

3. 质量保证体系

供水、污水和垃圾处理质量保证体系，指的是运用系统的观点和方法，根据供水、污水和垃圾处理质量保证的要求，从供水、污水和垃圾处理企业整体出发，把企业各部门、各环节严密组织起来，规定它们在质量管理方面的职责、任务和权限，建立组织和协调各方面质量管理活动的组织机构，在供水、污水和垃圾处理企业内形成一个完整的质量管理网络。有了这个体系，就可以把供水、污水和垃圾处理企业各部门、各环节的质量管理活动都纳入统一的质量管理系统，使质量管理工作制度化、经常化，有效地保证供水、污水和垃圾处理企业满足用户的要求。即使有时在供水、污水和垃圾处理质量上出一些问题，有了这个保证体系，也可以很快地发现和找到原因并得到根治。

供水、污水和垃圾处理质量保证体系的基本组成部分，包括供水、污水和垃圾处理系统的建设、运营和用水过程的质量管理。供水、污水和垃圾处理系统建设质量管理是供水、污水和垃圾处理质量管理的首要环节。搞好供水、污水和垃圾处理系统的设计、采购和施工，是提高供水、污水和垃圾处理质量的前提。在保证供水、污水和垃圾处理系统建设质量的前提下，应当尽量节约建设费用，提高经济效果。供水、污水和垃圾处理系统运营质量管理，是供水、污水和垃圾处理质量管理的关键环节。要全面掌握供水、污水和垃圾处理过程的质量保证能力，使供水、污水和垃圾处理系统经常处于稳定的控制状态，并要不断进行技术革新，改进供水、污水和垃圾处理过程。供水、污水和垃圾处理系统来用热质量管理，是供水、污水和垃圾处理质量管理的归属点，又是供水、污水和垃圾处理质量管理的出发点。供水、污水和垃圾处理质量的好坏，主要看用户的评价。为了充分了解供水、污水和垃圾处理系统用水质量，供水、污水和垃圾处理企业必须经常访问用户，定期召开用户座谈会。对用户反映的质量问题、意见和要求，要及时处理。即使属于使用不当的问题，也要热情帮助用户掌握用水技术。

7.1.2　供水与污水处理水质管理

1. 水质指标

城市供水或污水处理后的水能否使用，主要取决于水质是否达到相应的水质标准。城市原水或污水中含有一定量的污染物质，在考虑水净化方法和流程及分析净化前后的水质时，必须根据原水或污水性质和供水、再生水用途按照一定的水质指标体系进行评价。供水、污水处理的水质指标按性质分为：

（1）物理性指标　物理性指标多以感观性状为主，包括浊度（悬浮物）、色度、臭味、电导率、含油量、溶解性固体、温度等。

（2）化学指标　主要包括pH值、硬度、金属与重金属离子（铁、锰、铜、锌、铅、铬、镉、镍、锑）汞、氯化物、硫化物、氰化物、挥发性酚、阴离子合成洗涤剂等。这类物质中，除铜、锌、铅、铬、镉、镍、锑、汞、氰化物等具有毒理学意义外，一般并不直接对人体健康造成危害，但可能对生活使用或生产过程产生不同程度的不良影响，其含量需要加以控制。

（3）生物化学指标　1）生化需氧量（BOD），是以水中有机污染物在一定条件下进行生物氧化所需要的溶解氧量表示，其值受有机物的可生化性及测定时间限制。2）化学需氧量（COD），是以重铬酸钾或高锰酸钾作氧化剂对水中有机物进行氧化所消耗的氧量表示，其值接近于有机物总量，故大于BOD含量。3）总有机碳（TOC）与总需氧量（TOD），都是通过仪器用燃烧法测定的水中有机碳或有机物的含量，并可同 BOD、COD 建立对应的定量关系。水中的有机物被微生物分解时会消耗水中的溶解氧，导致水体缺氧、水质腐败等一系列不良后果。上述水质指标都是反映水污染、污水处理程度和水污染控制的重要指标。

(4) 毒理学指标　有些化学物质在水中的含量达到一定的限度就会对人体或其他生物造成危害，这些物质即属于有毒物质，并构成水的毒理学指标。毒理学指标包括：氟化物，氰化物，有毒重金属离子，汞、砷、硒、酚类、各类致癌、致畸、致基因突变的有机污染物质（如多氯联苯、多环芳香烃、芳香胺类和以总三卤甲烷为代表的有机氯化物等），亚硝酸盐，一部分农药及放射性物质。

(5) 细菌学指标　细菌学指标是反映威胁人体健康的病原体，如大肠杆菌数、细菌总数、寄生虫卵、余氯等，其中大肠杆菌数、细菌总数并不直接表示病原体污染。目前，对各种病毒指标如传染性肝炎等尚缺少完善的监测方法。余氯则反映水的消毒效果和防止二次污染的储备能力。

(6) 其他指标　包括那些反映工业生产或其他用水过程对供水、污水和垃圾处理水质具有特殊要求的水质指标。

产品质量标准是在技术经济分析的基础上达到客观要求和主观条件统一的产物。把反映供水、污水和垃圾处理质量主要特性的技术参数（或技术经济指标）明确规定下来，形成技术文件，就是供水、污水和垃圾处理的质量标准或技术标准。

2. 污水处理水质管理

(1) 水质管理制度　水质管理制度应包括：各级水质管理机构责任制度，“三级”（指环保监测部门、总公司和污水站）检验制度，水质排放标准与水质检验制度，水质控制与清洁生产制度等。

(2) 水质控制与清洁生产　水质控制是在污水产生过程做好

清洁生产的同时，污水处理厂随时根据原污水的水量、水质条件，确定合理运行处理能力和工艺运行参数，保证处理设施优化运行，使污水"达标"排放。例如，来水的水质、水量与超越系统或工艺设施的启停数量、运行负荷与曝气量的调整、投药量的调整。

清洁生产制度是认识过程的经验积累，是环境污染控制从末端控制向全过程控制的转变，是保证污水处理既"达标"排放，又降低物耗和运行成本的基础。

污染的严重和污水处理的困难原因之一，是生产技术的落后，造成了大量资源的浪费，同时又产生大量污染物。"清洁生产制度"就是要采用节能、降耗、低污染的无废、少废、无害、少害生产工艺，保证生产资源利用率的提高。对于污水处理厂，搞好源头企业的"清洁生产"，可以减轻运行负荷、降低能源和药品消耗、减少运行成本。"清洁生产制度"要求企业做到：提高工艺技术，减少废物的产量，循环回用已产生的污染物，再次利用已产生污染物的其他功能或可利用价值，研究已产生污染物的资源回收技术。

(3) 污水处理厂运营监测项目　感官指标：在活性污泥法污水厂的运营过程中，操作管理人员通过对处理过程中的现象观测可以直接感觉到进水是否正常，各构筑物运转是否正常，处理效果是否稳定。一个有经验的操作管理者，往往能根据观测做出粗略的判断，从而能较快地调整一些运转状态。但是正确的判断需要长期的积累经验，因此污水厂的管理操作人员要对现象做认真的观测，对各类数据作科学的分析，不断地积累经验，从中找出规律。

理化分析指标：理化分析指标多少及分析频率取决于处理厂规模大小及化验人员和仪器设备的配备情况。在分析之前首先要采到合格的水样，然后对检测的项目进行分析化验，从而得出准确的结果。

7.1.3 垃圾处理质量管理

1. 垃圾处理质量要求

（1）无害化　固体废物无害化处理的基本任务就是将固体废物通过工程处理，达到不危害人体健康，不污染周围自然环境的目标。目前，城市垃圾的无害化处理工程已发展成为一门崭新的工程技术，如垃圾的焚烧、卫生填埋、堆肥、有害废物的热处理和解毒处理等。

（2）减量化　固体废物的减量化任务主要是通过适宜的手段减少和减小固体废物的数量和容积。这一任务的实现，必须从两个方面入手：一是对固体废物进行处理和利用，二是减少固体废物的产生。

对固体废物进行处理和利用属于生产过程的末端，主要是通过各种手段使垃圾减少容积或质量，例如，生活垃圾采用焚烧法处理后，体积可减少 80％～90％，残余物便于运输和处置。同样，压实、破碎也可达到一定的减量化目的。

（3）资源化　固体废物资源化的基本任务是采取工艺措施从固体废物中回收有用的物质和能源。目前，我国社会上对垃圾资源化的认识还比较粗浅，既有过分强调垃圾全部资源化利用的作用和意义，又有“垃圾资源化可获得高经济回报”的不切实际的想法。从理论上和纯技术角度讲，垃圾中的所有物质都可以分拣并各自利用，成为有用的产品，但是，任何资源化的手段都是以经济为基础的，如果脱离实际经济承受能力，一味追求高资源化利用率，会有悖于环境保护工作的初衷。

2. 垃圾卫生填埋质量管理

垃圾卫生填埋起步于 20 世纪 30 年代，经过 60 多年的研究和发展，各国在垃圾卫生填埋的规划、设计、施工、管理等方面积累了丰富的经验，并开发出成套技术及设备。目前，垃圾卫生填埋仍是各国广泛采用的垃圾处理方式。虽然各国在填埋工艺、填埋作业机械、防渗、渗滤液处理、填埋气处理和利用等方面进行了大量的研究并取得了很多成果，但是由于垃圾卫生填埋研究涉及化学、微生物学、水文地质学和工程学等多种学科，特别是垃圾成分复杂、变化规律性差，还有一些技术问题未得到解决，如渗滤水的深度处理、人工衬底材料的耐久性和经济性等问题尚需进一步研究。

进入 20 世纪 90 年代，发达国家在垃圾卫生填埋方面，除继续研究各重点问题外，出现了垃圾填埋处理比例有所缩减的趋势。部分国家从政策上或技术上限制城市垃圾的填埋处理，如法国计划到 2000 年，将填埋处理垃圾的比例缩减一半；奥地利首都维也纳市也明确规定从 1996 年下半年开始，凡是未经过处理的垃圾不得直接填埋；丹麦从 2000 年起禁止填埋易腐物质；荷兰禁止填埋可燃废物等。

垃圾填埋场由垃圾填埋库区、污水收集处理区、监测管理区三部分组成。主体工程包括有：垃圾坝、截污坝、截洪沟、排洪沟、排渗导气系统、污水处理厂及公路系统等；辅助工程有：监测站、监测井、地磅房、机修房、洗车台及供电、给水排水、通讯系统等。

为了减少进入填埋场区的雨水量，并使进入场区的降水尽快地排出填埋区，在场区内设置了一套完整的防洪排水系统，其过水能力均按 10 年一遇最大降水设计、30 年一遇最大降水校核。防洪排水系统按其排水方式分为沟渠式和排洪井式两种形式。

为了减少渗沥水，填埋场一般采用了如下措施：在垃圾库四周筑截洪沟减少雨水进入垃圾库；在填埋场内垃圾填埋的层面要求有一定的坡向，将雨水及时导入排洪井、沟，减少入渗水量及浸泡垃圾的时间；垃圾层层压实覆土，减少垃圾中入渗的雨水和气体任意外逸。此外，还专门设置了盲沟和竖向石笼相结合，有组织地排渗导气。

为了防止大气环境污染，达到卫生填埋要求，应做到垃圾分层压实覆土，按单元分层填埋。即垃圾车沿库区临时道路运至倾卸作业点，用推土机碾压，按单元分层作业，每天及时覆土。每层新鲜垃圾填埋厚度为4～5m，覆土0.2m，该层由4～5个碾压层组成，使垃圾填埋密度≥0.6t/m^3。覆土分三级覆盖：除当天作业层覆盖土外；每个台阶覆盖厚度为0.3～0.4m；终场覆土厚度约为0.6～0.8m。终场后种植树木、竹子等以恢复生态环境。同时，为了防止蚊蝇孳生，根据蚊蝇生活习性，进行人工、机械配合喷药灭蝇。

对于南方来说，雨季和夏季瓜果垃圾高峰季节时的垃圾填埋是两大难题，应采取下列综合措施：应特别注意掌握好垃圾堆体的上表面，使之坡向排洪井和陡槽，最大限度减少进入垃圾堆体内的雨量；用就地石矿的石渣、炉渣及其他适宜的废渣、建筑垃圾等筑填临时路线伸向作业面，也可根据实际情况在垃圾上撒铺上述材料以扩展工作前线；必要时也可将垃圾分流卸倒。

3. 垃圾焚烧质量管理

垃圾焚烧开始于19世纪末，但直到20世纪60年代才得到广泛应用。由于垃圾焚烧具有无害化、减量化和资源化程度高的特点，因此在一些发达国家尤其在像日本等经济发达而土地资源紧张的国家受到欢迎，并且所占比例呈逐年上升趋势。目前全世界共有2400座垃圾焚烧厂。由于该方法的使用受技术和经济两个方面因素的制约，因此限制了它在发展中国家的应用。

垃圾焚烧一般都和能源利用相结合，欧美国家积极推行垃圾焚烧发电技术，其中日本的垃圾焚烧发电技术较为普及。截止到1993年，日本共有122座垃圾焚烧发电装置，垃圾焚烧能力为6万t/d，设备发电能力为39万kW。进入20世纪90年代，随着人们对废气中有害物质特别是二恶英、呋喃等给人体健康造成危害的进一步认识，各国对新建焚烧厂开始持慎重态度，并开始关注对焚烧废气排放控制及污染治理的研究，力争将焚烧可能产生的二次污染降低到最小。

为避免造成二次污染，除在施工中加以防范外，还应设置最先进的防污设备，以去除垃圾焚烧可能产生的各种污染物。可利用静电除尘器与湿式洗烟塔两种设备去除废气的污染物质。其中，静电除尘器为去除废气中粒状污染物（DUST）的设备，去除效率约可达 99.9%；湿式洗烟塔为去除废气中氯化氢（HCl）气体的设备。添加药剂氢氧化钠（NaOH）液体，可将氯化氢等酸性气体及静电除尘器未去除的粒状污染物一并去除。

由垃圾贮坑抽气至炉内为垃圾燃烧供气之用，臭气经高温氧化，并使贮坑维持负压状态，此外，在厂区适当位置设置洗车设备，使臭气不致外泄。选用噪声较低的机械设备，并装置消音、降离设施，使厂界噪声在 60dB（A）以下，以符合噪声管制标准。最后将灰渣及飞灰调湿后送卫生填埋场填埋。

4. 垃圾堆肥质量管理

垃圾堆肥技术的科学探讨始于 1920 年。20 世纪 30 年代在欧洲一些国家开始大规模应用堆肥技术处理垃圾。20 世纪 50 年代，美国对堆肥技术进行了一些研究，并建造了一些堆肥厂，由于垃圾成分不同，各堆肥厂片面追求利润，大部分均倒闭。日本以处理城市垃圾为目的的正规堆肥始于 1955 年，以后 10 年中堆肥设施数目增加到 30 多座，但由于堆肥质量低、销路不佳，有些堆肥厂陆续停产或倒闭，至 1976 年 8 月，运转的堆肥厂只剩 8 座，堆肥法处理垃圾的量占全国总量的 0.23%。20 世纪 80 年代初，由于垃圾资源化处理的热潮兴起，日本又开始重视垃圾堆肥处理，堆肥所占比例在 1987 年达 4.0%，1992 年达 8.9%。近些年来，发达国家在抑制垃圾填埋处理量的同时，大力倡导和推行高温堆肥法处理生活垃圾，有一部分国家已在此方面制定了相应的政策法规。

堆肥处理是我国城市垃圾处理使用最早也是在早期阶段使用

最多的方式。我国城市生活垃圾的堆肥处理主要采用低成本堆肥系统，大部分垃圾堆肥处理场采用敞开式静态堆肥。从“七五”和“八五”开始，我国相继开展了机械化程度较高的动态高温堆肥研究和开发，现已取得了积极成果，某些城市在结合本地实际情况的基础上，逐步开始生活垃圾堆肥化生产的应用。如上海浦东垃圾堆肥厂采用好氧仓式发酵工艺，日处理生活垃圾1000t；北京南宫堆肥厂采用的是强制通风好氧隧道式发酵方式，日处理生活垃圾400t；堆肥技术在我国的应用已经体现了其在垃圾处理资源化和无害化方面的优势。

与化肥相比，堆肥具有养分种类全面、含量适宜、长效等特点。作物施用堆肥将给土壤微生物提供大量养分和丰富的酶促基质，促进了土壤微生物的生长和繁殖，提高了酶的活性，因此，可以达到增产的目的。国内外垃圾堆肥应用研究表明，垃圾肥应用于非食物链作物的种植是安全和有效的，可改良土质，促进林木生长，对生物链造成的不利影响较小。因此在广大农村地区，如果加强对使用有机肥料的宣传，制定正确的市场销售机制，堆肥将拥有广阔的市场前景。

成品堆肥作为有机肥料被施用时，通过与土壤的相融，有机胶体与土壤矿质粘合，可以促进土壤团粒结构的形成，从而改善土壤理化性质。研究表明，施用有机肥在补给土壤养分的同时，还能活化土壤中的养分，减少土壤对磷的固定，提高土壤中微生物的活性，同时增加土壤中微量元素如锌、锰、铁的有效性，补偿作物根际养分亏缺，有助于改善作物的微量营养状况，从而提高作物产量。

堆肥产品的营养成分常因堆肥原料、工艺、堆制周期和过程条件的不同而有差异，同时也受各地的生活水平、降雨情况等影响。表7-1是我国22个城市的垃圾堆肥营养成分分析结果。表7-2是精制堆肥的营养成分含量与城镇垃圾农用控制标准对照表。

我国城市垃圾堆肥成分分析（1980～1985）　　表 7-1

编号	项　　目	北京	天津	上海	全国 22 个城市垃圾堆肥成分平均值
1	含水率(%)	13.0～30.5	24.5～31.2	30～40	26.5±0.3
2	pH 值	7.04～8.22	7.8	7.5～8.0	7.9±0.3
3	全氮(以 N 计)	0.59%	0.27%	0.4%	0.39%
4	全磷(以 P_2O_5 计)	0.18%	0.69%	0.51%	0.18%
5	全钾(以 K_2O 计)	0.36%	1.6%	0.8%	0.81%
6	有机质(以 C 计)	7.62%	11.85%	11.7%	8.3%
7	总镉(以 Cd 计)	0.27mg/kg	0.9mg/kg	0.37mg/kg	2.14mg/kg
8	总汞(以 Hg 计)	3.57mg/kg			9.23mg/kg
9	总铅(以 Pb 计)	54.3mg/kg	41.0mg/kg	45.8mg/kg	39.6mg/kg
10	总铬(以 Cr 计)	20.37mg/kg	20.8mg/kg		26.5mg/kg
11	总砷(以 As 计)	5.53mg/kg			93.0mg/kg

精制堆肥的营养成分含量与城镇垃圾农用控制标准对照表　表 7-2

编号	项目	精制堆肥	城镇垃圾农用控制标准
1	粒度	≤12mm	≤12mm
2	杂物	2.50%	3%
3	含水率	约 25%	≤35%
4	蛔虫死亡率	95%～100%	95%～100%
5	大肠菌值	10^{-1}～10^{-2}	10^{-1}～10^{-2}
6	pH 值	6.5～8.5	6.5～8.5
7	全氮(以 N 计)	1.23%	≥0.5%
8	全磷(以 P_2O_5 计)	1.45%	≥0.3%
9	全钾(以 K_2O 计)	0.36%	≥1.0%
10	有机质(以 C 计)	60%～75%	≥10%
11	总镉(以 Cd 计)	2.9mg/kg	≤3mg/kg
12	总汞(以 Hg 计)	2.45mg/kg	≤5mg/kg
13	总铅(以 Pb 计)	77mg/kg	≤100mg/kg
14	总铬(以 Cr 计)	36.4mg/kg	≤300mg/kg
15	总砷(以 As 计)	1.5mg/kg	≤30mg/kg

7.2 生产或服务成本费用管理

7.2.1 管理原理

1. 成本费用构成

供水、污水及垃圾处理的成本费用，是供水、污水及垃圾处理过程中消耗的生产资料转移价值和劳动者为自己生产的价值的货币反映，是供水、污水及垃圾处理服务价值的主要组成部分。按照一般工业企业成本会计的原则，供水、污水及垃圾处理费的成本是与供水、污水及垃圾处理相关的各项支出，包括直接材料、直接人工和制造费用等项目，简称生产成本；供水、污水及垃圾处理费的费用，是与供水、污水及垃圾处理的特定经营期间相关的各项支出，包括销售费用、管理费用和财务费用，简称期间费用。

供水、污水及垃圾处理费的生产成本，由直接材料、动力费、直接人工费和制造费用组成。直接材料、动力费，主要是供水、污水及垃圾处理用品和电费。直接人工费，指直接参加供水、污水及垃圾处理人员的工资、津贴、奖金和职工福利费。制造费用，包括供水、污水及垃圾处理厂和各排水管理站为组织和管理供水、污水及垃圾处理所发生的管理人员工资和职工福利费，供水、污水及垃圾处理单位房屋、建筑物和锅炉设备等的折旧费、修理费，以及取暖费、水电费、办公费、差旅费、保险费、实验检验费、劳动保险费、季节性及修理期间停工损失等费用。

供水、污水及垃圾处理费的期间费用，是指供水、污水及垃圾处理企业在特定期间为销售、组织和管理正常供水、污水及垃圾处理以及筹集资金而发生的费用。销售费用，是指供水、污水及垃圾处理企业专设的再生利用水的销售机构的各项经费。管理费用，是指供水、污水及垃圾处理企业行政管理部门为组织和管理供水、污水及垃圾处理活动而发生的各项费用。财务费用包括在供水、污水及垃圾处理期间发生的利息收支净额、汇兑损益净额、调剂外汇的手续费、金融机构的手续费，以及因筹资发生的其他财务费用。

供水、污水及垃圾处理费的成本费用是供水、污水及垃圾处理过程中耗费的货币表现，是供水、污水及垃圾处理耗费补偿的价值标准，是供水、污水及垃圾处理收费的依据。为使供水、污水及垃圾处理过程中的各种耗费得到补偿，保证供水、污水及垃圾处理过程正常进行，就要对供水、污水及垃圾处理过程的成本费用进行合理的分配归集，为收费提供合理依据。

2. 管理原则

（1）全过程原则　对成本费用的管理应贯穿于成本形成的全过程。不仅要对供水、污水及垃圾处理过程中发生的全部费用进行管理，还要将成本管理延伸至设计、筹资及建设阶段，这将直接影响到折旧费用、财务费用以及处理成本的水平。

（2）全员原则　成本管理涉及到供水、污水及垃圾处理厂的全体员工和所有部门，要降低成本，就要充分调动企业各部门和全体员工关心成本和参加成本管理的积极性。

（3）全方位原则　即开源与节流相结合的原则。成本的管理不是单纯的限制和监督，它一方面要精打细算，节约开支，消灭浪费，另一方面，又要按照成本效益的原则实现相对的成本节约，以较少的消耗，取得更多的成果。

（4）责权利相结合原则　要保证落实到责任中心的成本预算能够恰当的执行，必须明确供水、污水及垃圾处理厂内各部门、各员工的职责，并赋予他们与其责任大小、管理范围一致的权利。另外，还要定期的进行成本管理的考核评价，并在此基础上将成本管理的效果与其劳动报酬挂钩。

（5）目标管理原则　成本管理必须以目标成本为依据。但是，仅利用供水、污水及垃圾处理厂的整体目标成本，不便进行日常管理。按照目标管理理论，应该把处理厂的目标成本进行层层分解，落实到各成本责任中心，分级归口管理。这样一来可以使责任单位明确责任范围，及时发现成本差异，分析成本超降的原因，并采取措施予以纠正。

（6）例外管理原则　例外管理是要求在管理中将注意力集中在超常的关键问题上。因为在日常的管理活动中，实际水平与预算水平之间的差异，特别是那些数量小、影响不大的差异普遍存在，如果要一一查明，势必影响成本管理工作的效率。因此，应把注意力集中于那些非正常的关键性差异上，对其追根溯源，查明原因，并采取有效措施予以纠正。

3. 管理系统

（1）组织系统　组织是指人们为了一个共同的目标而从事活动的一种方式。在企业组织中，通常将目标划分为几个子目标，并分别指定一个下级单位负责完成。每个子目标可再划分为更小的目标，并指定更下一级的部门去完成。成本管理系统必须与企业组织机构相适应，即企业预算是由若干分级的小预算组成。每个小预算代表一个分部、车间、科室或其他单位的财务计划。与此有关的成本管理，如记录实际数据、提出管理报告等，也都是分小单位进行的，这就是所谓的责任预算和责任会计。按照企业的组织结构合理划分责任单元，是进行成本管理的必要前提。

（2）信息系统　成本管理系统的另一个组成部分是信息系统，也就是责任会计系统。责任会计系统是企业会计系统的一部分，负责计量、传送和报告成本管理使用的信息。责任会计系统主要包括编制责任预算、核算预算的执行情况、分析评价和报告业绩三个部分。

通常企业应分别编制销售、生产、成本和财务等预算。为了进行管理，必须分别考查各个执行人的业绩，所以还要按照责任单元来编制预算，落实企业的总体计划。

在实际生产开始之前，责任预算和其他管理标准要下达给有关人员，他们以此管理自己的活动。对实际发生的成本、取得的收入和利润，以及占用的资金等，要按责任单元来归集和分配。为此，需要在各明细账设置时考虑责任单元分类的需要，并与预算的口径一致。在进行核算时，为避免责任的转嫁，分配共同费用时，应按责任归属选择合理的分配方法。

在预算期末要编制业绩报告，比较实际和预算的差异，分析差异的产生原因和责任归属。此外，还要实行例外报告制度，对预算中未规定的事项和超过预算限额的事项，要及时向适当的管理责任人报告，以便及时作出决策。

（3）考核制度　考核制度是管理系统发挥作用的重要因素。考核制度的主要内容有：1）规定代表责任单元目标的一般尺度。对供水、污水及垃圾处理厂的各责任单元，我们主要考虑其成本指标；2）规定业绩考核标准的计量方法。例如，采用何种方法计量成本，成本如何分摊等，都应作出明确的规定；3）规定业绩报告的内容、时间、详细程度等。

（4）奖励制度　奖励制度是维持管理系统长期有效运行的重要因素。人的工作努力程度受业绩评价和奖励办法的影响。经理人员往往把注意力集中到与业绩评价有关的工作上面，尤其是业绩中能够影响奖励的部分。因此，奖励可以激励人们努力工作。奖励有货币奖励和非货币奖励两种形式，如提升、加薪、表扬、奖金等。惩罚也会影响工作努力程度，惩罚是一种负奖励。

规定明确的奖励办法，让被考核人明确业绩与奖励之间的关系，知道怎样的业绩将会得到怎样的奖励。恰当的奖励制度将引导人们去约束自己的行为，尽可能争取好的业绩。奖励制度是调动人们努力工作，以求实现企业总目标的有力手段。

4. 管理步骤

供水、污水及垃圾处理的成本管理就是以一定的标准为管理目标及衡量手段，通过一定的管理方法及逐步的改善，使供水、污水及垃圾处理的成本水平达到企业目标，并不断进行优化的过程。

供水、污水及垃圾处理成本管理的一般步骤为：成本计划——成本日常管理——成本比较及差异分析——成本差异的反馈及管理。目前，一般性的商业企业的成本管理已得到了很成熟的发展和完善。所以对于供水、污水及垃圾处理行业来讲，问题就是如何借鉴这套成本管理方法，深入地贯彻实施成本管理。这同时也是与此相关的一系列制度的建立过程。使成本管理制度化，从而保证成本管理的效果。

（1）成本计划　成本计划就是在生产经营活动开始之前，企业制定的计划要达到的各种费用、成本消耗水平，以及相应采取的主要措施。成本计划实际上是成本的事前管理。计划成本应是建立在基本成本费用消耗标准之上的，二者的体系是一致的。基本成本费用标准是依据供水、污水及垃圾处理厂的技术、工艺及规模，在正常的处理条件下能够达到的成本水平。另外计划成本还要综合考虑供水、污水及垃圾处理厂的前期成本水平、本期的企业目标及成本水平的可实现性。实际上成本计划是将企业的成本目标在各成本费用及处理单元间的分配，同时它也是企业目标的具体体现。

（2）成本的日常管理　成本的日常管理，即成本的事中管理，是依据事先制定的目标成本，和事先制定的成本管理措施，在实际的供水、污水及垃圾处理过程中对各种成本费用的耗费进行限制和监督，以保证达到目标成本。

（3）成本比较及差异分析　成本比较及差异分析，连同之后的差异管理及成本反馈，为成本的事后管理。实际的处理成本必然会存在与计划成本相背离的部分，要加强成本管理的效果，就要加强成本的分析工作。将成本差异进行分类，并找出成本差异的原因。差异可分为，有利差异和不利差异；量差异和价格差异；可控差异和不可控差异。对成本进行管理就要依据成本管理的效果，区别可控与不可控差异，对成本责任人进行绩效评定。

（4）成本差异的反馈及管理　借鉴已产生差异的原因，加强改善成本管理，一方面保持已有的成本管理成绩，一方面防范不利差异的再次产生。同时还要对计划成本进行反馈，根据实际的成本消耗情况，对由于非管理原因造成的成本差异，要据此进一步分析成本费用，并修正原计划成本中的不合理之处，使计划成本更贴近于实际，能更好地为成本管理服务。

5. 管理指标

（1）指标体系的建立　标准是进行成本管理的基础，所选择的比较指标是否合理、实用，将直接影响到能否找到供水、污水及垃圾处理过程中合适的比较对象，能够发现供水、污水及垃圾处理过程中存在的问题及关键管理环节。指标的确定准确与否又将直接影响到管理的结果，在进行供水、污水及垃圾处理成本费用的管理时，首先要做好指标标准体系的建立工作。这里的指标体系就是为进行供水、污水及垃圾处理的成本费用管理，而用来比较反映计划与实际运行情况的所有指标标准的总和。

为更好地进行成本管理工作，就要根据不同成本组成项目的不同习性，分别采取不同的成本管理措施。所以在供水、污水及垃圾处理的成本管理工作中将供水、污水及垃圾处理的成本组成项目分为直接供水、污水及垃圾处理成本，即可变成本，和间接供水、污水及垃圾处理成本，即固定成本两部分，分别在指标体系中予以管理。

供水、污水及垃圾处理直接成本实际上等于消耗量与单价的乘积，也是各管理单元成本消耗的汇总。所以为使其利于供水、污水及垃圾处理成本的管理，就要将供水、污水及垃圾处理成本费用进行分解。一方面要将量、价指标进行分离，另一方面要将指标分解至各管理单元及每个员工。

（2）指标的量、价分解　供水、污水及垃圾处理成本费用中每一项实物消耗都是实物的消耗量与实物单价的综合。若仅从最后算出的成本费用来比较，将很难发现问题的所在，有时甚至会掩盖实际供水、污水及垃圾处理过程中所存在的问题。所以要分别进行量和价两方面的比较，这样才有利于及时发现问题的症结。量和价对最终的成本费用都具有很大的影响，但影响的方面却不尽相同，所以比较管理的方式也不同。量的比较实际上是对供水、污水及垃圾处理过程中技术、工艺设计及工作组织的考察管理。价的比较是对采购部门采购工作的比较管理。所以对这两方面的管理要进行分离，考虑具体情况，分别进行管理。这就需要将不同部门的责任分别的予以明确，使各负其责，促进成本的管理，从而达到节约成本的根本目的。这里主要是对变动成本进行量、价分解。

（3）指标的细化　同量、价分开一样，指标还要在各工艺环节上进行分离。因为若只从整体上收集材料、动力等消耗的信息，也一样看不出问题的所在，还会使各方互相推卸责任。所以应将管理的力度拓展到每一个一线的工作岗位，即使每一项工作都有材料、动力及人工的消耗等方面的指标可以用来进行比较管理；每一个人都有给定的工作标准，建立起岗位责任制。这样才能够真正地落实成本管理。除了对每个岗位、每个流程进行管理外，还要结合管理的结构，将成本管理分层次进行。针对每个管理单元也要制定管理标准，使每一管理层都能明确具体的成本管理目标，并将成本管理逐层开展。区别各岗位的可控成本与不可控成本，对于可控成本给定具体的考核标准，并相应落实责任。对不可控成本，则不能勉强被考核者承受责任。

综上所述，进行成本管理的指标体系的建立，首先应区分直接成本和间接成本，然后进行量、价分解，最后再进行责任成本的分解，即区别各责任单元的可控成本与不可控成本，最终确定具体各成本费用的指标。

（4）指标标准的制定、更改与完善　指标体系建立以后，就要进一步的确定各指标的具体标准。指标标准的确定应是科学、实际的，并考虑企业的整体目标，即首先将企业的目标分解至各成本费用，然后再将各成本费用分解至有关的责任单元及责任人。

任何标准不可能是一成不变的，都需要根据实际的生产处理实践，来不断地进行补充完善，同时还要根据技术管理水平的发展进行修正，以使所制定的成本指标标准具有先进性。

对指标标准的修改，首先应订立定期修改的制度，即每隔一定的时期，就要重新对指标标准进行一次分析及测定。根据以往的生产记录，注意其中的差异，对合理差异部分，就要对原标准进行修改，使其符合供水、污水及垃圾处理过程的实际情况。另外，在供水、污水及垃圾处理的实际处理过程中若是发现较大差异，应及时进行修改，以免造成大的成本损失。

7.2.2　变动成本管理标准的测定

对供水、污水及垃圾处理的变动成本管理，就是按照上面所述的成本管理方法，对各供水、污水及垃圾处理的直接成本组成项目进行管理，同时与指标体系中的标准进行比较，分析差异原因，不断修正管理指标的管理过程。

1. 变动成本中消耗量基准指标分析

供水、污水及垃圾处理变动成本指的是，按照要求进行供水、污水及垃圾处理单位量所消耗的材料、动力、人工及变动制造费用。它受很多因素的影响。但在排除管理不力及人为的浪费等因素的影响后，其消耗量主要反映的是，在一定的客观条件和一定时期的工艺技术水平下，其实物消耗量的最佳期望，这也便是供水、污水及垃圾处理厂进行成本管理的依据，即计划消耗量标准。

2. 影响变动成本消耗量的因素

供水、污水及垃圾处理是在一定的条件下进行的，并需要达到一定的质量要求，而且供水、污水及垃圾处理厂的客观条件具有不确定性，所以在确定各供水、污水及垃圾处理变动成本的消耗标准时，就必须充分考虑对变动成本产生影响的各个因素。由于供水、污水及垃圾处理企业生产的特殊性，影响其变动成本消耗量的因素主要有：质量要求、工艺技术水平、设计规模、现有设备的使用程度、外界自然环境等。

3. 标准消耗量的测定

（1）标准消耗量的含义　供水、污水及垃圾处理厂的标准消耗量是指在正常的供水、污水及垃圾处理过程中，在一定因素的影响下，按照质量标准生产单位自来水或处理单位合格污水和垃圾所必须消耗的材料、动力、人工的数量。其形式用生产单位自来水或处理单位污水和垃圾的实物消耗量来表示。在供水、污水及垃圾处理企业中其主要的材料消耗是化学试剂的消耗，动力消耗主要是电力的消耗。

（2）材料、动力消耗的测定方法　在供水、污水及垃圾处理过程中的材料、动力消耗按其性质可分为必须的消耗和损失的消耗两类。必须的消耗，是指在合理的生产条件下，生产单位自来水或处理单位合格污水和垃圾所需的消耗。它包括：供水、污水及垃圾处理所必须使用的正常的材料、动力消耗，和不可避免的材料、动力消耗。这两项的综合就是供水、污水及垃圾处理过程中的材料、动力消耗标准。

对材料、动力消耗量标准的确定，应通过多方面的调查、研究与分析、测算来得到。目前应主要根据现场测算为依据，另外再通过已有资料进行修正来最终确定。

（3）人工消耗的测定方法　供水、污水及垃圾处理过程中的人工消耗是指在处理过程中所必须投入的劳动力资源。对人工消耗的测定，应是建立在对处理过程中的工人劳动的动作研究和时间研究的基础上。动作研究是对供水、污水及垃圾处理劳动过程的描写，并进行系统的分析及工作方法的改进。目的是选择一种最优的工作方法，以节约时间及成本。时间研究就是劳动时间的衡量，就是在标准的处理条件下，工人完成某项作业活动所需要的时间的确定方法。

对于供水、污水及垃圾处理厂来说由于其生产的机械化程度较高，生产线上对人员的需求并不是很大，且工作强度不高，所以对供水、污水及垃圾处理厂的人工消耗标准的确定，首先要分析确定所需要的工作岗位，然后再分析每个岗位所需的劳动力投入量，及每个工人在其能力的合理范围内，能够负责的岗位数量，据此来合理确定供水、污水及垃圾处理厂的直接人工的消耗。

4. 变动制造费用的测定

制造费用，是指供水、污水及垃圾处理辅助生产部门发生的成本消耗，变动制造费用则是这部分消耗中随处理量而变化的部分。这部分成本消耗也表现为材料、动力及人力的消耗，所以其具体的测定方法和前面所述的材料、动力及人工的测定方法是一样的，其中的主要问题就是要按照一定的方法将费用消耗合理的分配给各工艺流程或者责任单元。对变动制造费用的分配一般可按照工人工时比例、生产工人工资比例、机器工时比例或其他比例进行分配。这里要强调的是相关性问题，即进行分配的变动制造费用部分是否与将要按其分配的基准相关。所以，为了便于成本的管理，应将不同的变动制造费用部分按照不同的基准进行分配，以便更加实际地反映成本的习性。

5. 变动成本中基准单价的分析

影响供水、污水及垃圾处理变动成本的除实物的消耗量外，另一个重要因素就是实物消耗的单价问题。实物消耗的单价就是处理厂为了得到生产所必需的材料、动力、人工等，所必须付出的采购价格。

材料、动力的采购价格包括原价、运杂费、损耗和采购保管费用等。其价格与下列因素有关：(1) 市场因素，主要是供需关系的影响；(2) 采购数量，可以通过建立数学模型，综合考虑库存成本和缺货成本，从而得出最佳的采购价格和采购时点；（3）采购方式（招投标采购，还是直接询价采购），采购量较大时采用招投标的形式，而采购数量较小时就进行直接采购。

劳动力价格主要是由当地的经济发展及生活水平所决定的。供水、污水及垃圾处理厂的工人工资水平应参照当地的相似劳动付出的社会平均工资水平及劳动力市场的供需变化。劳动力价格是指供水、污水及垃圾处理厂向其工人支付的一个工作日的全部费用的合计。它反映的是一个工人付出一个工作日的劳动所应获得收入。其主要的包括内容如表 7-3 所示。在具体确定劳动力价格的时候应根据社会的平均工资水平，分别每一组成部分根据实际情况进行确定。

劳动价格包括的内容 **表 7-3**

工资	岗位工资	工资性补贴	物价补贴
	技能工资		地区津贴
	年龄工资	辅助工资	
工资性补贴	交通补贴	劳保福利费	劳动保护费
	住房补贴		书报费
	工资附加		取暖费

7.2.3 变动成本的具体管理

1. 管理制度的建立

现阶段，在我国的国有企业开展成本管理，首先是要将成本管理的制度建立起来，将成本管理工作列为一项主要的管理任务，并将其制度化。供水、污水及垃圾处理企业应建立如下的管理制度：（1）指标标准的制定制度：包括如何选择指标体系、如何确定各指标的标准、指标及标准的修改与完善等制度；（2）成本信息收集制度：包括如何收集、收集何种信息、分析表格的给出等制度；（3）管理制度：日常的监督、差异的管理、管理责任等；(4) 岗位责任制度：各项工作由谁来完成、工作人员有何权力及责任等；(5) 绩效工资制度：区别成本消耗的可控与不可控性质，将成本管理的绩效与员工及部门的奖惩报酬相联系。

2. 事前成本管理

供水、污水及垃圾处理成本的事前管理，一方面包括初始投资时的管理，另一方面包括管理指标的制定管理。应该说在确定初始投资的方案时，即选定何种工艺，何种规模，在很大程度上就已经决定了供水、污水及垃圾处理成本的水平。所以，供水、污水及垃圾处理厂投资时的管理非常重要。

对指标标准制定的管理，这里实际上是对成本计划的管理。主要是保证指标标准的合理性，以保证供水、污水及垃圾处理成本管理的效果，其具体的制定基本上依据前面论述的基准标准，但要考虑企业以往的供水、污水及垃圾处理成本的消耗情况，和其他相似企业的处理成本消耗情况，另外还要考虑企业本期的成本及利润目标，即成本节约的可能性，从而最终确定企业的当期计划成本消耗。

相似企业的成本消耗情况则为企业提供了制定目标成本的依据，而企业的历史成本情况则为本企业成本节约目标可能性提供依据。企业必须综合考虑各方面因素来制定企业的计划成本。计划成本要力求做到是可以通过一定的努力而实现的。这样才能真正地达到激励和管理的目的。

3. 事中成本管理

供水、污水及垃圾处理成本的事中管理，实际上就是成本计划的贯彻实施，就是采取一切可能的措施，来达到成本的优化。按照成本管理指标标准的体系，应分量和价的管理。

(1) 材料、动力、人工消耗量的管理　对材料、动力消耗量的管理主要是供水、污水及垃圾处理生产线上的责任单元及员工的责任，这部分成本就是其可控成本。对材料的消耗量管理一般采用限额管理法，就是由材料消耗部门与供应部门配合，根据材料标准消耗量，实行限额领料制度。首先，由供应部门根据进水量及进水水质等情况，和材料消耗标准计算出材料的消耗量，签发限额领料单，凭单定量供应。对于特殊情况需要增加材料供应的，应填写增加供应的原因，经过审核批准后再到供应部门领料。

供水、污水及垃圾处理中的动力消耗的管理，应注意使用动力设备的状态，对出现问题的设备及时维修，并根据处理量及水质的情况及时的调整设备的使用，避免不必要的功率浪费。

对人工的管理一方面是对劳动生产率的管理，主要是管理生产工人的出勤率、工时利用率及工时标准的完成情况等。同时不断地提高劳动生产效率，从而不断地降低单位处理水量的工资含量。另一方面是对劳动效果的管理，其效果即表现为供水、污水及垃圾处理成本消耗的多少和供水、污水及垃圾处理的质量好坏。这主要是避免供水、污水及垃圾处理工作中浪费的产生，和由于工作的疏忽导致的因出水质量不合格而产生不必要的额外支出。一方面通过将员工的劳动报酬和工作绩效挂钩来激励员工积极的参与成本管理，另一方面还要在日常处理过程中不断的检查、督促员工的工作完成情况，并及时的给予指导。

（2）材料、动力价格和人工单价的管理　材料、动力供应部门主要负责材料、动力的采购和材料、动力的存储任务，其成本管理的主要内容就是材料、动力的采购成本和材料、动力的存储成本。材料采购价格的高低，将直接影响到直接材料费用的多少，因此进行供水、污水及垃圾处理运行成本的管理，首先就要进行材料采购的成本管理。材料的存储费用主要是仓库所发生的费用，管理仓储费用一方面是减少库存数量，另一方面是减少库存的浪费。

对供水、污水及垃圾处理厂人工单价的管理，主要指管理其工资水平符合国家有关规定，符合地区的生活消费水平。严格按规定支付工资及津贴，管理加班加点工资。避免任意增加工资、奖金及津贴。除此之外还应积极地改革工资体制，尽量减少工龄对工资的影响，而增加效果工资的含量，从而激发员工节约成本的积极性。

4. 事后成本管理

供水、污水及垃圾处理的事后成本管理，主要分为实际成本与计划成本差异的分析，差异的管理，及对计划标准的反馈等工作。

（1）差异分类　供水、污水及垃圾处理过程中产生的成本差异，按其对成本的影响分为有利差异和不利差异。实际成本低于计划成本的为有利差异，高于计划成本的为不利差异。有利差异和不利差异本身不能作为经营决策和业绩评价的最终依据。而必须结合企业复杂的经济活动和其他信息来源对成本偏差进行深入的计算分析和研究，查明成本差异的性质及其产生原因，确定成本差异的类型，才能有针对性的采取调整和消除偏差的措施来加强成本管理并降低成本。

就成本差异的产生的原因来说，一般可分为执行偏差、预测偏差、模型偏差、计量偏差和随机偏差等五种类型。执行偏差是指在预算或标准的执行过程中，由于执行时采取了某种错误的行动，或者机器设备接受了某种错误的指令而产生的一种成本差异。预测偏差是指在实现编制预算或制定标准时，由于进行了不正确的参数预测而产生的一种成本差异。模型偏差是指在事先为编制预算或制定标准而建立模型时，由于错误的确定影响成本各因素之间的关系而产生的一种成本差异。计量偏差是指在标准或预算的实际执行过程中，由于计量错误而产生的一种成本差异。随机偏差是指在标准或预算的执行过程中，由于实际成本和某种正确规定的随机参数的典型波动而产生的（从统计角度而言）一种处理成本差异。

（2）差异的分析　对成本差异的分析就是按照上述分类对不同差异进行研究，并找出原因。首先是总成本报表的绝对差异分析，将实际发生数与计划数相减，即得到绝对差异，再除以计划数来计算相对差异，然后再计算量差异与价格差异。按相对差异的大小和对成本的绝对影响大小对所有成本项目进行排序，给出成本差异排序表。

（3）成本管理反馈　对成本差异的处理，主要有两方面的措施：一方面对由于执行操作的失误而产生的偏差，要借鉴差异产生的原因，采取适当措施，避免不必要的成本损失再次发生；另一方面对于由于指标标准制定的差错，或环境的改变而引起的成本差异，要及时进行成本反馈，修改成本指标标准，使其更符合实际，以更好地指导成本管理工作。

对成本差异的管理还应实行例外管理，即对那些影响较大的成本差异，性质较为严重的差异，进行着重管理，一方面强化成本管理的效果，另一方面节约成本管理的成本。

7.2.4　固定费用管理

1. 固定费用的构成

供水、污水及垃圾处理的固定费用，是指在供水、污水及垃圾处理过程中，不随处理量的增减而变动的那部分成本费用，包括制造费用中的固定制造费用和期间费用。供水、污水及垃圾处理费的期间费用，是指供水、污水及垃圾处理企业在特定期间为组织和管理正常供水、污水及垃圾处理以及筹集资金而发生的费用，包括管理费用、财务费用和销售费用。

供水、污水及垃圾处理过程中的制造费用是指为进行供水、污水及垃圾处理而发生的各项间接费用，固定制造费用则是其中不随污水的处理量而变化的部分。包括责任单元的管理工人的工资和福利费、折旧费、办公费、水电费、劳动保护费等。

管理费用，是指供水、污水及垃圾处理企业行政管理部门为组织和管理供水、污水及垃圾处理活动而发生的各项费用。包括管理工人的工资及福利费、工会经费、业务招待费、房产税、车船使用税、土地使用税、印花税、技术转让费、无形资产摊销、职工教育经费、劳动保险费、待业保险费、研究开发经费、坏账损失等。

财务费用包括在供水、污水及垃圾处理期间发生的利息收支净额、汇兑损益净额、调剂外汇的手续费、金融机构的手续费，以及因筹资发生的其他财务费用。

销售费用，是指供水、污水及垃圾处理企业专设的再生利用水的销售机构的各项经费。由于这部分费用发生较少，所以本论文不予阐述。

2. 固定费用的预算管理

固定费用不像变动成本那样随着供水、污水及垃圾处理量的增加而成正比例增加，而且不同的固定费用其变动的方式也不同，所以对固定费用的预算要区别不同的费用，采取不同的预算。另外为加强成本管理及保证预算的准确性，对各费用的预算也要综合各方面考虑。

对固定费用进行预算，首先就要明确固定费用的具体包含项目。不同的企业其具体包含的项目也不尽相同；不同的供水、污水及垃圾处理厂，由于工艺、技术等原因，其固定费用项目也是不同的。所以，在开始预算时就要首先根据处理厂的具体情况确定可能发生的固定费用项目，以便预算的开展。这同时也是各费用项目的细分，细分的程度以便于各项费用的预算为依据。例如，固定制造费用中的折旧费用，既可区别单个设施进行预算，也可进行归类预算。对固定费用的预算不像变动费用那样有一个基础标准可以依照，所以其预算相对来说具有一定的主观性，需要根据具体的情况一项一项地进行预算。

折旧费用实际上是对建设期间的投资在运营期间进行分摊。对折旧费用的基数，即原始投资，在运营期间是属于不可控成本，其投资的管理属于投资计划管理部门的管理范围。所以在运营期间对折旧费用的管理主要是其折旧期限、折旧方法及残值的管理，以及固定资产的投入使用、维护、修理及转让、报废。对折旧期限、方法及残值，有相关规定的，按规定进行折旧；没有相关规定的，就应进行适当地选择。大修理费用，一般是预提费用，可根据以往的大修理费发生额进行预提。

财务费用预算，其依据就是处理厂的以往筹资和预期的筹资计划，分析处理厂的筹资是否合理，是否可以作为财务费用预算的依据。由于供水、污水及垃圾处理厂的资金投入非常巨大，一般都需要通过各种融资方式进行筹资，这样就不可避免地发生财务费用，而且这部分费用在现阶段还占据供水、污水及垃圾处理成本的相当大的一部分。所以要进行非常严格的管理。一方面管理总的投资，这直接影响到筹资额；另一方面要管理筹资方式，分析筹资方案是否合理，是否能够达到最少的财务成本。

7.3 产品或服务价格管理

7.3.1 产品或服务价格的概念

产品或服务根据其作用的不同分为产品或服务市场价格、产品或服务生产价格和产品或服务理论价格。

1. 产品或服务的市场价格

市场价格是市场供求双方相互作用共同决定的，是直接对商品消费起作用的价格，是商品最后卖给消费者时要消费者支付的全部费用。通常市场价格就是对消费者的名义价格，包括全部价内税在内。产品或服务市场价格是在政府管理下形成的价格，是对产品或服务消费直接起作用的价格，是产品或服务最后出售给用水者时需要用水者支付的全部费用。

多年来我国产品或服务的市场价格不合理，严重低于价值。这一方面造成资源的大量浪费，另一方面又使企业缺乏发展动力，产品或服务发展远远不能满足经济增长和人民生活水平提高对水的需求。因此，有必要对产品或服务市场价格进行系统的研究，为政府制定合理的产品或服务市场价格提供依据。

产品或服务的市场价格是对消费者的价格，直接承受市场需求对它的作用，它是产品或服务生产的价值补偿要求和用水者有效需求的衔接者，是产品或服务价值的最后实现者。因此，产品或服务价格一方面要能够对水的生产价值进行补偿，另一方面还要调节对水资源的需求，使水资源得到合理有效的利用。

2．产品或服务市场价格和生产价格

产品或服务生产价格是对水企业起作用的价格，是指水企业因供水或污水处理而取得的可用来补偿成本和作为企业利润的各种实际价格收入。它不包括售水名义价格中的价内税，但包括供水或污水处理企业因供水或污水处理而取得的各种价格补贴收益。

对生产者的价格＝对生产者的名义价格－
价内税＋价外补贴等附加收益

价内税是指计入商品市场价格，由商品出售消费者支付的国家税金，如我国现行的消费税，它不构成生产者的实际价格收入，不能计入生产价格中去。

产品或服务市场价格的制定是以生产价格为基础的，生产价格在某种程度上决定了市场价格。而市场价格制定的合理，又会促进资源的合理利用，调动供水或污水处理企业的积极性，这些又都会在生产价格上有所反映。

产品或服务市场价格与生产价格又相互区别：(1) 产品或服务市场价格与生产价格的调节对象不同。生产价格的调节对象是水企业，而市场价格的调节对象是各种用水消费者；(2) 产品或服务市场价格比生产价格包含的内容更丰富。生产价格不外乎是水企业的完全生产成本和盈利，而市场价格还包括税收，引入了政府的调节因素；(3) 产品或服务市场价格的形式比生产价格多样化。根据我国财务制度的核算方法，生产价格对供水或污水处理来说只有一个，而产品或服务市场价格则根据市场的需求呈现出各种各样的差价和比价，如水质差价、季节差价、工业和商业用户的比价等。

3. 产品或服务市场价格和理论价格

理论价格是指根据政府宏观价格管理的需要，按照一定的经济理论，在特定经济技术结构基础上求得的计算价格体系。产品或服务的理论价格则是政府为了宏观上对资源的合理使用进行管理，结合一定的经济理论和和计算方法而测算出的价格。资源的理论价格应反映资源在整个经济生活中所起的作用，同时又能反映所消费的资源对生态系统的影响。

产品或服务的市场价格和理论价格是紧密联系在一起的。首先，产品或服务的市场价格应以理论价格为基础。产品或服务的理论价格更接近于它的价值，而价格以价值为基础是价值规律的本质要求。其次，水市场价格会影响它的理论价格。产品或服务的市场价格直接影响着水的消费，表现在水资源在存量上的变动，这又是制定供水或污水处理理论价格的依据。

市场价格与理论价格又是相互区别的，表现在：(1) 作用不同。市场价格是对产品或服务的消费进行直接调节，使水资源得到更充分地利用。供水或污水处理理论价格是政府制定水价政策的理论依据，只有这样的水价政策才能使有限的水资源得到最大限度的利用。因此，两者中一个是在微观领域起调节作用，另一个是在宏观领域起调节作用；(2) 反映的内容不同。市场价格反映了供水或污水处理的生产价格和水资源的供求关系。理论价格则是为实现水资源的合理配置而提出的一种计划价格，它能够反映一些在财务上不能准确表示的社会效益，如环境保护、健康损失等。理论价格能比生产价格更好地反映水资源的机会成本；(3) 形式不同。市场价格根据市场的供求状况有多种变化，操作灵活。理论价格则是基于对水资源的充分利用而计算出的价格，其形式相对单一。

水资源的理论价格是一种理想化的模型，而水资源的市场价格则是现实的价格。出于现实种种条件的限制，水资源的市场价格不能与它的理论价格完全符合。我们所能做的是使水资源的市场价格不断地与其理论价格相接近，以理论价格作为市场价格合理与否的标准。

4. 产品或服务市场价格、生产价格和理论价格的关系

综上所述，产品或服务市场价格和生产价格都是现实中存在的价格，都是微观价格，而水资源的理论价格则是一种理想化的价格，在现实中不存在，它是一种宏观意义上的价格。水的生产价格和理论价格都是水市场价格的基础，而水市场价格是对两者的现实反映。它们的关系如图 7-1 所示。

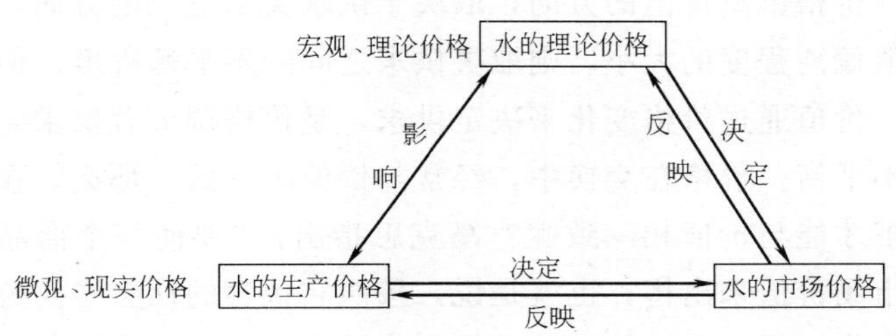

图 7-1　产品或服务市场价格、生产价格和理论价格的关系图

因此，我们在制定供水或污水处理市场价格时要以水的理论价格和生产价格为基础，遵循价值规律，使水的市场价格既有利于保护水资源，又能保证社会的承受力，在水资源发挥最大效益的前提下实现水厂的可持续发展。

7.3.2　影响产品或服务价格的主要因素

1. 币值对价格的影响

价格从本质上讲是用货币表现的商品价值，因此它的水平必然由商品价值和货币价值来共同决定价格水平，其表现公式为 $P=T/G$，P 代表商品价格，T 代表商品价值，G 代表货币价

值。这就是说，价格的变动与商品价值成正比，与币值的变动成反比，即在商品价值不变的情况下，货币价值上升，则会引起商品价格下降；货币价值下降，则会引起商品价格上升。

在纸币流通的情况下，纸币所代表的价值会随着流通的纸币数量的变化而变化。当流通中的纸币数量过多，超过了商品流通对货币的正常需要量时，就会引起单位纸币所代表的价值量的降低，即出现货币贬值，从而使价格普遍上升。

2. 供求关系对价格的影响

价格与供求的关系，首先是价值决定价格，价格决定供求，然后供求又影响价格，价格又反过来影响供求。它们相互影响，相互制约，但起决定作用的是价值。从短期看，是供求决定价格，即价格偏离价值的方向，取决于供求关系变化的方向，价格与价值偏离程度的大小，则取决供求之间的不平衡程度。但从长期看，价值通过价格变化来决定供求，是价格调节着供求关系平衡与不平衡。价格在交换中，经常与价值不一致。那么，在什么情况下才能与价值相一致呢？马克思指出："要使一个商品按照它的市场价值来出售，也就是说，按照它包含的社会必要劳动时间来出售，耗费在这种商品总量上的社会劳动总量，就必须同这种商品的社会需要的量相适应，即同有支付能力的社会需要的量相适应。"因为"价值规律所影响的不是个别商品或物品，而总是各个特殊的因分工而相互独立的社会生产领域的总产品；因此，不仅在每个商品上只使用必要的社会劳动时间，而且在社会总劳动时间中，也只把必要的比例量使用在不同种类的商品上。"这就是说，只有当第二种时间与第一种时间相等时，商品才能按价值出售，价格才能与价值一致。

但是，"供求实际上从来不会一致；如果他们达到一致，那也只是偶然现象，所以在科学上等于零，可以看做没有发生过的事情。"供不应求时，卖者会把价格提高到价值以上；供过于求时，买者要把价格压到价值以下，造成价格背离价值。因此，只要存在着商品经济，在供求关系影响下，价格背离价值并围绕价值上下波动，就具有必然性。

3. 政策性因素对价格的影响

在市场运行机制下，政府管理价格的首要任务，是有效地控制价格总水平。所以，对少数重要商品和劳务价格进行直接管理，是社会经济健康发展的重要保证。在市场经济的形成过程中，政府直接定价的产品主要有以下三类：一是生产和经营具有高度垄断性的产品，如石油、天然气、电力、邮政、铁路、管道煤气、产品或服务等；二是对经济社会健康发展有重要影响的公用事业产品，如环保、教育、医疗、卫生等；三是从长远看需要放开，但在现实中由于市场发育程度低、市场调节的条件尚不具备，因而需要政府定价的产品，如煤炭、钢铁、民航、水运和少数由政府定价的农产品。

政府定价的目标不是消极地反映市场需求，模拟市场进行调节，而是为了从国民经济的全局和整体出发，克服单纯市场调节的不足，实现资源配置的合理化，促进经济社会健康发展。由于产品或服务生产的垄断性地位，为保证现阶段经济的稳定发展，其价格的制定过程中应有必要的政府干预。

7.3.3 价格的合理收益政策

1. 还本付息政策

产品或服务企业为了加快产品或服务工程建设速度，可能不惜代价，不管贷款利息多高，只要有钱都敢使用。为了保护用户的利益，制定产品或服务收费标准时，只能采用人民银行规定的中长期货款利率，超过部分，一概不予承认。根据这个原则，对于产品或服务经营收费标准，价格管理部门可以按不同处理规模预报最高标准，预报方法可与预报工程造价相同。

产品或服务工程资金，货款一般占70%～80%，还本期对产品或服务经营收费标准高低影响较大。作为金融机构，为降低财务风险，希望还本期越短越好；但作为产品或服务收费管理部门和用户则希望产品或服务收费标准低些，还本期长一点。目前，贷款还本期普遍太短，大低于设备折旧年限。这种做法，人为地扩大了还本期的成本，又使还本后的成本缺了一大项，极不规范。考虑到货款利息已经在成本中列支，还本资金没有必要与货款偿还期一致。还本资金可以用“靠新债还旧债”的办法解决。产品或服务有稳定的市场，“借新债还旧债”在操作上存在实质性的障碍。因此，产品或服务贷款资金还本期应统一按折旧年限确定。

2. 国家税收政策

税收是国家实行产业政策的一种最为直接有效的经济手段。产品或服务是一种生产活动，性质是由过程本身的特点决定的。产品或服务源是由污水处理厂提供的，但产品或服务是根据社会对水的需求生产的。随着城市生产发展和人民生产水平的提高，产品或服务数量越来越多，处理质量要求越来越高。产品或服务采取商品形式，资金消耗由水消费者支付，才能更好地满足社会对产品或服务的需要。产品或服务当作商品来生产和经营，有能力提供社会服务的劳动者在商品货币的鼓励下，提供服务的积极性较高。他的劳动能得到等量的报酬，尽量发挥自己的聪明才智，以各种方式适应社会对产品或服务质量的要求。产品或服务当作商品生产和经营，因属于制造业，应收取增值税。

目前，为支持产品或服务服务业的发展，国家对产品或服务经营实行免税政策。我国经济发展已进入需求拉动经济增长的阶段，减轻企业税费负担和增加政府财政收入以启动投资和消费，是保证经济稳定增长的要求。为此，国家一方面全面清理各项收费，严格限制对企业各种不必要收费，以减轻企业负担；另一方面，继续进行税收制度的改革，加强对所得税等税收的征收力度，实现收入与财富的公平分配，为政府筹集足够的财政资金。在这种情况下，随着产品或服务业的逐步发展和一些不合理的乱收费被取消，国家免征产品或服务增值税的一些优惠政策也会逐步被取消。

3．投资利润政策

产品或服务的投资利润是对投资的回报，以保障产品或服务资金的来源。无论何种产业，只要不是政府经营，都应对投资给予回报，即给予利润。即便是政府实行政策性补贴的行业，也应使投资按社会的正常水平获取利润。产品或服务投资利润是产品或服务企业正常运营所用资金的必要费用，它由资金市场利率和投资风险所决定。发达国家和地区为产品或服务业核定的资金利润率，高低不一，但所用的方法却基本相同。这就是将产品或服务企业投入产品或服务资金分为借入资金和自有资金两部分，借入资金利润率以实际利润为基础列入成本，或进入利润，自有资金利润率以政府一年期债券或银行储蓄存款利率为基础，加上若干百分点（大多在1％～2％）的风险补偿。

我国现行企业财务制度规定，产品或服务企业借入资金以借入的实际利率为基础计算，利息列入期间费用，而产品或服务企业自有资金报酬，在利润中支付。我国产品或服务企业自有资金利润率，今后也应以必要的筹资费用加风险补偿为基础。因我国社会主义市场经济体制还在建设中，法制不够完善，投资风险较大，高于利率的风险补偿部分可适当加大。按高于挂钩利润2％～3％计算，可能比较合适。

根据发达国家的经验和我国的实际，一年期国债利率基本上可以代表社会资金的正常盈利能力，体现了资金的机会成本。像产品或服务这样市场稳定、风险较小的行业，只要投资回报率超过一年期国债利率，无论是国内资金还是国外资金，都会有投资的积极性。因此，产品或服务的净资产利润率，应以我国一年期国债为基础，并随国债信息率的变化而相应调整。在目前城市污水处理能力严重短缺的情况下，应酌情增加供求调节系数，使实际的净资产利润率高于标准的净资产利润率。

根据我国现行财务制度的规定，国家要以所得税的形式参与企业的利润分配。企业应纳税所得额，是指企业每一纳税年度的收入总额减去应扣除项目后的余额，应纳税额按应纳税所得额的33％。国家根据经济和社会发展的需要，在一定期限内对特定的地区、行业和企业应缴纳的企业所得税，给予减征或免征，以照顾和鼓励其发展。鉴于产品或服务的基础性和新兴性的特点和实际，从提高产品或服务企业自我发展能力的目的出发，有必要明确在近期内，国家对产品或服务企业免征所得税或采取全额退税的政策。

4. 财政补贴政策

产品或服务财政补贴作为财政范畴，是一个特殊的分配形式，同时又是城市政府进行经济调节的杠杆。产品或服务财政补贴，是一种与相对价格变动紧密相联的转移性支付，表现为：或财政补贴引起价格变动，或价格变动导致财政补贴。因此，财政补贴也有人称为财政价格补贴。产品或服务财政补贴形成的根本原因是城市政府批准的用户能够承受的产品或服务收费标准低于产品或服务企业合理收益标准。

在产品或服务发展过程中，保留甚至增加一定数量的财政补贴是十分必要的，但是，不应把收费标准调整和经济体制改革才能解决的问题也依赖财政补贴解决。为了充分发挥财政补贴杠杆调节经济的积极作用，应合理确定补贴范围，适时调整补贴标准，实现财政补贴规范化。在今后产品或服务收费标准调整和经济体制改革中，财政补贴应控制在城市政府批准低于产品或服务成本费用范围。同时，要清理整顿现有补贴项目，取消不必要的补贴，通过控制补贴范围，使补贴额减少到最低限度。

对于必要的补贴项目，还有一个补多补少的问题。补贴标准如何制定，也直接关系着财政补贴的规模。补贴标准在项目补贴实施之初，往往需要定得较高，但随着经济情况的发展变化，补贴标准一般应予以向下调整。产品或服务收费标准补贴，随着企业经营水平的提高，补贴标准可以逐步降低。如果补贴的环境变了，但补贴标准一成不变，或者认为补贴只能增不能减，那么补贴的规模很难得到合理的压缩。

7.3.4　价格的公平负担政策

1. 合理的差价政策

合理的差价，是指在产品或服务费制定中，要区分不同用户和不同用水量，形成用户差价和用水量差价。这有利于提高产品或服务的经济效益、社会效益和环境效益。

用户差价是因用户不同形成的差价。产品或服务费涉及到不同消费者的利益，因此必须考虑不同消费者的承受能力，采取区别对待的原则。居民、行政事业单位、学校等用水，纯粹是为了生活、办公和教学而用，一般是不会产生直接经济效益的。对于这类用户，应该按照微利的原则制定产品或服务价。而一些生产经营性单位，如商场、餐厅、文化娱乐场所，以及一些经营性的公司，金融、电信等部门，都是为了经营目的而建立的。他们用水进行生产经营，以获取相应的经济收益。对于这类用户，应按照当地社会资金平均利润率来制定产品或服务价。

用水量差价，是因用水量不同而形成的差价。中国水资源短缺，而同时又存在着水资源的极大浪费，这与中国长期以来自来水价格与产品或服务费偏低直接相关。为促进水资源节约，提高水资源的利用效率，对居民和非居民用水应实行定额政策，超量加价，浪费罚款。用水量差价的制定，是先确定一个用水基准，用水在基准量以下按基准产品或服务费收取，用水超过基准量则根据超过的数量分成不同等级，不同等级对应不同产品或服务费。当用水量超过某个等级时，不仅要加收产品或服务费，还要进行罚款，以惩罚浪费水资源的行为。

2. 承受能力政策

在正常情况下，产品或服务费承受能力是指贫困家庭支付生活必须用水水费的能力，而不是破产企业。在当前经济体制改革中，国有企业的命运与许多家庭直接相关，因而产品或服务收费标准调整才要考虑国有企业的承受能力。

承受能力是产品或服务收费标准调整中考虑的基本因素，但必须以科学的方法来确定承受能力。由于没有科学的方法来评判家庭支付能力，对支付能力的担心导致了向所有家庭用户提供低收费标准，客观上帮助了那些不需要帮助的中高收入家庭，减少了给低收入家庭的帮助，增加了产品或服务企业负担。应从收入分配、生活费用、非现金收入、绝对和相对贫困程度对用水户的承受能力进行评价。价格差异应根据用户可接受水平确定。居民产品或服务费优惠应逐渐减少，应根据贫困家庭的经济状况确定优惠标准，给予直接帮助。

优惠低收入家庭，可采用最低限收费标准和直接优惠两种方法。最低限收费标准是对满足基本生活需要的水量收取通常可承受的费用，而对于超过此定额的水量收取较高的水费。它保证贫困家庭也能享有基本的产品或服务服务，缺点是所有的家庭都能受益，而不是针对那些真正需要帮助的贫困家庭。当许多家庭生活在多套公寓，产品或服务企业不能对每个家庭分别读出所用水量时，这种方式还是必要的。直接帮助是要求贫困家庭提供家庭困难的证据，申请批准后才收取较低的水费或在收费单上给予折扣。

在一些城市，产品或服务收费标准调整强调社会承受能力而不顾产品或服务企业的财务状况。家庭贫困和企业破产问题不是由产品或服务费高引起的，因而也无法通过较低的产品或服务费来解决。产品或服务公司是一个企业，主要任务是保质保量向社会提供产品或服务，没有责任向某些用户低价服务。产品或服务收费标准上调会加重贫困家庭生活和对经营较差企业的困难，可通过最低限收费标准、不同类型用户间的交叉补贴来缓解矛盾，但却不能长期存在下去。

7.3.5　价格的“两部制”政策

1.“两部制”政策的必要性

产品或服务是由水源、水网、水用户组成的庞大、封闭、复杂的循环系统，是根据水用户申报的最大用水量，即合同容量而建设的。产品或服务系统建成后，无论用户是否用水或用水量多少，还要进行维修和管理。因产品或服务系统是按照水用户的合同容量建设、维修和管理的，产品或服务系统建设、维修、管理而投入的资金，只能由水用户以交纳水费的形式来回收并增值。按水用户的水容量和以此为依据建设、维修和管理供产品或服务系统而投入的资金计算的产品或服务价，称为容量产品或服务价。按合同容量的容量产品或服务价向水用户收取容量水费，不仅能保证供产品或服务企业用于产品或服务系统建设、维修和管理而投入的资金回收并增值，从而可继续保持投资者投资产品或服务的积极性，而且促使水用户按实际用水量申报最大水负荷，减少产品或服务系统能力不必要的闲置，提高供水系统的水负荷率。

产品或服务系统向用户供产品或服务，还要消耗一定量的燃料、电力、产品或服务和劳动力，产品或服务企业因此还要投入一定量的资金。按照市场经济规律的要求，产品或服务企业应按用户用水量的多少收取水费，用于产品或服务系统向用户供产品或服务而投入资金的回收并增值。按用户的用水量和产品或服务系统运营耗费的资金计算的产品或服务价，称为计量产品或服务价。按用户的用水量和计量产品或服务价向用户收取计量水费，充分体现了“多用水多交费”的公平交易原则，还有利于促使用户合理用水，减少对环境的污染。

2.“两部制”产品或服务价的制定

在社会主义市场经济条件下，商品市场价格是以社会生产价格为基础形成的。社会生产价格又称为一般生产价格，指由一个生产部门内的社会平均生产条件所生产的商品生产价格，等于商品的社会成本价格加平均利润。社会成本价格又称为一般生产费用或一般生产成本，是按照商品生产中耗费的资金来计量，代表着社会在商品生产上所耗费的资金。平均利润是投入不同生产部门的同量资金所取得的等量利润，等于预付资金额与平均利润率的乘积。平均利润率又称“一般利润率”，是由各个生产部门的不同利润率平均化而形成的，是作为各个不同部门的不同利润率的一种平均趋势。

按照社会生产价格理论，产品或服务价应由产品或服务系统建设运营投入资金的保值增值来制定。与容量产品或服务价相关的产品或服务系统投入的资金，是指产品或服务部门平均生产条件下形成单位产品或服务能力所需要的投资，简称产品或服务系统建设资金。这部分资金在产品或服务系统更新时才能全部收回，时间较长，应考虑物价上涨因素对资金保值的影响。随着物价的上涨，产品或服务系统重建所需资金呈增加趋势。如果不考虑物价上涨因素，按产品或服务系统建设投资进行收回，就无法保证这部分资金的保值和重建原规模、原标准、原功能的产品或服务系统，也就无法进行产品或服务系统的简单再生产。与计量产品或服务价相关的产品或服务系统投入的资金，是指供产品或服务部门平均生产条件下供给单位水量所需投资，简称产品或服务系统运营资金。

根据上述分析，“两部制”产品或服务价的计算公式应是：

$$\text{容量产品或服务价} = \text{单位供产品或服务能力投资} \times \frac{i(1+i)^n}{(1+i)^n-1}$$

$$(1+\text{平均物价上涨率})$$

$$\text{计量产品或服务价} = \frac{\text{单位供热量投资}(1+i)}{1-\text{增值税及附加税率}}$$

式中 i——资金利润率。

3. 定额累进计量产品或服务价

定额累进计量产品或服务价，是根据某一标准确定每一用户的用水定额，如果实际用水超过了定额，则对超定额部分计以高价；如果实际用水不足定额，则对节约部分给予奖励。这种计量产品或服务价形式对于像我国这样不可能把产品或服务价定得很高，而在水资源又非常短缺的不发达国家非常适用。以低价位供应的定额水量，保证了用户最起码的用水需要，但又不会造成很重的负担；而对超定额用水部分实行高价，找准了节能的关键，针对性强，能够起到良好的节能作用。

定额累进计量产品或服务价，级数既不能太少，使其不能较好地运用价格杠杆制止水能的浪费；但也不能过多，造成产品或服务价体制本身的复杂性，甚至会对用户造成水费过重的负担，影响社会稳定地发展。一般说来，实行定额累进计量产品或服务价，可将级数定为三级。第一级基数应根据保证用水和产品或服务系统正常运行的需要来确定，其价格可以是保本的；第二级基数应根据提高用水水平来确定，其价格应是微利的，是第一级的 1.5 倍；第三级基数按市场价格满足某些特殊需要来确定，价格应是第一级的 2 倍，或者等于经营性产品或服务价格。

7.3.6　价格标准的调整政策

1. 分步到位政策

基于历史和现实的原因，除经济较发达地区外，产品或服务收费标准在我国许多城市都不可能做到一步到位，这就需要根据当地的实际情况，制定一个切实可行的分步到位方案。第一阶段，产品或服务企业能够自我维持，即收费的收入可以维持产品或服务设施的运行费用，也即收费标准达到设施的运行成本。第二阶段，使产品或服务可以维持简单再生产，即收费的收入除支付运行费用外，还可以对产品或服务部分设施进行更新和改造，也即在运行成本之外，又加上了大修理和折旧费。第三阶段，产品或服务企业可以自我发展，即收费收入除了可以满足产品或服务的成本回收外，还可以使企业获得盈利，从而使产品或服务企业得以进行扩大再生产，产品或服务实现商品化，使产品或服务最终走上良性运行轨道，实现水环境防治目标。

2. 调整次数政策

理想情况下，产品或服务收费标准应当与预算结合起来，一年调整一次。每年产品或服务企业根据自己的下一年度预算情况对水价进行具体的研究，然后将新的预算和价格调整申请交政府部门批准，水价计算可利用自动化的水价模型很快完成。但因产品或服务收费标准调整费时较多，可采用英国的方法。

在英国，水管理机构每隔5～10年要对水价进行一次全面细致的研究，然后将研究结果递交给国家管理机构—水务办公室，水务办公室在仔细研究价格申请、财务和运营报告后，才能同意调价。与此同时，水务办公室还批准一年一度的基于通货膨胀的价格调整。

3. 调整时机政策

产品或服务通常是在已经出现或即将出现财务困难时才申请调整收费标准，这种行为只是对现有亏损的一种被动的反应。如果调价申请不被批准，亏损会更加严重，需要政府给予补贴以维持产品或服务的运行。在西方国家，通常是在亏损之前申请调价，建立在对未来成本的预测或通过调价防止亏损的基础上。调价申请应在下一年度之前提出，以保证该年度能完全回收成本。每年的调整幅度不能超过当年的物价上涨水平。许多国家都不允许亏损积累，要求产品或服务费首先运用保留盈余，并最终通过减少成本、增加收入来弥补亏损。

第8章 案例分析

8.1 重庆市涪陵区垃圾处理项目

8.1.1 项目概况

1. 城镇概况

李渡镇历史悠久，是沿江有名的大镇。目前，建成区面积为 $5km^2$，全镇人口 5.4 万人，其中老镇区城镇人口 2.16 万人，李渡镇技术经济开发区 3.24 万人。重点发展以机械、电子、轻纺、食品、建材、商贸、高级住宅等为主的城镇综合区，是新兴的工业基地，涪陵区的卫星城市。

2. 工程概况

建设单位：涪陵区固体废弃物处理有限公司

建设地点：李渡镇金银乡明家湾蔡溪沟

建设内容：生活垃圾堆肥化处理厂工程主要包括场内工程和场外工程两部分。场内工程主要包括分选车间、一次发酵间、二次发酵间、肥料仓库、污水池、臭气处理系统、变配电室、场内道路、绿化和围墙等；场外工程主要包括场外道路、场外给水、场外排水、场外供电及通信等。

建设规模：日处理垃圾为 70t。

投资规模：991.08 万元。

3. 建设意义

（1）李渡镇目前没有一个规范的垃圾处理厂。现有 18 个垃圾堆放点中，其中 12 个为沿江堆放，对周围造成了严重污染。按照涪陵区城市总体规划修编后，至 2020 年，李渡镇规划总人口为 12.5 万人，因此，李渡镇垃圾填埋场设计容量将不能满足服务年限内新李渡镇垃圾处理量的要求，有必要建设新的垃圾处理设施。

(2) 涪陵是“榨菜之乡”，涪陵榨菜中外驰名，也是当地主要的经济支柱之一。李渡镇将作为涪陵榨菜重要的生产、加工和出口基地，对周围环境有较高要求；因此若不能有效地解决垃圾污染问题，将对榨菜的产量和品质造成影响，从而阻碍地方特色产业的发展。

(3) 李渡镇位于长江中上游，三峡库区腹地，长江流经李渡镇 11 公里。其地理条件、经济状况和人民的文化教育水平在重庆市三峡库区非常典型。李渡镇是重庆市重点小城镇，如果在李渡镇进行城镇垃圾堆肥厂项目的试点，可以起到很好的示范和辐射作用，其成功经验可为重庆三峡库区城镇垃圾的有效管理提供参考依据。

8.1.2 项目规划

1. 垃圾产量及成分

(1) 垃圾产量　根据中国环境科学院对我国五百多个城市生活垃圾产量的统计分析，我国中小城市人均垃圾产量一般在 1.0～1.2kg/(人·d) 左右，垃圾密度一般为 0.4～0.6t/m^3。目前，李渡镇老城区每天向外清运垃圾约 13t，实际垃圾产量约为 26t/d，垃圾清运率约为 50%，人均垃圾产率为 1.2kg/(人·d)，这与全国中小城镇人均垃圾产率相当。

根据国外垃圾产量变化规律，当垃圾产率随着生活水平的提高达到一定值时，会呈一定的下降趋势。目前，李渡镇居民气化率仅有 30%左右，居民生活用能仍然以燃煤为主，厨余垃圾较少。考虑到家庭用气的逐渐普及、垃圾收费的推行，在 2004～

2020年间李渡镇的垃圾产率将从1.2kg/(人·d)逐步下降到1.0kg/(人·d)。

(2) 垃圾成分　李渡镇目前生活垃圾仍以灰土、煤灰、砖瓦、陶瓷等无机垃圾为主，有机物成分约占40.21%。

2. 堆肥产品分析

(1) 堆肥的品质与肥效　堆肥产品的营养成分常因堆肥原料、工艺、堆制周期和过程条件的不同而有差异，同时也受各地的生活水平、降雨情况等影响。结合国内外已运行的堆肥工程实例，同时根据李渡镇城市生活垃圾组成成分及模块化好氧仓式发酵堆肥工艺的技术特点，预测李渡镇城市生活垃圾堆肥化处理示范项目堆肥成品基本满足城镇垃圾农用控制标准的规定，某些参数虽然低于精制堆肥，但减少了堆肥精制设备的投资，节省了工程造价。

(2) 堆肥的利用和销路　成品堆肥作为有机肥料被施用时，通过与土壤的相融，有机胶体与土壤矿质粘合，可以促进土壤团粒结构的形成，从而改善土壤理化性质。研究表明，施用有机肥在补给土壤养分的同时，还能活化土壤中的养分，减少土壤对磷的固定，提高土壤中微生物的活性，同时增加土壤中微量元素如锌、锰、铁的有效性，补偿作物根际养分亏缺，有助于改善作物的微量营养状况，从而提高作物产量。

与化肥相比，堆肥具有养分种类全面、含量适宜、长效等特点。作物施用堆肥将给土壤微生物提供大量养分和丰富的酶促基质，促进了土壤微生物的生长和繁殖，提高了酶的活性，因此可以达到增产的目的。且根据国内外垃圾堆肥应用研究表明，垃圾肥应用于非食物链作物的种植是安全和有效的，可改良土质，促进林木生长，对生物链造成的不利影响较小。因此在广大农村地区，如果加强对使用有机肥料的宣传，制定正确的市场销售机制，堆肥将拥有广阔的市场前景。

(3) 堆肥残余物处理　堆肥前分选过程中去除的粉煤灰、砖瓦、塑料、玻璃等不可堆肥垃圾应进行无害化处理。由于与堆肥厂配套建设有卫生填埋场，故可以考虑将堆肥残留物送往填埋场进行填埋、压实、覆盖，不仅解决了残留物的出路问题，同时避免了垃圾中不可堆肥物料可能产生的二次污染。

3. 垃圾处理规模

李渡镇生活垃圾堆肥厂的建设规模应根据垃圾处理场服务范围内需要进行处理的垃圾量合理确定：既要充分利用即将建成的卫生填埋场填埋库容，又应满足在填埋场的设计年限内，使得进入填埋场的垃圾总量不超过填埋场所能容纳的量（35 万 m^3）；同时又不能一味地追求堆肥规模的大型化，从而导致过多的堆肥销售不出而造成堆积，造成建设投资的浪费，还可能给堆肥厂的正常生产经营造成困难。

根据上述原则，采用试算法确定堆肥化规模。首先假定规模(0～140t/d)，根据垃圾产量及成分，计算每日进入填埋场的垃圾量（包括直接进入填埋场的垃圾量和经堆肥厂分选后不可堆腐的无机物的量，其中直接进入填埋场的垃圾量等于垃圾产量减去堆肥厂规模），来校核填埋场库容是否满足要求。经计算，当堆肥厂规模为 70t/d 时可满足设计要求。堆肥规模为 70t/d 时，2004～2022 年间进入垃圾填埋场的垃圾总量为 29.75 万 t，实际所需要的库容为 34.88 万 m^3，小于填埋场的有效库容 35 万 m^3。因此将李渡镇城市生活垃圾堆肥厂规模定为 70t/d 是合理可行的。

8.1.3 项目生产

1. 常用垃圾处理技术

目前，国内外应用较广泛的城市生活垃圾处理方法包括卫生填埋、焚烧、堆肥、热解、生物制气及综合利用等技术，应用较多的是卫生填埋、堆肥化、焚烧三种技术，而物质回收利用技术作为符合国家可持续发展战略的一种处理技术，代表今后垃圾处理发展的主流（表 8-1）。

常用生活垃圾处理技术比较　　表 8-1

方法	优　点	缺　点
卫生填埋	1. 处理量大，处理成本低； 2. 工艺相对简单； 3. 其他处理方法残渣的最终消纳场所； 4. 大型垃圾填埋场产生的沼气有一定的利用价值	1. 场址选择受地理、地质和水文地质条件限制，场址选择难度较大； 2. 填埋场使用年限受自然条件限制； 3. 土地占用面积大，减量化程度低
高温堆肥	1. 使用年限不受自然条件限制； 2. 垃圾无害化、资源化程度较高； 3. 有机物返回自然，有利于生态环境保护； 4. 投资适中，处理成本适中	1. 对垃圾成分有要求(一般要求垃圾中可堆腐有机物含量大于40%)； 2. 运行管理费用高； 3. 产品销售受制于市场，需要投入相当力量进行市场开拓
焚烧	1. 垃圾减量化、无害化程度高； 2. 可回收垃圾中的能源； 3. 使用期限长； 4. 占地面积少	1. 设备投资高，运行管理费用高； 2. 工艺设备复杂，要求原生垃圾达到一定热值； 3. 操作管理难度较大； 4. 对大气易造成二次污染
物质回收利用	1. 垃圾减量化、无害化、资源化程度较高； 2. 可以减少其他处理工艺的负担	1. 只能作为其他垃圾处理方法的前期处理技术； 2. 对垃圾分选要求较高，生产设备复杂； 3. 工艺技术尚处于起步阶段，经验不足； 4. 建材产品的销售受市场制约

2. 垃圾处理技术选择

针对李渡镇城市生活垃圾特点和发展趋势，应采用卫生填埋＋堆肥化处理技术。该集成技术的应用将在一定程度上推进我国垃圾处理资源化的步伐，同时对三峡库区乃至全国范围内的垃圾处理工程起到重要的示范作用。通过分选后将可堆腐物用于高温堆肥，生产有机垃圾肥料，并回收有用资源，可获得一定的经济效益；不可堆腐物质（主要为无机物）则运往卫生填埋场进行最终处置，从而实现废物的资源化、减量化和无害化。

3. 堆肥化可比选方案

根据涪陵区和李渡镇的总体规划，同时考虑李渡镇的垃圾特点、选址占地、土地费用等特点，可选择方案一：分选回收＋强制通风静态垛系统；方案二：分选回收＋DANO发酵器；方案三：分选回收＋模块化好氧仓式发酵系统。这三套方案都具有占地面积较小和环境污染较小等特点，经过比较，采用方案三（表8-2）。

堆肥化处理工艺方案比较 表8-2

比较项目	方案评述		
	方案一	方案二	方案三
技术水平	较先进	先进	先进
技术可靠性	可靠	可靠	可靠
操作安全性	安全	很安全	很安全
一次发酵周期	14～21d	2～5d	10～12d
占地面积	大	中	小
环境保护	臭气污染较小污水部分回用	可能有臭气污染污水要处理	臭气污染很小污水部分回用
管理难度	一般	较小	一般
投资费用	较低	较高	较低
运行成本	较低	较高	一般
产品质量	一般	一般	较好
产品市场前景	肥料需求有限	肥料需求有限	销路较好

4. 生产人员

根据《城市生活垃圾堆肥处理工程项目建设标准》，并参考国内现有垃圾堆肥厂工程确定堆肥厂劳动定员为18人，此外还有财务2人（填埋场兼），其中生产人员占75％。堆肥厂按每周7天连续操作，分选车间二班作业，堆肥车间三班作业。人员组成见表8-3。

劳动定员表　　表8-3

序号	工　作　类　别	人数(人)	备注
1	厂长(兼书记)	1	
2	财务(会计、出纳)	2	由填埋场兼
3	总工	1	
4	技术、操作、维修	5	三班作业
5	分选车间	10	两班作业
6	清洁、绿化及其他	1	
7	总计	20	

8.1.4　项目建设

1. 总平面布置

堆肥厂按功能划分，可分为生产区、办公区和绿化隔离区。

生产区是李渡堆肥厂的主体工程，主要组成：分选车间、模块化一次发酵仓、二次发酵车间、堆肥库房、脱臭装置等。堆肥机械配置有：装载车、破袋机、磁选机、粉碎机、进出料机、输送皮带、鼓风机、棒条筛、振动筛等。

办公辅助区包括办公、维修、生活辅助等功能，位于堆肥厂东侧，考虑到拟建填埋场与堆肥厂毗邻，为了综合利用现有资源，可将堆肥厂与填埋场的综合办公楼合建，堆肥厂的门卫及计量设施也与填埋场合建，从而有效提高土地利用率，减少堆肥厂投资成本。

绿化隔离区位于整个厂区的外围，起到美化环境及改善厂区小气候的作用，同时具有屏蔽臭气、噪声的功能。

堆肥厂给水水源从附近明家湾引入，供电根据负荷要求设变电所。在实施主体工程前，供水、供电、照明应先行施工。堆肥厂自动控制分两步进行，初期以人工控制为主，辅以电控，后期应逐渐引入计算机控制系统。

2. 建筑设计

生产管理区与填埋场生产管理区合建，建筑物有综合楼、门卫及计量间、加油间车棚等。本工程属于改善城市卫生环境的环保工程，因此，生产管理区环境美化至关重要，单体建筑设计在形式上力求新颖、简洁、明快，富有时代气息。

堆肥生产区主要建筑物有分选车间，一次发酵间，二次发酵间，成品库房，配电间。堆肥生产区分选车间、一次发酵间、二次发酵间均采用轻钢结构，建筑造型新颖，外形简洁、明快，打破了以往的工业建筑模式，富有现代气息。绿化设计结合厂区建筑布置，使堆肥厂成为花园式厂区，使厂区的每一栋建筑都成为花园中的一景。

3. 主要建（构）筑物

车间厂房根据生产规模，机械设备生产流程、原材料和产品的进出流向以及厂区地形、水文地质条件等因素，在符合建筑设计技术规范和建筑设计防火规范及工业卫生标准的前提下，尽量做到布局合理、工艺流畅、管线最短、动力集中。

主要建（构）筑物包括：分选车间、一次发酵间、二次发酵间、配电室、污水池、气体吸附池、堆肥成品仓库、门卫、计量间等，考虑到已建填埋场设有综合办公楼，本着经济合理的原则，堆肥厂的综合办公楼与填埋场合建使用，内设办公室、会议室、接待室、自控室、化验室等生产生活服务设施。

4. 主要设备（表 8-4）

堆肥工艺系统主要设备 **表 8-4**

序号	名　称	型　号	单位	数量	功率(kW)	备　注
一	垃圾分选系统					
1	卸料槽	有效容积 $10m^3$	个	1		
2	螺旋匀速给料机	螺旋直径 400mm	台	1	11	出力 $30m^3/h$
3	链板输送机	QLB650 型	台	1	5.5	带速 6m/s
4	破袋机	PDJ-9	台	1	6	$Q=30m^3/h$

续表

序号	名　称	型　号	单位	数量	功率(kw)	备　注
5	皮带输送机	DT75型，$B=800\text{mm}$	条	1	4.0	$L=6.5\text{m}$
6	磁选机	RCT-10-1	台	2	2.2	
7	皮带输送机	DT75型，$B=800\text{mm}$	条	1	4.0	$L=6\text{m}$
8	棒条筛	ZDS振动筛 $b=60\text{mm}$	台	1	7.5	
9	手选皮带机	6个工位	台	1	4.0	$L=14\text{m}$
10	皮带输送机	DT75型，$B=500\text{mm}$	条	1	2.2	$L=8.5\text{m}$
11	皮带输送机	DT75型，$B=500\text{mm}$	条	1	2.2	$L=24.5\text{m}$
12	破碎机	PCX-0808型	台	1	15	$Q=15\text{m}^3/\text{h}$
13	皮带输送机	DT75型，$B=500\text{mm}$	条	2	2.2	$L=7.5\text{m}$
14	皮带输送机	DT75型，$B=800\text{mm}$	条	1	4.0	$L=48\text{m}$
15	螺杆出料机	LGC型，$B=3\text{m}$	台	1	5.5	$L=6.5\text{m}$
16	皮带输送机	DT75型，$B=500\text{mm}$	条	1	2.2	$L=76\text{m}$
17	滚筒筛	$\phi1250\times9000$	台	1	5.5	筛孔为30mm
18	皮带输送机	DT75型，$B=500\text{mm}$	条	1	2.2	$L=7.5\text{m}$
19	风选机	9000mm×3800mm×1500mm	台	1	5.5	
20	振动格筛	筛孔 $\phi=20\sim30\text{mm}$	台	1	5.5	
21	皮带输送机	DT75型，$B=500\text{mm}$	条	1	2.2	$L=9\text{m}$
二	其他设备					
1	装载车	ZLT-04B	辆	2		
2	风机	4-72NO.8C	台	3	11	两用一备
3	污水泵	WQ10-15-1.5	台	2	1.5	一用一备
4	菌剂调配罐	$\phi1000\times1200$	个	2		不锈钢容器
5	计量泵	J1-400/0.4	台	2	0.75	一用一备
6	不锈钢容器	容积 1m^3，外形尺寸 $1.1\text{m}\times0.8\text{m}\times1.35\text{m}$	只	12		
7	活动小车	容积 1.5m^3	辆	4		
8	场地冲洗设备	流量 $25\sim40\text{L/min}$	台	1	3	

8.1.5 项目投资

1. 投资估算

(1) 估算依据　各单项工程建设费用，均参照《全国市政工程投资估算指标》（HGZ 47—102—1996，建设部）及其他相近工程技术经济指标，并按照重庆市市政工程预算定额（重庆市建委，2003 年）进行调整。

购置设备价格按设备生产厂商提供的产品报价基础上，增加设备原值 8%的运杂费并加计设备安装费用后计入总价，部分设备价格参照相近工程。

第二部分费用的确定，参照建设部发布的《市政工程可行性研究投资估算编制办法》[建标（1996）628 号] 及国家和地方有关的相应规定计取。

第三部分费用（预备费用）仅考虑工程因素预备费，按第一和第二部分费用之和的 6%计列。

(2) 总投资　本工程建设项目总投资为 991.08 万元人民币。其中：工程费用 736.73 万元，占总投资 74.34%；工程其他费用 185.91 万元，占总投资 18.76%；预备费 55.36 万元，占总投资 5.59 %；铺底流动资金 13.09 万元，占总投资 1.32%。

2. 成本费用估算

总成本费用是建设项目投产运行后一年内的生产营运而花费的全部成本和费用，包括外购原材料、燃料和动力、工资及福利费、折旧费、摊销费、财务费用等。

原材料费：自来水 2.00 元/m^3；电费 0.70 元/(kW · h)；汽柴油 3000 元/t；药剂 30000 元/t；菌剂 100000 元/t。

工资及福利费：项目定员 18 人，工资及福利费按 10000 元/(人 · 年) 计算。

维修、维护费：大修理费按固定资产原值的 1.5%计算，日常检修维护费按固定资产原值的 1.0%计算。

管理及其他费用：按其他经营费用的 10%计算。

固定资产折旧和无形资产摊销：固定资产折旧按综合折旧率 5.33%计算，折旧年限 18 年；无形及递延资产（项目前期费+职工培训费）摊销按平均 10 年计算。

3. 收入和税金估算

本项目启动后的收入包括：由政府按合同规定支付的垃圾处理费用，从垃圾中分拣出的玻璃、金属和塑料等废品出售以及生产出堆肥产品获利，根据有关政策，上述收入免征增值税。

项目实施后获得的垃圾处理补贴是维持该项目正常运转重要的收入来源，经测算补贴价格为 60 元/t 时，项目略有赢余。财务收支状况如表 8-5 所示。

财务收支状况（单位：万元）　　表 8-5

序号	项　目　名　称	收支费用
一	财务收入	3063.38
	计算期内收入	3063.38
二	财务支出	2988.96
1	固定资产投资(含投资方向调节税)	978.00
	其中:外汇量(欧元)	48.45
2	经营成本	1821.08
3	税金	160.70
4	利息支出	29.19
	其中:建设期利息	0.00
三	收支差额	74.42

4. 财务评价

项目计算期：按 19 年计算，其中：工程建设期为 1 年，其余 18 年为生产经营期。贷款利率：流动资金贷款年利率取 5.31%，还款期为 1 年，利息计入成本财务费用。财务评价状况如表 8-6 所示。

财务评价状况 表 8-6

项目名称	收支费用
财务内部收益率(全部投资)	
所得税前 FIRR	1.87%
所得税后 FIRR	1.37%
回收年限(自 2005 年算起)	
税前投资(年)	17.17
税后投资(年)	18.00
投资利润率	0.92%
投资利税率	0.87%
资本金利润率	0.95%

5. 不确定性分析

(1) 敏感性分析　根据本工程项目的特点，设定敏感性分析中可能发生变化的主要因素是固定资产投资、垃圾收费标准和经营成本，考虑可能变化幅度为±20%和±10%。对财务内部收益率影响较大的项目是经营成本和固定资产投资。

(2) 盈亏平衡分析　生产盈亏平衡点(BEP)＝固定总成本/(营业收入－可变总成本－税金)×100%

本工程 BEP＝91.08%，表明本工程项目垃圾处理达到设计能力的 91.08%，企业才可以保本经营。

8.2 重庆市奉节县污水处理项目

8.2.1 项目概况

1. 城镇概况

(1) 自然状况　公平镇位于奉节县西部，镇辖 17 个村、1 个居委会、153 个社（组），2001 年总人口为 26900 人，其中非农业人口为 5066 人，暂住人口为 2919 人，农业人口为 18915

人，人口密度为576.3人/km^2。公平镇属典型的“粮猪型”结构的农业镇，经济发展与先进发达地区相比，明显滞后。公平镇内的长龙山风景区是道教胜地，享有“川武当”的盛名，是重庆市第二大道教活动场所，每年接待旅游者20多万人次。

（2）镇区给排水现状　镇域内有水厂1座，规模1050t/d。供水水源来自镇区外5km的红土乡鸡鸣村板桥沟的山泉水，水质较好。公平镇城镇居民中部分居民以该水厂为水源，部分居民以自备水井为水源，还有一部分居民以水厂水作为饮用水，以自备井水作为洗涤用水。水厂供水量占居民总用水量的一半左右。

镇区内初步建成了雨污合流的排水系统，排水管道主要以排水暗渠和排水明渠为主。镇区内的雨水、污水主要沿道路两侧的排水管道、排水沟渠汇集后直接排入梅溪河，对梅溪河造成较严重的污染。目前镇区内已建成排水管网6km，排水管网密度达到了10km/km^2。

2. 工程概况

（1）建设目标　对公平镇镇区污水进行有效处理，处理率达到80%以上。同时对荷兰政府赠款项目技术执行单位的集成技术进行工程化应用，对中国西部小城镇污水处理起到较好的示范作用。

（2）建设规模　公平镇排水体制近期为合流制，远期建成分流制。因此，污水处理规模近期按雨季流量设计，远期按旱季流量设计，具体规模如下：

近期：旱季规模2000m^3/d；雨季规模：4000 m^3/d；远期：旱季规模4000m^3/d。

（3）投资规模　本项目建设规模为4000m^3/d，总投资为1760.50万元（厂区部分投资1017.50万元，厂外配套管网及厂外道路743.0万元）。其中：

工程费用1724.70万元，其中厂区工程945.82万元，厂外配套管网及道路481.58万元。工程建设其他费用：242.15万元；基本预备费：83.48万元；铺底流动资金：7.48万元。

3. 建设意义

(1) 保障居民身体健康，改善生活质量　目前公平镇镇区大量生活污水和畜禽粪便未经任何处理，或散排于街道、菜地，或直接排入梅溪河，导致镇区内卫生环境条件恶劣，蚊蝇孳生，臭味弥散。废水中的大量有毒物质和致病微生物浸入地下水和河流。有些居民直接从自备水井取水饮用，导致肝炎、痢疾等传染病时有发生，严重威胁人民身体健康。同时，梅溪河是下游居民的重要取水水源，公平镇大量未经处理的城镇污水直排梅溪河，也影响到下游居民的身体健康。

(2) 保护三峡库区水环境安全　三峡水库是典型的半封闭型水体，容易发生富营养化。公平镇所处的奉节县位于三峡库区腹地，对库区水质影响较大。同时，梅溪河是长江在三峡峡口回水区的一个重要支流，而位于梅溪河畔的公平镇，其污水直接排入梅溪河，随着城镇规模的发展，将对三峡库区的水质造成不良影响。

(3) 缓解贫困，走可持续发展之路　公平镇属贫困山区，镇域内贫困人口占总人口的15.52%，经济、环保、公共卫生等各项事业亟待发展。由于环境治理设施缺乏，导致很多外来企业不能在此入驻投资，严重制约了当地经济的发展。如四川简阳獭兔厂、奉节县造纸厂、奉节县养鸡厂等企业一度有意在公平镇投资建厂，但由于缺乏污水处理设施，投资者不敢进驻。污水处理示范项目的实施，能极大地改善投资环境，吸引外来投资者，促进公平镇乡镇经济的发展。

8.2.2 建设规划

1. 水量与处理规模

(1) 用水量预测　奉节县公平镇目前城镇范围内基本无工业企业，污水成分主要是居民生活污水和公建、商业用水。考虑到今后工业和商业的逐步发展，到规划水平年，公平镇的用水定额为：2005年居民生活用水定额为150L/(人·d)，公建、商业和工业用水定额为100L/(人·d)，即总的用水定额为250L/(人·d)；2015年居民生活用水定额为170L/(人·d)，公建、商业和工业用水定额为130L/(人·d)，即总的用水定额为300L/人，见表8-7。

奉节县公平镇供水现状及预测　　表8-7

分　类	服务人口（万人）	人均用水量（L/(人·d)）	用水量（万 m^3/d）	备　注
近期(2005年)	1.0	250	0.25	
远期(2015年)	1.5	300	0.45	

（2）旱季污水量预测　根据供水量预测，按《室外排水设计规范》（GBJ14—87，1997年版）污水的折减系数为0.80～0.90。污水收集率反映了实际收集污水量的程度，随着排水系统的不断完善，收集率逐步提高。地下水渗入率反映了排水管道接口不严密、管渠未做防渗处理，使地下水渗入排水管内或出现雨、污水混接，导致排水量增加的情况。据有关资料，该系数约10%～30%，本设计取15%，见表8-8。

旱季污水量预测　　表8-8

项　目	近期(2005年)	远期(2015年)
供水量(万t/d)	0.25	0.45
污水折减系数	0.80	0.85
污水收集率(%)	85	90
地下水渗入率(%)	15	15
污水量	0.20	0.40

（3）雨季污水量的预测　合流管道在晴天时仅输送污水，雨天时输送雨水和污水的混合污水。从环境保护的角度出发，为减少排入水体的混合污水，使水体少受污染，应采用较大的截流倍

数。但从经济上考虑，截流倍数过大，会大大增加截流干管和污水厂的规模和投资，同时造成进入污水厂的污水水质和水量在晴天和雨天的差别过大，给运转管理带来困难。为使整个合流排水系统的造价合理，并便于运行管理，不宜采用过大的截流倍数。

我国《室外排水设计规范》（GBJ14—87，1997 年版）规定采用 1～5。本工程在近期合流制排水体制中，采用截流倍数为 1，理由是：1）本地区降雨多集中于 6～10 月，因此混合污水的溢流绝大多数应发生在此范围内，此时正值夏季汛期，河道流量大，水环境稀释自净能力较强；2）污水厂尾水排放水体——梅溪河水质较好，自净能力较强；3）在保证工程效益的情况下，尽可能地控制了工程的投资；4）考虑到公平镇远期将实施分流制排水管网，通过近、远期污水量计算发现，按截流倍数 1 建成的截流管渠和污水厂能较好地与分流制系统衔接，可增大总体工程的远期效益。

（4）处理规模　近期（服务年限 2005 年）：近期排水体制采用合流制，因此近期按雨季流量来设计，设计规模为 0.40m^3/d。远期（服务年限 2015 年）：远期将合流制排水系统逐步改造为分流制排水系统，因此远期按旱季流量设计，设计规模为 0.40 万 m^3/d。

2. 水质与处理程度

（1）进水水质　公平镇排水以生活污水为主，根据奉节县环保局对公平镇污水水质进行的抽样调查资料，并参考重庆市生活污水的平均水质情况，确定奉节县公平镇的进水水质。

（2）出水水质　根据《城镇污水处理厂污染物排放标准》（GB 18918—2002）的要求，公平镇城市污水示范项目出水执行一级 B 类排放标准。

8.2.3　项目生产

1. 工艺方案选择

要达到《城镇污水处理厂污染物排放标准》一级B类排放标准，所选工艺不仅要有效地去除碳源污染物，还必须具有脱氮除磷能力。根据进出水水质要求，本工程选定两种工艺，即曝气生物滤池（简称BAF）和序批式活性污泥法（简称SBR）工艺，进行技术经济比较。

（1）方案一：曝气生物滤池，一般曝气生物滤池具有以下特点：

√占地面积小。

√高质量的处理出水。

√简化处理流程。

√管理简单，且运行费用低。

√设施可间断运行。

√本曝气生物滤池装填有多孔富铁填料，能够有效去除污水中的磷酸盐，保证除磷效果。

（2）方案二：SBR法，一般认为SBR法是由美国Irivine在20世纪70年代初开发的。SBR是一种按顺序、间歇式运行的污水生物处理工艺。

SBR工艺的主要技术特征是：

√沉淀方式采用静沉，因此沉淀性能好；

√有机物去除效率高；

√提高难降解废水的处理效率；

√能有效抑制丝状菌膨胀，从而避免污泥膨胀；

√可以脱氮除磷，不需要新增反应器。

该工艺的缺点：

√处理连续进水时，对于单一SBR反应器的应用需要较大的池容；

√对于多个SBR反应器进水和排水的闸门自动切换频繁；

√无法满足大型污水处理厂连续进水、连续出水的处理要求；

✓设备的闲置率较高。

（3）方案比较分析，见表8-9。

奉节县公平镇污水处理示范项目工艺方案经济指标比较表

2003年价　规模：0.4万 m^3/d　　表8-9

项目		方案一	方案二	备注
占地	总占地面积(hm^2)	0.47	0.54	未计厂外道路
	占地指标(m^2/m^3 污水)	1.175	1.35	
建设投资	工程费用(万元人民币)	1427.40	1482.49	含厂外配套管网及道路
	工程费用指标(元/m^3 污水)	3568.49	3706.22	
	其中:建筑工程费(万元)	651.27	574.22	
	设备及工器具购置费(万元)	436.33	534.63	
	安装工程费(万元)	339.80	373.64	
	工程其他费用(万元)	242.15	252.51	
	其中：征地赔偿费用(万元)	28.20	32.40	
	工程因素预备费(万元)	83.48	86.75	
	动态投资部分	0.00	0.00	
	涨价预备费(万元)	0.00	0.00	未计价格因素预备费
	建设期贷款利息(万元)	0.00	0.00	
	铺底流动资金(万元)	7.48	7.86	
	项目建设总投资(万元)	1760.50	1829.60	含厂外配套管网及道路
	总投资指标(元/m^3 污水)	4401.25	4574.00	
三材	水泥(t)	1020	1059	
	钢材(t)	115	122	
	木材(m^3)	85	89	
定员	总人数(人)	10	10	
	定员指标(人/万 m^3 污水)	25	25	
耗电量	电机等设备总功率(kW)	140	85	
	平均日耗电量(kW·h/d)	1080	1234	
	耗电指标(kW·h/m^3 污水)	0.27	0.31	

续表

	项　　目	方案一	方案二	备　注
成本	年总成本(万元/年)	198.58	207.51	
	其中:可变成本(万元/年)	28.61	31.38	
	固定成本(万元/年)	169.98	176.13	
	单位处理成本(元/m^3 污水)	1.36	1.42	
	其中:单位处理可变成本(元/m^3 污水)	0.20	0.21	
	单位处理固定成本(元/m^3 污水)	1.16	1.21	
	年经营成本(万元/年)	99.72	104.74	
	单位经营成本(元/m^3 污水)	0.68	0.72	
	年运行费用(万元/年)	66.48	70.21	
	单位运行费用(元/m^3 污水)	0.46	0.48	

由方案比较可知：

在技术上：两个方案都是较为成熟的污水处理工艺，但是方案二 SBR 法需要非常完善的自控系统作支持，对管理人员的要求也较高，运行成本较高，对以后污水处理示范项目的正常运行维护造成难度。

在经济上：方案一投资 1760.50 万元，折合 4401.25 元/m^3；运行费用 66.48 万元/年，折合 0.46 元/m^3。方案二投资 1829.60 万元，折合 4574.00 元/m^3；运行费用 70.21 万元/年，折合 0.48 元/m^3。

从经济和技术两方面考虑，选择方案一，即曝气生物滤池工艺作为实施方案。

2. 主要构（建）筑物，见表 8-10。

主要构（建）筑物一览表　　　　表 8-10

分类	序号	名　称	结构	单位	数量	备　注
污水污泥处理	1	格栅间	钢混	座	1	
	2	调节池	钢混	座	1	
	3	曝气生物滤池	钢混	座	18	
	4	清水池	钢混	座	2	满足反冲洗水量的要求
	5	贮泥池	钢混	座	1	
	6	污水池	钢混	座	1	满足反冲洗水量的要求
	7	除磷池	钢混	座	1	
辅助建筑	8	浓缩脱水机房	砖混	座	1	包括除磷操作间含加药设备
	9	鼓风机房	砖混	座	1	
	10	配电、机修间	砖混	座	1	
	11	车库	砖混	座	1	
	12	综合楼	砖混	座	1	含化验室，三层
	13	值班室	砖混	座	1	

3. 主要设备，见表 8-11。

主要设备一览表　　　　表 8-11

构筑物名称	规模：0.4 万 t/d			
	名称型号	技术性能	单位	数量
格栅间	FH400 型粗格栅	$B=0.3$m，$b=20$mm，$N=0.75$kW/台	台	2
	FH400 型细格栅	$B=0.3$m，$b=5$mm，$N=0.75$kW/台	台	2
	LYZ200 型螺旋压榨机	螺杆外径 200mm $N=1.5$kW/台	台	1
	皮带输送机	$B=0.4$m，$L=5$m	套	2
	液位差计	测量范围 0～500mm	套	2
	闸门	ZP94-400×700	套	2
	闸门	ZP94-400×1100	套	2
	闸阀	AKX01-10-400	个	1

续表

构筑物名称	规模:0.4万t/d			
	名称型号	技术性能	单位	数量
调节池	桁架式刮泥机	HJG-8	台	1
	池底排泥阀	PWF-200	个	4
曝气生物滤池	陶粒滤料	ϕ50～100mm	m^3	1400
	富铁填料		m^3	160
	单孔空气扩散器	D60mm	个	15200
	蝶阀(手电两用)	D2(A)41X-10 DN150mm	个	12
	闸阀(手电两用)	Z945T/W-10 DN200mm	个	36
	蝶阀(手电两用)	D2(A)41X-10 DN500mm	个	12
鼓风机房	罗茨鼓风机	3L52WD-980,P=30kW	台	3
浓缩脱水机房	带式浓缩脱水机一体化设备	DNDY1000,P=1.85kW	台	1
	冲洗水泵	N=5.0kW	台	1
	皮带运输机	N=4.0kW	台	1
	轴流风机	Q=4000m³/h,P=0.6kW	台	4
	溶药罐	N=3.0kW	台	1
	溶药池	N=1.5kW	台	1
	药剂投加泵	N=0.75kW	台	1
	加药设备	WA-0.5-4,P=0.75kW	套	1
贮泥池	搅拌机	QJB0.85/8,N=0.85kW	台	1
	污泥液位计	测量范围10～50g/L	套	1
除磷池	潜污泵	WQ25-14-2.2　N=2.2kW	台	1
	潜污泵	AS1.0-2CB　N=1.0kW	台	1
	溶药搅拌器	N=1.5kW	套	1
	加药罐	N=1.5kW	套	1
	电动葫芦	MD型　N=0.5kW	台	1
	搅拌机	QJB0.85/8,N=0.85kW	台	1

续表

构筑物名称	规模：0.4 万 t/d			
	名称型号	技术性能	单位	数量
清水池	潜水轴流泵	350ZQB-100-0° $P=22$kW	台	2
	潜污泵	WQ150-8-7.5 $N=7.5$kW/台	台	2
	闸门	S-YZ-K-DN400mm	个	4
	缓闭止回阀	DN400mm	个	2
	蝶阀	DN400mm	个	2
污水池	潜水轴流泵	WQ150-8-7.5　$N=7.5$kW/台	台	1
消毒	紫外线消毒仪	MUV-8	个	1
计量	超声波明渠流量计	MPS90	套	2

4. 生产组织

（1）组织机构，见表 8-12。

组织机构设置一览表　　**表 8-12**

编号	机构名称	工作内容
1	行政科	负责行政管理工作
2	劳资、人事、档案科	具体负责劳资、人事及各种档案工作
3	技术、设备、生产调度科	具体负责处理全厂的生产正常运行
4	计划、财务科	具体负责资金计划及财务管理
5	生产安全、保卫科	具体负责安全生产及厂区保卫工作
6	管道及设备维护科	具体负责城区污水管线的正常运行

（2）人员编制，见表 8-13。

（3）劳动安全　除了加强安全教育，制定安全操作规程和安全管理制度外，在设计方面采取如下措施：1）处理构筑物中的走道板，各建筑物中的临空处均设置保护栏杆；2）在会产生有毒气体的构（建）筑物中设通风系统、仪表监测系统并配备防毒面具；3）埋设深度较深的管道闸阀采用加长杆在地面操作；4）

人员编制表　　　　表8-13

分类	职位	人数
行政与技术管理 4人，占40.6%	厂长	1
	办公室	1
	财务	2
生产人员 5人，占50%	处理工段	3
	水质化验	1
	电力	1

易燃、易爆、有毒物品设专用仓库；5）全厂购置一批救生衣、安全带、安全帽等劳保用品。

8.2.4　项目建设

1. 厂址选择

(1) 选择原则

√厂址应位于镇区的下风向，以减少对城市环境的影响；

√厂址应选在城镇较低处，以便于管道铺设，排水顺畅，无需增设提升泵站，降低管网工程造价和运行费用；

√周围有可拓用的土地，有利于污水处理示范项目的扩建；

√选用厂址位置距水体不远，污水厂出水排放方便，减少尾水排放管道长度；

√厂址应不受洪水威胁，至少保持在20年一遇洪水位以上；

√厂址宜靠近最大的废水排放单位，以减少排放废水管道投资；

√厂址宜靠近垃圾填埋场，便于泥饼处置和环保部门统一管理；

√厂址应有较好的地质条件；

√厂区应有较好的供电、供水条件和设施，要有较好的三通一平基础。

（2）厂址比较，见表 8-14。

厂址方案综合比较表 **表 8-14**

序号	比较项目名称	1# 厂址方案（云奉公路大拐）	2# 厂址方案（居委会 1、2 组）	3# 厂址方案（加油站）	比较结果
1	地点	云奉公路大拐东 150m	车家坝居委会 1、2 组	加油站西侧	
2	地形地貌	浅丘一面坡地带	浅丘一面坡地带	浅丘一面坡地带	
3	对外交通	方便	较为方便	方便	方案三优
4	土地权属类别	农户自留地和荒地	居委会集体土地	农户自留地和少量居住用地	
5	移民安置	无拆迁工作	无拆迁工作	有少量拆迁	方案三差
6	征地费	较少	相对较多	相对较多	方案一优
7	污水干管工程	现有排水管道可以直接接入	需对排水干管做部分改造	现有排水管道可以直接接入	方案三优
8	公用设施	齐备	齐备	齐备	三方案同
9	地质条件	地势起伏大	较好	较好	方案三优
10	环境影响	对镇区空气影响小	对镇区空气影响小	对镇区空气影响小	方案三差
11	防洪	满足防洪要求	满足防洪要求	满足防洪要求	三方案同
12	工程量	土方量较大	土方量较小	土方量较小	方案三优
13	尾水排放	排入梅溪河	排入梅溪河	排入梅溪河	三方案同
14	对城镇发展影响	离城镇较远，影响小	离城镇相对较近，影响较大	离城镇相对较近，影响较大	方案一优

经过污水处理示范项目厂址方案的综合比较，确定方案三（加油站）为建设厂址。

2. 建筑工程

(1) 建筑设计　本着安全、方便、先进的原则对厂区进行规划。根据用地情况，合理布置建筑位置及间距。本厂区建筑由大门、办公楼、停车库、配电房等组成，它们都从属于厂区园林景观，是厂区园林景观的一部分。因此，它们的设计宜小巧、宜人、舒适、实用。建筑体量追求亲切宜人、错落有致，从大的基调上与厂区环境氛围取得一致。建筑表面肌理应现代感强，细腻统一，纵横穿插，建筑表面采用不同色的实墙和玻璃，以充满对比和呼应，形成一种平静但又卓而不群的特质。

(2) 结构设计　依据《建筑结构可靠度设计统一标准》(GB 50068—2001)并考虑甲方要求，建筑结构安全等级取为三级。各水池池壁混凝土应满足抗渗和防腐要求。对长度大于伸缩缝设置要求的水池采取施工措施解决温度应力问题。考虑到所设计构筑物水位较深或池外土压力较大，所有构筑物混凝土均采用C30，混凝土抗渗等级要求达到P6。

3. 配套工程

(1) 厂区道路　为便于交通运输和设备的安装、维护，厂区内主要道路宽4m，人行道宽2m。道路转弯半径一般均在6m以上。通向每个建（构）筑物均设有道路。路面结构采用混凝土，道路路面结构采用混凝土整体路面，200mm厚C25面层，200mm厚碎石碾压基层。

(2) 厂区给排水与排出口　厂区给水由市政DN50mm供水管道提供。厂区给水主要用于生活。构筑物及设备冲洗、绿化等可由回用水泵供给。每天用水量约$3m^3$左右。厂区排水采用雨污分流制。厂区雨水由道路雨水口收集后汇入厂区雨水管道，并自流排入梅溪河。厂区生活污水、生产污水、清洗水池污水、构筑物放空水、过滤液等经厂内污水管道收集后进入污水池水泵提升入调节池与进厂污水一并处理。

(3) 厂区供电　用电负荷主要为普通工业动力负荷和辅助照明负荷。根据相关设计规范，负荷等级为二级。由当地供电部门提供两10kV电源供电。供电电源采用架空方式引入。高压供电系统（详电初一01）采用双电源、单母线方式供电，两路供电电源一用一备，采用机械及电气连锁。

8.2.5 项目投资

1. 投资估算

(1) 估算参数

√征地、拆迁及青苗赔偿费：征地及拆迁补偿费按4万元/亩计算；

√建设单位管理费按建设部建标［96］628号文《市政工程可行性研究投资估算编制办法》（试行，1996年）规定计算；

√工程建设监理费按有关规定计算；

√工程建设质检费按建安工程费用的0.2%计算；

√办公及生活家具购置费：按定员，1000元/人计算；

√设计前期费、设计费、各类评价费按国家现行有关规定执行，其费用由技术执行单位支付；

√工程保险费按第一部分工程费用的0.5%计算；

√联合试运转费按设备购置费的1.0%计算；

√招投标管理费按第一部分工程费用的0.5%计算；

√绿化费暂按20元/m^2考虑，今后可按实调整；

√基本预备费：按工程费用和其他费用之和的5%计列；

√价格预备费：根据国家计委投资［1999］1340号文规定国内配套资金按年上涨率0%递增计列，今后发生按实调整；

√流动资金借款年利率5.31%；

√工程建设期：污水处理示范项目及污水收集工程为1.0年(2003年12月～2004年12月)。

(2) 估算结果　总投资1760.50万元。其中：工程费用1427.40万元；工程建设其他费用242.15万元；基本预备费83.48万元；铺底流动资金7.48万元。

2. 成本估算

（1）估算参数

√电价：按0.484元/度计；

√工资及福利费：按8400元/(人·年）计；

√污水处理示范项目职工定员：两个方案均按10人考虑；

√固定资产折旧费：按固定资产总值的5.2%计；净残值按4%计算；

√大修理基金提存费：按固定资产总值的2.2%计；

√无形资产和递延资产摊销费：按无形资产和递延资产总值的8%计；

√日常检修维护费：按1.0%计；

√管理、销售和其他费用：按上述费用和的5%计；

√流动资金借款利率：按年利率5.31%计。

（2）估算结果

总成本：198.58万元/年；单位总成本：1.36元/m^3

经营成本：99.72万元/年；单位经营成本：0.68元/m^3

运行成本：66.48万元/年；单位运行成本：0.46元/ m^3

3. 资金筹措

工程建设总投资：1760.50万元人民币。其中厂区部分投资1017.50万元，厂外配套管网及厂外道路743.0万元。厂外配套管网及厂外道路已经由当地政府逐步建设完毕，743.0万元人民币。污水处理厂部分资金：荷兰政府赠款资金：400万元人民币；当地政府财政拨款已经到账：100万元人民币；国债资金：517.50万元。自有资金拟从城市建设资金、现行污水收费等多渠道解决。

4. 财务分析

（1）计算原则　项目计算期：基于本工程初期投资较大，财务收入较低，使用年限较长等的特点，项目计算期按21年计算，其中污水处理示范项目工程建设期1年，生产经营期20年。

借款利息计算：在财务评价中，对国内外借款，均简化按年计息，并假定借款发生当年均在年中支用，按半年计息，其后年份按全年计息；还款当年按年末偿还，按全年计息。

物价水平的变动因素：财务评价均采用现行价格体系为基础的预测价格。为简化计算，建设期内各年均采用时价（即考虑建设期内相对价格变化，又考虑物价总水平上涨因素），生产经营期内各年均以建设期末（生产期初）物价总水平为基础。

税金及附加：根据现行会计制度，从营运收入中直接扣除的税金及附加有营业税、增值税、城市维护建设税、资源税和教育费附加。从利润中扣除的有所得税。

（2）评价参数　固定资产基本折旧率、年大修理基金提存率和日常检修维护费率：根据国家规定的固定资产分类折旧年限、投资构成比例和本行业分析统计资料参照“评价细则”测算的数据，结合本工程实际情况取定：固定资产基本折旧率为5.2%，固定资产残值率为4%；年大修理基金提存率为2.2%；日常检修维护费率：按固定资产的1.0%计算。

无形资产和递延资产推销年限：按照“评价细则”，无形资产和递延资产从投产之年起平均按12.5年的期限分期摊销，即年推销率为8%。

定额流动资金周转天数和铺底流动资金率：根据近年来行业统计分析资料，定额流动资金周转天数取定为90天，铺底流动资金按流动资金的30%估算。

盈余公积金的提取比例：盈余公积金（包括法定盈余公积金和任意盈余公积金）的提取比例，按税后利润（扣除弥补亏损）的15%提取。

财务基准收益率、基准投资回收期：按照“评价细则”，根据近几年给水排水行业的统计数据，同时考虑到国家资金的有效利用、行业技术进步和价格结构等因素，取定税前财务基准收益率（不含通货膨胀率）为4.0%；基准投资回收期（自技术开始年算起）为18年。

5. 不确定性分析

（1）盈亏平衡分析　根据财务分析中的数据，测算以处理能力利用率表示的盈亏平衡点。

BEP＝年固定总成本/(年营业收入－年可变总成本－年销售税金)×100％

计算结果表明，本工程项目达到设计处理能力的75.63％，企业就可以保本经营。

（2）敏感性分析　根据本工程项目的特点，以固定资产投资、经营成本及收费标准作为不确定因素，按变化幅度－20％～20％考虑，对全部投资及自有资金的税前财务内部收益率的影响进行分析。收费标准及固定资产投资是影响该项目的重要因素。排水收费标准及固定资产投资变化幅度的高低对税前财务内部收益率及投资利润率的影响较大，应加大控制固定资产投资的支出，提高排水收费收入。经营成本的变化幅度对税前财务内部收益率及投资利润率的影响敏感度不大。

8.3　云南省宾川县污水处理项目

8.3.1　项目概况

1. 城镇概况

（1）自然状况　宾川县位于云南省西北部、金沙江南岸干热河谷地区，东接大姚，北交永胜、鹤庆，西连洱源、大理，南邻祥云。

全县辖8镇、3乡、3个华侨农场。居住着25种民族，汉族占人口的77.75％，各个少数民族占总人口的22.25％。总人口32.6万人，人口密度127人/km^2。宾川是一个农业大县，工业和第三产业发展相对滞后，1995年社会总产值71741万元，其中农业产值 43525 万元，占 46%，工业产值 12942 万元，占 32.7%，第三产业产值 1528 万元，占 22.1%。经过“九五”期间经济结构的调整，2001 年农业与工业的比例为 68∶32，经济依然以农业为主。

（2）自来水厂的现状　宾川县城现有自来水厂一座，日供水量 0.6 万 t，其中 0.2 万 t/d 水处理线建于 1988 年，1995 年新增水量 0.4 万 t/d。水源为大银甸水库，水厂内设有 $200m^3$ 清水池一座，城区设有 $550m^3$ 调节水池两座，调节城区用户用水。原水经沉淀、过滤、消毒处理后，出水水质达到 GB 5749—85 标准，输送至城区配水管网。但存在以下问题；

√供水量严重不足；

√管网布置欠账太多；

√水源存在受轻度污染可能；

√处理设施不完善。

2. 工程概况

（1）建设目标　生活饮用水水质，必须符合现行的国家标准要求。我国现行的饮用水标准为 GB 5749—85，2001 年卫生部颁发的《生活饮用水水质卫生规范》水质标准与前一个标准相比更为严格。

（2）建设规模　2005 宾川县供水量预测情况如表 8-15 所示。

供水量预测表　　**表 8-15**

序号	名　称	2005 年	备注
1	城区需水量(万 t/d)	1.5	
2	已有水厂供水量(万 t/d)	0.6	

由此确定，二水厂一期建设规模为：1.0 万 t/d。

（3）投资规模

项目总投资：1506.36 万元人民币。

3. 建设意义

（1）解决日益突出的供需水矛盾的需要　宾川现有水厂规模仅为0.6万t/d，根据自来水公司统计数据，供水普及率仅为35%，远远不能满足当前用户用水需求。随着地区社会经济的发展和城镇化战略的实施，人们的生活水平和居住条件在不断改善，城区用水人口也将会逐年增多，对用水量的需求会越来越大，远期供水将会有更大缺口。

（2）实施城镇化战略的需要　西部大开发和国家城镇化战略的实施，提出要加快西部经济发展，提高城镇化水平，这为宾川城镇化实施创造了良好的条件；供水工程作为该地区城镇化进程中的一项重要的基础设施工程，将成为宾川县社会、经济发展的主要制约因素。

（3）实现经济发展的需要　西部大开发以来，宾川社会经济取得了一定的进展和成就。按照水资源保障经济社会可持续发展的原则，城区现有的供水基础设施过于薄弱，不能满足经济发展和人民生活水平不断提高的需要，将成为地区社会经济持续发展的主要制约因素。因此，结合经济发展和城市建设的需要，必须启动供水工程的建设。

（4）保障人民身体健康、提高生活质量的需要　宾川县卫生部门在20世纪80年代对地方病的调查中发现，抽查116333人，有5136人患有地氟病，患病率为4.42%，抽查的214027人中2230人患有地方性甲状腺肿，患病率为1.04%；303人患有克汀病，患病率为0.14%。因此，提供安全的饮用水是保障人们身体健康、提高生活质量的需要。

8.3.2　建设规划

1. 水量与规模

（1）城市用水量预测　参照《室外给水设计规范》综合生活用水量定额（见表4-1），考虑宾川城区居民的实际生活水平，结合设计人员对宾川实际用水量的调查，综合生活用水定额

(L/(人·d))(最高日)和定为：

一期：140L/(人·d)；

二期：155L/(人·d)。

故居民综合生活用水量为：

一期：8.2万人×0.75×0.14t/(人·d)=0.861万t/d；

二期：12万人×0.85×0.155t/(人·d)=1.581万t/d。

(2) 工业生产和其他用水量预测

√其他用水量预测

其他用水量之和与居民综合生活用水量之比为1∶9，则其他用水量之和为：

一期：0.861×1/9=0.096万t/d；

二期：1.581×1/9=0.176万t/d。

√工业生产用水量

一期：0.35万t/d；

二期：0.50万t/d。

(3) 未预见用水量及管网漏失水量预测　根据设计规范，在水厂设计时应考虑未预见用水量，可按最高日用水量的15%～25%合并计算。根据宾川县城区供水管网的实际情况，决定采用15%计算。

一期：(0.861+0.096+0.35)×0.15=0.196万t/d；

二期：(1.581+0.176+0.50)×0.15=0.339万t/d。

(4) 城市用水量预测结果　城市用水量包括居民综合用水量、工业生产和市政用水量、未预见用水量和管网漏失水量，即：

一期　城市用水量：0.861+0.096+0.350+0.196=1.503万t/d；

二期　城市用水量：1.581+0.176+0.500+0.339=2.596万t/d。

2. 水质和水压目标

水质目标：根据我国《室外给水设计规范》第2.0.3条，生活饮用水水质，必须符合现行的国家标准要求。我国现行的饮用水标准为GB 5749—85，2001年卫生部颁发的《生活饮用水水质卫生规范》水质标准与前一个标准相比更为严格。本项目在工艺设计中将通过合理选取净水技术和设计参数，在严格执行GB 5749—85要求下，考虑与《生活饮用水水质卫生规范》的接轨。

水压目标：本工程供水水压，按照国家规范，满足管网控制点附近的6层建筑物供水压力要求来确定给水管网的最小服务水头。最小服务水头为：12＋(6－2)×4＝28m。

8.3.3　项目生产

1. 水源选择

(1) 大银甸水库　地处宾川县城西部，坝址离县城7km，属多年调节性中型水库。属于金沙江水系，取水口上游及库区无工业污染。集水面积为407.8km^2，其中本区126.7km^2，引水区281.1km^2。库区地形平缓，四面被凹丘陵环抱，地形优越；地质属构造剥削蚀盆地，库区内广布上二选统玄武岩，四周山脊较厚，第四系冲击褐色砂质黏土，砂卵砾石及残坡积红色黏土广布盆地边缘山坡，地质良好，水质化学型属HCO_3-Ca-Mg和CO_3-Ng-Ca。

经宾川卫生防疫站监测，除季节性浊度偏高以外，水库水的其他各项指标良好，检测均达到Ⅱ类或Ⅰ类地表水环境质量标准。因此，水库水质满足生活饮用水水源要求。

总库容4085万m^3，设计有效库容3400万m^3，死库容186.35万m^3。水库多年平均来水量6000万m^3，自建库以来蓄水保证率达到90%以上。1994年“引洱入宾”工程竣工投入使用以后，水库蓄水保证率达到100%。

另外，洱海补水能力为6000万m^3。1～5月份，补水能力为4000万m^3；6～12月份，补水能力2000万m^3；目前水库水量充足，无需从洱海补水。补水渠道断面尺寸平均 2m，平均坡度 15°；全程封闭，遭受污染几率较小。

（2）桑园河　桑园河原名纳六河，又名七溪河。由南而北接纳铁城河、响水河、瓦溪河、大营河、炼洞河等，经宾川县城，纵贯宾川中部注入金沙江，总长 46.3km，控制集水面积 484.6km^2。流域年均降雨量稀少，蒸发量大于降雨量，水资源相对贫乏，该河多年平均径流量仅 0.34 亿 m^3。

（3）水量比较　大银甸水库库容为 4085 万 m^3，设计有效库容 3400 万 m^3，死库容 186.35 万 m^3。考虑供水日变化系数（$K_{日}=1.4$），二水厂二期建成后，供水量为 2.0 万 t/d，加上现水厂 0.6 万 t/d，全年取水量约为 678 万 m^3，全年农业用水量为 1700 万 m^3，发电用水量约 1700 万 m^3，则每年从大银甸水库取水 4078 万 m^3，超过了水库的有效库容 678 万 m^3；水库多年平均来水量约 6000 万 m^3，洱海年可补水 6000 万 m^3，所以从总体的角度出发，大银甸水库完全能够满足新建净水厂一、二期与现有水厂的用水量要求，并且不会影响农田的灌溉和发电。

而桑园河流量较小，且季节性变化很强，枯水流量不足 1.0m^3/s；二水厂一期平均取水量为 0.083 m^3/s，二期完成后平均取水量 0.166m^3/s，在满足河流生态用水和下游的农田灌溉用水的前提下，可利用水量不足，供水安全性差。

（4）水质比较　大银甸水库水质良好，水质达到《地表水环境质量标准》（GB 3838—2002）Ⅰ、Ⅱ类水体。即使“引洱入宾”存在使水库水受到轻度污染可能，还可以针对原水水质进行了净水工艺的改进，保证水厂出水水质满足 GB 5749—85 标准。

而桑园河从城区穿过，由于污水处理设施及收集系统不完善，县城目前无污水处理厂，生活和生产污废水直接排入河流，水体污染相对严重，并且由于流量较小，自净能力较弱，不适宜作为生活饮用水水源。

此外，大银甸水库引水口高出城市普遍地形标高约50m，而桑园河平均水位则低于城市普遍地形标高约20m，若以桑园河作为水源，在水量达到2.0万t/d时，每年增加动力费用约37万元。由此可知，方案一要优于方案二，所以选择大银甸水库作为水源。

2. 工艺流程的确定

在净水厂的设计中，如何合理地选择净水工艺是一个首要问题，合理的净水工艺是净水厂保证供水水质的关键，而且与水厂的经济运行有着密切的关联。

目前，水处理技术主要有预处理技术、常规处理技术、强化常规处理技术和深度处理技术。

目前大银甸水库总体水质良好，所测定的大部分水质指标达到《地表水环境质量标准》（GB 3838—2002）Ⅰ类水体标准，个别指标为Ⅱ类水体标准；用户为县城规划区内居民和企事业单位，对用水水质没有特殊要求，因此，出水水质在满足《生活饮用水卫生标准》（GB 5749—85）情况下，适当考虑卫生部《生活饮用水水质卫生规范》（2001）的指标即可，以便于两个标准之间的过渡与衔接。但是水库补水水源洱海水质不稳定，经常在Ⅱ、Ⅲ类水体之间变动。虽然总体说来，富营养化进程放慢，随着洱海治理“六大工程”的启动，水质会进一步好转，但若对大银甸水库补水，会对大银甸水库水质存在一定的冲击。又考虑流域范围内农药和化肥有一定量使用，汛期来临时，不但浊度急剧升高，而且暴雨会把汇流区域内的动植物腐烂而形成的腐殖质及残留的部分农药和化肥带入水库，并将水库底泥翻起，造成季节性水质较差。

同时，随着人们生活水平的提高，人们对饮用水水质标准的要求也越来越高。生活饮用水GB 5749—85水质指标仅为35项，而2001年卫生部生活饮用水卫生规范水质指标增加到96项，新增加的主要是包括重金属和有机物方面的毒理学指标，新标准的提出对常规水处理技术是一个很大的挑战。

就目前大银甸水库水质来看，采用常规水处理工艺即可满足出水要求，所以现阶段二水厂采用常规水处理工艺；为了进一步提高二水厂出水水质，满足国家新的出水水质指标要求，并考虑到水源水有遭受污染的可能，推荐备用预氧化和强化混凝技术。

3. 主要构建筑物

方案一确定的构（建）筑物情况如表 8-16 所示。

方案一　构（建）筑物一览表　　表 8-16

分类	序号	名称	尺寸(单座)(m)	结构	单位	数量	备注
水处理构筑物	1	配水井	2.5×3.0×4.0	钢混	座	1	按近期规模建设
	2	接触池	7.5×3.0×4.0	钢混	座	1	按近期规模建设
	3	网格反应	7.5×3.0×4.9	钢混	座	1	按近期规模建设
	4	斜管沉淀池（含过渡区）	8.4×7.5×4.8	钢混		1	按近期规模建设
	5	无阀滤池	3.6×3.6×4.65	钢混	座	4	按近期规模建设
	6	清水池	22.8×11.4×4.3	钢混	座	2	按近期规模建设
	7	吸水井	15.3×3.3×5.4	钢混	座	1	按远期规模建设
	8	二泵房	21.9×5.4×6.9	框架		1	土建按远期规模建设
	9	废水回收池	7.5×3.5×5.1	钢混		1	土建按远期规模建设
	10	加药间	13.2×8.1×4.5	砖混		1	土建按远期规模建设
附属构筑物	11	配电间	13.2×10.8×4.5	砖混	座	1	土建按远期规模建设
	12	车库	7.2×6.0×4.5	砖混	座	1	按远期规模建设
	13	仓库	7.2×12.0×4.5	砖混		1	按远期规模建设
	14	机修间	12.9×7.2×4.5	砖混		1	按远期规模建设
	15	堆场	16×9.0	混凝土		1	按远期规模建设
	16	综合楼	21.0×10.2×9.9	砖混	座	1	按远期规模建设
	17	值班室	5.1×3.6×3	砖混	座	1	按远期规模建设

4. 生产组织

(1) 劳动定员　水厂工作制度为三班生产，每班 8h 工作制，全年不间断生产。根据建设部（85）城劳字第5号文件并结合宾川区自来水公司的实际情况，该水厂劳动定员26人，其中：

管理人员：2人

化验员：3人

机修、电修工：3人

操作工：10人

门卫：2人

管道修理及抄表员：6人

人力资源配置：

√行政管理，设厂长（经理）办公室，厂长一名，副厂长一名。

√生产工段：混合加药车间、过滤车间、消毒车间各设一车间主任，下设班组长和技工；化验室设主任一名，下设化验员一名。

√生产辅助工段：包括车队、门卫及卫生。

(2) 营运模式　二水厂建成后，由宾川县自来水公司运营管理，自主经营，自负盈亏，独立核算。

在保证水质、水压、水量和有利于节约用水的原则基础上，降低成本，增加利润。根据不同季节，水厂实行统一调度，保证水压、降低电耗，做到经济运行。

8.3.4　项目建设

1. 厂址选择

根据上述厂址选择的原则和依据，勘探了两个厂址，进行了比较：一是杨公村闸门房处；另一是距现输水管闸门房东北方向约1km的小团山。两个厂址的共同优点是取水和输配水均可实现重力自流供水，且均无居民搬迁问题。但是小团山存在一定优势，具体见表8-17。

杨公村闸门房处与小团山比较　　表 8-17

优缺点方案	优　点	缺　点
杨公村闸门房处	场地有一定的坡度，水厂可利用地形布置，土石方开挖量小	占用农田，征地费用较高； 距离公路约 400m，交通不太便利； 经过地质勘查，其地质条件较小团山处差，存在滑坡的可能
小团山	场地多为荒地，占用农田少，征地费用低； 地质情况良好，地基稳定； 距离公路约 50m，交通便利	土石方开挖量稍大

综合比较结果，厂址推荐选在小团山。

2. 建筑工程

（1）建筑设计　本厂区建筑由办公楼、停车库、食堂、浴室、仓库及泵房、配电房等组成，它们都从属于厂区园林景观，是厂区园林景观的一部分。因此，它们的设计小巧、宜人、舒适、适用。建筑体量追求亲切宜人、错落有致。从大的基调上与厂区环境氛围取得一致。建筑表面机理现代感强，细腻统一，纵横穿插，不同色的实墙和玻璃充满了对比和呼应，形成了一种平静但卓而不群的特质。

（2）结构设计

✓地基处理

平场后，池底和建筑物基础的挖方地段，基底直接置于持力层之上。若持力层标高较低，则用条形基础或十字交叉条形基础。

池体结构以池底板为筏基，砖混结构以条形基础为主，置于持力层之上，基槽必须有监理、设计、施工、地勘、质检五部门在现场共同验收。开挖基槽必须同时满足地基承载力及工艺标高要求两个条件，当开挖到设计要求时，应于现场取样检验地基承载力条件，满足设计要求后，立即封底或浇筑基础。

回填土须采用分层碾压，回填土的质量应分层检测。当建筑物、构筑物基础大部分在挖方地基上，小部分在回填土上，且回填深度不深时，采用浆砌毛石的方法处理。

√抗震、抗浮

按基本烈度Ⅷ度设计，应当考虑相应设防。

本工程在构造措施上注意加强，一律采用钢筋焊接接头。

在高水位情况下严禁排空水池。

√材料采用

混凝土强度等级：垫层C15，池体C30，抗渗等级p6。

钢筋：Ⅰ级、Ⅱ级

钢板及型钢：Q235A（原3号钢）

焊条型号：E43型作为构造连接

导流墙：240砖墙，用机制烧结标准砖，MU10、M5

条石、毛石砌体：MU35、M5

外加剂：UEA-H膨胀剂

3. 自动化控制和降低药耗

（1）自动化控制用PLC和相关的检测仪表完成对全厂工艺流程的自动检测和自动控制。PLC系统首选罗克韦尔（Rockwell）的SLC500系列，通过内置DH-485网络（或R232/DH485转换）直接和计算机终端进行PLC柜上的人机对话。

（2）降低药耗建议　净水应根据原水水质的变化，自动调节和合理投加混凝剂和消毒剂，在满足用户饮用水水质标准的前提下，节约混凝剂和消毒剂的用量，节约制水成本。

8.3.5　项目投资

1. 投资估算

（1）投资估算参数

√征地费：根据业主提供的资料，征地费共计86.44万元；

√建设单位管理费：按建设部建标［96］628号文《市政工程可行性研究投资估算编制办法》（试行）（1996年）规定计算，

按工程项目分别计取；

√工程建设监理费：按云南省物价局文件规定计算；

√工程招投标管理费、工程质量监督费：按云南省物价局文件规定计算；

√生产人员培训费：培训人数按定员×60%，培训期1～3个月，1000元/(人·月）计算；

√办公及生活家具购置费：按定员，1000元/人计算；

√项目前期费、设计费、施工图审查费、施工图预算编制费、竣工图编制费、勘察费等：按项目规定，除勘察费外，其余由荷兰项目办负责，此部分经费不由甲方支付；

√工程保险费：按第一部分工程费用的0.5%计算；

√联合试运转费：按设备购置费的1.0%计列；

√基本预备费：按工程费用和工程建设其他费用之和的10%计列；

√价格预备费：根据国家计委投资［1999］1340号文规定国内配套资金按年上涨率0%递增计列，今后发生按实调整。

(2) 投资估算

√工程费用为：1155.78万元人民币

其中：建筑工程费：479.76万元人民币

安装工程费：199.30万元人民币

设备及工器具购置费：476.71万元人民币

√工程建设其他费用：169.49万元人民币

其中：征地、拆迁、安置费：86.44万元人民币

其余有关的前期费用：83.05万元人民币

√预备费用：132.53万元人民币

其中：基本预备费：132.53万元人民币

涨价预备费：未考虑

√建设期贷款利息：9.65万元人民币

√铺底流动资金：11.67万元人民币

√工程总投资：1479.11万元人民币

2. 成本估算

（1）估算用基础数据　当生产能力达到100%时的主要基础数据如下：

最高日供水量：1万t/d；　　水泵总扬程：45m；

电费单价：0.54元/度；　　水资源及水费单价：0.15元/t；

混凝剂单价：1500元/t；　　消毒剂单价：3000元/t；

固定资产基本折旧率：5%；　财务基准收益率：6%；

基准回收期：18年；　　无形资产和递延资产摊销年限：12.5年。

（2）年经营费用　当生产能力达到100%时的主要基础数据如下：

单位固定成本：0.63元/m^3；　　年固定成本：163.39万元；

单位经营成本：0.6元/m^3；　　年经营成本：155.66万元；

单位运行成本：0.5元/m^3；　　年运行成本：129.70万元。

3. 资金筹措

（1）资本金筹措　由于宾川属于国家级贫困县，供水工程属于城市基础设施建设，造福于广大人民，同时可以有力促进地区经济的发展，项目业主自筹资金807.79万元人民币，以解决部分固定资产投资。另筹措铺底流动资金11.67万元人民币。

（2）债务资金筹措　按照国家的有关规定，本项目通过宾川县人民政府，由项目业主向国内商业银行申请贷款250万元人民币。另外，流动资金借款27.24万元人民币，以保证业主单位有一定的风险意识和正常营运。

（3）荷兰赠款　为加快宾川城市化进程，同时改善宾川县的投资环境，因此，本项目通过宾川县人民政府向荷兰政府赠款项目管理办公室申请赠款400万元人民币（折合欧元为：40万欧元），解决总投资的30%。

4. 财务分析

（1）计算原则　基于本工程初期投资较大，财务收入较低，使用年限较长等的特点，项目计算期按 21 年计算，其中工程建设期 1 年，生产经营期 20 年。

在财务评价中，对国内外借款，均简化按年计息，并假定借款发生当年均在年中支用，按半年计息，其后年份按全年计息；还款当年按年末偿还，按全年计息。

国内贷款利率：按宾川业主提供资料，商业银行 5 年期以上借款的年利率 7.722％计算；短期借款、流动资金借款利率：按国内商业银行 1 年期借款的年利率 6.903％计算；

财务评价均采用现行价格体系为基础的预测价格。为简化计算建设期内各年均采用时价（即考虑建设期内相对价格变化，又考虑物价总水平上涨因素），生产经营期内各年均以建设期末（生产期初）物价总水平为基础。

根据现行会计制度，从营运收入中直接扣除的税金及附加有营业税、增值税、城市维护建设税、资源税和教育费附加。从利润中扣除的有所得税。

（2）评价参数　行业行的评价参数原则上采用“评价细则”测算确定如下：

根据国家规定的固定资产分类折旧年限、投资构成比例和本行业分析统计资料参照“评价细则”测算的数据，结合本工程实际情况取定：固定资产基本折旧率为 5.0％；年大修理基金提存率为 2.0％；日常检修维护费率：按固定资产的 0.5％计算。

按照“评价细则”，无形资产和递延资产从投产之年起平均按 12.5 年的期限分期摊销，即年推销率为 8.0％。

根据近年来行业统计分析资料，应收账款：最低周转天数取定为 60d；应付账款：最低周转天数取定为 90d；存货：最低周转天数取定为 120d；现金：最低周转天数取定为 45d；铺底流动资金按流动资金的 30％估算。在满足上述条件下进行流动资金估算。

盈余公积金（包括法定盈余公积金和任意盈余公积金）的提

取比例，按税后利润（扣除弥补亏损）的 15％提取。

按照“评价细则”，根据近几年给水排水行业的统计数据，同时考虑到国家资金的有效利用、行业技术进步和价格结构等因素，取定税前、税后财务基准收益率（不含通货膨胀率）为 6.0％；基准投资回收期（自技术开始年算起）为 18 年。

5. 不确定性分析

（1）盈亏平衡分析　根据财务分析中的数据，测算以处理能力利用率表示的盈亏平衡点。

BEP＝年固定总成本/(年营业收入－年可变总成本－年销售税金)×100％

计算结果表明，本工程项目达到设计处理能力的 61.99％时，企业就可以保本经营。

（2）敏感性分析　根据本工程项目的特点，以固定资产投资、经营成本及收费标准作为不确定因素，按变化幅度－20％～20％考虑，对全部投资及自有资金的税前财务内部收益率的影响进行分析。显然，收费标准及固定资产投资是影响该项目的重要因素。自来水收费标准及固定资产投资变化幅度的高低对税前财务内部收益率及投资利润率的影响较大，应加大力度控制固定资产投资的支出，保证自来水费的收入。经营成本变化幅度的高低对税前财务内部收益率及投资利润率的影响敏感度相对要小些，但也必须引以注意。总之，本工程项目具有一定的抗风险能力，因此在财务上基本可行。

8.4　深圳市 BXG 污水处理项目的建设与运营管理

8.4.1　项目概况

BXG 污水处理厂位于深圳市龙岗区，是深圳市第一个以 BOT 模式建设和运营的城市污水处理项目；该项目由深圳市龙岗区政府招标，深圳市宝嘉新投资有限公司投资建设运营，特许经营期 20 年；20 年后项目将无偿转让给龙岗区政府。

BXG 污水处理厂服务范围为深圳布吉坂雪岗地区，现服务人口为 5.49 万人，服务面积约为 $22km^2$。服务区排污系统为雨污合流制。一期设计建设规模 4 万 t/d，采用改良 A^2/O 工艺，设计进出水水质见表 8-18 和表 8-19。项目总投资 6600 万元。

BXG 污水处理厂设计进水水质（单位：mg/L）　表 8-18

项目	BOD_5	COD	SS	NH_3-N	TN	TP
进水水质	130	290	180	25	35	4.5

BXG 污水处理厂设计出水水质（单位：mg/L）　表 8-19

项目	BOD_5	COD	SS	NH_3-N	TN	TP
出水水质	≤20	≤60	≤20	≤10		≤1

该项目于 2002 年 5 月开始兴建，2003 年 12 月工程完工；经过 5 个月的试运行，于 2004 年 6 月转入商业运行。目前污水厂日处理污水 3.6 万 t，工艺运行稳定，出水水质完全达标。投资商已从政府获得了稳定的收益。

设计出水水质标准除 TP 外，执行一级 B 标准：

目前，污水厂生产运行成本约为：0.45 元/m^3。主要生产指标如下表 8-20 所示：

BXG 污水处理厂主要生产指标　表 8-20

电耗	污泥絮凝药剂 PAM	除磷药剂 PAFC(10%浓度)	污泥量 (80%含水率)
0.24kW·h/m^3	4%～5%污泥干重	7～8mg/L	30t/d

8.4.2　项目公司组织结构

1. 项目公司组织结构图，如图 8-1 所示。

2. 职位设置表，见表 8-21。

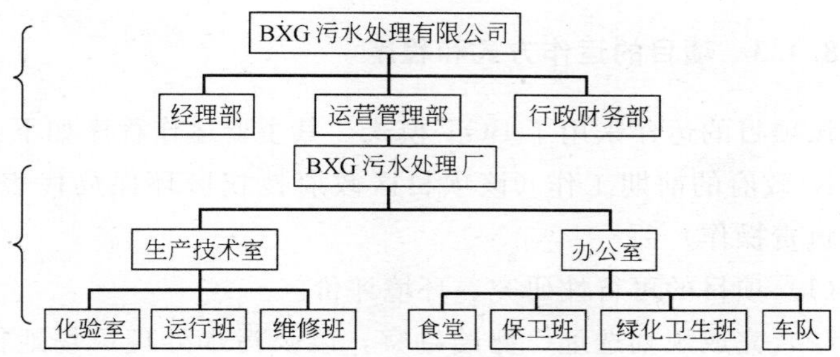

图 8-1 项目公司组织结构图

BXG污水厂职位设置表 **表 8-21**

部门	职位安排	人数安排（人）	备注
厂部（2人）	厂长	1	
	副厂长	1	
办公室（2人）	主任	1	
	会计	1	
下设:食堂班（2人）	厨师	2	
下设:保卫班（5人）	保安	(5)	保安委外
下设:绿化卫生班（4人）	清洁工、绿化工	2、(2)	绿化委外
下设:污泥车队	司机	(1)	污泥运输委外
生产技术室（3人）	主任兼设备主管（兼）	(1)	生产技术室主任由副厂长兼任并担任设备主管
	工艺及运行主管（给水排水工程师）	1	
	设备主管助理（电气工程师、仪表自控工程师）	2	
下设:化验班（2人）	化验员	2	
设:运行班（7人）	班长（兼）	(1)	班长由工艺及运行主管兼任
	运行人员	7	
下设:维修班（3人）	班长	1	
	电气设备维护维修人员	1	
	机械设备维护维修人员	1	
合计		23	委外:8人

注：括号内的人数为委外人员或兼职人员人数。

8.4.3 项目的运作方式和程序

该项目的运作采用了 BOT 模式，其主要运作程序如下：

1. 政府的前期工作（该项目区政府授权区环保局代表政府具体负责操作）

（1）项目的可行性研究、环境评价。

（2）完成规划选址、测绘勘察，以及污水处理厂场地征地、所有地上物拆迁。

（3）负责污水厂进出水管线的建设，并协助项目公司向污水处理厂提供所需的道路、供水、雨水、电力等市政设施。

2. 公开招标

政府委托专业的咨询公司进行招标工作；招标主要考核的内容包括：商务文件、技术方案、融资方案、法律方案（对特许经营协议的响应）、财务方案以及污水处理单价等。

通过公开招标，选定了深圳市宝嘉新投资有限公司作为该项目的投资商。双方进而确定了技术方案、投资金额和污水处理单价，并签署了《特许经营协议》。

3. 项目公司的成立

宝嘉新投资有限公司中标后，全资注册成立了深圳市 BXG 污水处理有限公司，负责项目的建设和未来 20 年的运营管理工作。

4. 项目公司的前期工作

项目公司成立后，立即着手开展了以下几个方面的工作：

（1）委托设计单位完成初步设计和施工图设计，并上报政府主管部门审批。

（2）申请项目的规划许可证和开工许可证。

（3）以公开招标的方式选择施工单位和监理公司，并向上级主管部门提交下列文件：

✓设计委托合同；

√项目初步设计和施工设计文件；

√主管部门批准的设计施工图及开工许可证；

√工程合同和工程建设计划；

√监理合同和监理计划。

5. 项目建设

项目公司成立了以建设管理职能为主的组织机构，代表甲方全面负责污水处理厂的建设。

建设期项目公司的主要机构设置及各部门职责描述如下：

项目经理部：内设项目经理1名；全面负责项目的建设管理；包括对项目进度、费用、质量等方面的控制以及对设计、施工、监理等各方的协调；

总工程师室：内设总工程师1名；负责建设期间重大技术问题；

行政财务部：内设部长、财务主管、行政文员各1名；负责行政后勤管理、财务管理、合同管理以及信息管理；

土建工艺部：内设土建、工艺工程师各1名；负责土建工程的管理；

材料设备部：内设机械、电气工程师各1名；负责机电设备的采购和设备安装工程的管理。

具体组织结构关系如下图8-2所示：

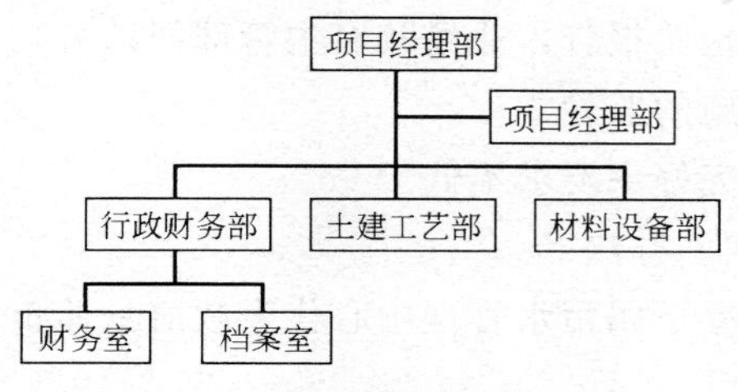

图8-2　具体组织结构关系图

政府对项目建设全过程进行了监督和检查；

6. 项目运营

为确保项目运行质量并控制运行成本，BXG污水处理有限公司将该项目的日常运行管理委托给专业化的运营管理公司——深圳市大通水务有限公司。

8.4.4 项目实施的管理

1. 项目投资和运营成本的控制

对于项目投资和运营成本控制的经验主要有以下三个方面：

(1) 选择合适的工艺；

(2) 加强施工管理；

(3) 选择专业化的运营公司。

2. 项目运行质量的控制

(1) 政府对项目运行质量的监管

1) 政府通过与项目公司签订《特许经营协议》，对项目运行质量进行监管，主要监管内容包括：

√水质的监管

在进水水质不严重超标的前提下，出水水质达标率要求95%以上；污泥含水率要求小于80%。

√水量的监管

在进水量不低于基本水量的情况下，污水处理量应不低于基本水量（污水处理的计量仪器必须每半年经有相应资质的计量单位校订并出具检验报告，并经政府主管部门认可）。

√设备设施的监管

设备设施完好率要求不低于95%。

2) 具体实施办法

√区城管办下属污水管理中心代表政府具体负责该项目的监管工作；

√项目公司每个月应向污管中心上报生产月报表和财务报表；同时应提交不少于两次的由区环保局下属监测站出具的水质抽检报告；

√通过无线传输系统，污水管理中心对污水厂 COD 和出水量等关键参数进行实时监控；并随时来厂进行监督性检查；

√如违背《协议》中相关污水处理服务条款，项目公司将支付违约金，甚至将被解除合同。

(2) 项目公司对项目运行质量的控制 项目公司委托专业化的运营管理公司负责项目的日常运行管理工作，双方通过签订《委托运营合同》，将上述政府对项目运行质量的监管条款转移到运营管理公司。

(3) 运营管理公司对项目运行质量的控制 运营管理公司根据ISO 9001—2000标准并结合污水处理项目特点建立了“BXG污水处理厂运行质量控制体系”，明确了各岗位管理职责，对污水厂工艺运行、设备设施维护、自控系统、化验检验、安全生产等各方面实施了规范的管理，确保了项目运行质量。

8.4.5 项目的融资模式

该项目的融资模式为：向银行贷款总投资的70%；还款期限：10年。

项目建设期，投资商提供银行认可的担保；当项目进入运营期，现金流量稳定，足以偿还银行贷款本息时取消贷款担保。

8.5 焦作水务项目介绍

8.5.1 原焦作市供水总公司基本情况

原焦作市供水总公司成立于1956年，设计日供水能力为25.5万m^3，目前实际日供水能力19.2万m^3，日均供水量15万m^3，下设六个供水厂，管网长度350km，管网覆盖面积50万km^2，现有职工1510人，担负着向焦作市城区60万人口和市区工商企业供水重任，为中型国有供水企业。合作经营前，与全国大多数供水企业一样，焦作市供水总公司在经营中遇到了设备老化、人员过剩、体制落后、管理水平低、企业经营连年亏损等问题。2001 年城市供水亏损 652.7 万元，2002 年上半年亏损 300 多万元。加上城市供水管网老化，供水产销差率高达 30%以上，老城区供水管网急需更新改造，新区管网急需敷设，企业发展面临较大困难。

8.5.2 焦作水务项目的改制思路、运作方式和程序

1. 改制的思路

为加快城市公用事业体制改革，使城市公用事业企业尽快走出困境，焦作市委、市政府从经营城市理念出发，确立城市公用事业改革思路。即：通过合资、合作、联合开发等方式，出让部分已有城市公用设施经营权，盘活部分国有资产存量，引进外来资金，把变现资金再投入城市基础建设，弥补城建资金不足。为了吸引外来资金，发展城市供水，焦作市人民政府经多方面比较，选择了深圳水务（集团）有限公司作为合作伙伴，共同参与焦作市供水总公司的改制。

2. 项目的运作方式

深圳水务（集团）有限公司与焦作市供水总公司改制的责任单位，焦作市城市建设投资开发有限公司通过深入细致的工作和多轮谈判，确定共同出资设立焦作市水务有限责任公司，经营焦作城市供水，公司注册资本 1.03 亿元，经营期限 20 年。焦作市城市建设投资开发有限公司以经评估确认的项目净资产的 30% 出资，深圳水务（集团）公司以 7200 万现金出资取得合作公司 70%的股权（深水集团未融资，以自有资金出资）。双方于 2002 年 11 月份签订了合作合同，2003 年 1 月注册成立了焦作市水务有限责任公司。

3. 项目的运作程序

焦作水务项目为城市供水的资产转让项目，项目的运作程序如下：

（1）合作双方初步接触；

（2）双方经洽谈后达成合作意向，成立项目组开展工作；

（3）资产转让方对项目资产进行评估；

（4）深水集团对原焦作市供水总公司开展尽职调查，并确认资产评估结果；

（5）多轮谈判，达成一致；

（6）合作双方向各方国有资产管理部门报批；

（7）签署正式资产转让合同、合作协议、投资合同、公司章程；

（8）新公司成立；

（9）新公司开展全方位整合。

8.5.3　项目的组织结构

为了运作该项目，深水集团成立专门的项目组，下设技术、财务、经营、商务等工作小组，工作小组的人员均为专业人员，专业人员所在职能部门为工作小组提供辅助和支持功能。各工作小组设负责人，工作小组负责人对项目经理负责。项目经理具有相对独立的项目组织和资源调配权力。深圳水务（集团）决策程序方面，公司设有投资决策委员会，该委员会在听取技术、财务、法律等顾问意见的基础上，对投资项目的重大事项提出意见，供公司权力机构进行决策。

8.5.4　项目的整合

新公司成立以后，在焦作市委、市政府及有关部门的大力支持下，以“让用户满意、让政府放心”为经营理念，以创全省同行业先进水平为奋斗目标，引入全新管理经验和服务理念，积极推行全方位的整合，内抓管理，外塑形象，积极配合焦作城市建设发展需求，大力发展城市供水基础设施建设，公司在市政建设、生产经营、用户服务、内部管理等方面均取得了明显进展，新的焦作水务在广大市民中逐渐树立起了新的形象。

1. 建立科学的规章制度，规范公司各项管理。

公司先后出台了管理制度50余种，规范了财务、人事、物资、工程、生产、经营、工程建设、行政办公、安全保卫、技术验收、服务规范等各项工作的管理，使公司内部管理基本实现了制度化、规范化和程序化。一是狠抓财务管理，先后制定了《资金支出、费用报销管理办法》、《财务统一管理办法》、《工程统一编号》等制度；二是出台了《物资供应采购管理办法》、《仓库管理制度》等一系列制度措施，规范了物资供应采购的秩序，提高了资金的周转率；三是为降低产销差率，出台了《抄表收费管理办法》，对全市水表进行了全面普查，抄表员实行片区管理，分片承包，责任到人。同时制定了市区老化管网改造计划，先期将对漏耗高达48%的中站区管网进行全面改造；为提高供水厂管理水平，降低成本、提高效率，进一步激励和发挥各水厂的潜能，形成供水厂科学高效的管理机制，出台并实施《水厂定量考核管理办法（试行）》使焦作水务各供水厂的工作有了更为具体的方向和目标，对生产的节能降耗工作起到明显的促进作用。

2. 稳定员工队伍，转变员工思想观念，实施人才培训战略，全员整体素质有所上升。

3. 严格内部管理，提升企业竞争力。实施机构整合，“缩身”后经营机制更趋科学高效。合资公司成立后，首先打破原有管理上存在的小政府框架，根据《公司法》有关规定和现代化企业运作模式重新设立了以董事会为主体的总经理负责制的运营机制，并在企业内部进行了机构整合，建立了竞争上岗、优胜劣汰、能上能下的用人机制。实行全员动态管理，员工思想观念发生质的转变。

4. 加大资金投入，促进企业发展 。主要表现有：一是加大城市供水设施建设力度；二是增加公司科技含量，使办公现代化初具规模。先后投资83.8万元用于网络信息建设，实现了生产自动化、办公电脑化、信息平台化、管理网络化，启动了办公MIS系统、抄表收费MIS系统、SCACD系统、管网GIS系统、水位检测系统6个技术创新项目，为实现生产经营数据的统计、分析、预测等功能奠定了基础；三是发展多种经营，以水带面全面开花，在抓好供水主业的同时，公司还在发展多种经营上狠下功夫。

5. 树立服务理念，全力打造供水服务体系。认真开展行风评议和"效能革命"；组建供水抢修"神经中枢"；加大水质监测力度；开展供水服务普查工作；推行"一户一表"改造和关闭自备井工作。

经过全方位的整合，2003年焦作水务实现利润总额958万元，上缴各项税金683万元，实现在岗职工人均现价产值38988元，人均创利9599.2元，员工工资总额与2002年相比增长8%。一个连年亏损的企业，终于走出了低谷。

8.5.5 项目的意义

焦作市水务有限责任公司的成立，标志着焦作城市供水发展步入了一个全新时期。该项目是深水集团第一个跨省合资组建的大型项目，在国内水务行业创造了多项第一：水行业第一个国企收购国企的并购，水行业国有资产第一次实现了跨地区流动重组，国内第一次实现了管网同时收购并直接控股，首创不设固定回报的合作模式，双方利益共享，风险共担，水行业第一个全员接收、无减员下岗的合资企业。

8.6 荷兰供水企业管理概况

8.6.1 概述

供水企业的持续、稳定发展，除了资金支持外，还必须有一定的运营能力来运作有限的资源。荷兰的供水企业基本都是自主企业，可以在国家或地区政策范围内自主经营。由于供水行业属于公用事业，供水企业除了根据商业规则取得经济效益外，还必须遵循政府关于水质的相关标准。各供水企业的管理制度都会对有关公共关系和人事管理作出具体的规定。

8.6.2 责任、义务与可持续经营

1. 简介

在荷兰，供水由地方政府、市政当局或者省政府负责。市政当局可以直接管理供水系统，如荷兰首都阿姆斯特丹。其中，供水系统的大部分工作都委托企业运营，市政当局持有这些企业的股份，有的时候省政府也持有一部分股份。供水企业采取这种股份制方式的原因是：

（1）企业自主经营，避免行政干预；

（2）容易进入资本市场融资；

（3）灵活、高效；

（4）减轻地方政府的财政负担。

大多数的供水企业都是在省、市当局的委托经营的。通常，在委托期限（大约 30 年）内供水企业具有特许经营权，特许经营合同注明了供水企业的权利和义务。在供水企业的权利中，包括特许在本地区开采水源，以及在本地区铺设和维护管网。享受权利的同时，还应承担一定的义务：依法供给高质量的直饮水；在申请政府许可时提交服务价格和其他详细资料；在特许期满后企业将出售给政府。值得注意的是，法律没有对供水企业有关特许经营制度做出相应规定，如 Viten 公司就没有政府委托经营，而是通过政府股权控制，在某些具体的合同中才涉及委托铺设管线等权利。

供水企业为了持续、高效地运营，需要有一定的自主权，包括：政策范围内经营、可持续经营，以及针对供水这类公用事业

的可靠性。

2. 自主经营

供水企业效率的高低，取决于企业获取经营所需资源的能力和水平。供水企业主要需要的重要资源包括：

（1）原料（地下水或者地表水）；

（2）资金；

（3）人力资源。

通常，供水企业一旦具备了充足的资金和人力，就比较容易获取诸如原材料、设备及管网等相对次要的资源。尽管原水也是稀缺资源，但原水通常是免费的。获得原水的关键是收集并使用。所以，供水企业为了获得充足的原水需要政府的支持，如通过影响政府特许，与其他用水机构竞争。这些用水机构包括工业企业、灌溉项目或者农场主等。

企业自主经营是资金和人力等资源保障的前提条件。如果企业不能自主，则它就完全依赖于外部因素，很多企业之外的因素就会影响资源的获得。自主经营具有以下两个重要特征：

（1）法律权利；

（2）持续经营。

如果企业不能合法地获得所需的资源，就受控于其他单位或部门；持续经营是指保持适当的净利润。如果企业长期不能持续经营，就会进入恶性循环，也将不能充分获得所需资源，最终因丧失获得资源的能力而亏损。

供水企业的资金来源包括：

1）销售收入；

2）地方或外国资助机构的拨款；

3）贷款；

4）政府用税收成立的基金。

除国外机构的直接拨款，所有的投资和运营成本都以特定的形式转移到境内消费者，并以成本的形式弥补。

供水企业最大限度的自主使其完全独立于如税收这样的直接社会投入，因为税收不在企业的控制范围内。完全自主还意味着成本的完全回收，因为中央和地方政府的拨款以及捐赠人的捐赠都会附带一定的条件，这些条件将限制企业的自主性。

除开获得资源的能力外，自主经营对供水企业实现高效管理也非常重要。为了使供水企业达到理想中的状态，市政当局必须明确他们通过高层控制企业的界限以及政府的需要，对企业实施切实的控制是政府的利益所在，行政的方式保证了这些利益的实现。

如果外部控制的力量是很多的主体，那么对于企业的预期和要求就会有多个，通常这些预期和要求不一致，有的时候还是对立的。矛盾和不相关的预期将导致：

1）拖延决策直到不同的预期得以调和；

2）相互冲突的预期使得显而易见的决定都不能做出，总体感觉企业无能力且决策不顺畅；

3）在角色冲突的情况下，董事长不得不在相矛盾的预期中做出选择，而选择的标准远远偏离了社会标准或者着眼企业长远发展的标准。

从企业运营环境的观点来看，企业有效率很重要的是有明确的目标。如果企业的目标不明晰而且互相矛盾，就会影响到企业的效率。

从企业自主经营的能力到资源获得的两端必须有桥梁相连。自主经营对于企业获得资金和人力资源很重要，同样它对于企业的高效运营也是至关重要的。企业的权力决定企业的自主性，如果企业只有很少的权力或者存在外部力量所要求的目标，那么企业的高效运营是很难达到的。

3. 权力

权力包括法定权力以及资源获得的权力：

（1）开列账单及收费的权力；

（2）制定价格的权力；

（3）在劳动法的范围内实施企业人事制度（招聘、薪水、解聘等）。

供水企业是有限责任制的，由所在片区的市政当局持有股份，在某些情况下，省政府也持有股份。

企业制度规定供水企业的目标是运作一个供水企业，提供所有和供水相关的服务。董事会或者常务董事依法代表企业，并被授权在企业的经营范围内运营以实现企业的目标。

企业制度规定了董事会在何种情况下需要得到监事会的认可。管理层的成员由股东指派，负责管理、监督企业的运营。资产负债表和损益表以及价格制定由股东大会审议。

有限责任公司适用民法，董事会和经理层的权力受民法保护，监事会依法进行监督。

荷兰法律中是这样描述有限责任的供水公司的：

（1）在政府的监管下提供服务；

（2）由当地市政持有股份，有时省政府也持有股份，企业管理这个地区的供水系统；

（3）由股东派出的人员组成董事会并负责监督企业的运营；

（4）获得市政当局或者省政府的特许供水；

（5）由折旧、贷款以及留存收益筹措资金进行投资；

（6）企业拥有生产设备的所有权；

（7）水价由董事提议，经过股东及董事会认可，而且水价必须弥补所有成本；

（8）股东监督企业的管理，水质有关社会公众的健康，所以企业还要接受环境部派出健康巡视员的监督。

政府的监督权由监事会在企业内从上至下行使，这样就避免了企业目标的不一致，这也使得企业关注问题的解决。为了满足企业发展需要制定综合的战略，互相矛盾的要求在管理层内部就解决了。比如说，考虑必要的投资与提高价格在管理层内部被提议然后讨论，最终形成一个公司决定。民法给予董事会和常务董事相当大的自主权，但是他们却不能直接干涉公司的日常运营。

4. 持续经营

企业除了有合法的权力之外，持续经营是企业获得资源的前提。如果企业不能付给职工工资的话，政府制定的安置职工的标准就是无效的。依赖外部的资金会限制企业的自主性，因为提供资金的机构会附加条件。

荷兰供水企业要通过售价来回收所有的成本，原则上企业会估计来年的成本，然后除以预计的水销售量，这样来估计来年的售价。预计是以企业中长期规划为基础，水价是包括投资在内的所有计划实施的结果。价格的提议必须获得股东大会的认可，只要价格是合理的就不会遇到什么麻烦。过多的涨价（就像近几年来有些公司为了达到提高了的水质标准而涨价那样）会导致董事会、管理层以及股东大会的争论。

企业住宅用户的覆盖率几乎是100%，最近大多数企业执行一项用户方案，这个方案中企业资助分散区域的用户，对于新建的住宅用户，业主只需要交纳一个固定金额和一项可变金额，这项可变金额与主网至用户端长度相关。

大多数情况下，供水企业都有数量可观的债务，其中贷款可能占资产价值的80%，投资的资金来源于私人资本市场的贷款。因为资产（生产设备和管网等）有很长的寿命期，这部分可以通过长期贷款来购买。企业在融资上必须敏感而灵活，这样才可以规避利率波动的风险。高负债率要求企业保持资产状态良好，避免出现资不抵债。利息和资产折旧占去了年度预算的40%～50%。

在荷兰，供水企业的水价不一，大致为1.25欧元/m^3。水价每年都要根据成本调整，账单托收率几乎为100%，只有很小一部分作为坏账核销了，发生坏账的原因是由于银行破产或者用户搬走了。

运输损耗的水量很小，对于大多数供水企业来说损耗控制在5%以内，这意味着生产出的水得到充分使用。

荷兰所有的供水企业都是持续经营的，并且通过水价收回所有的可变成本。

5. 责任和义务

有限责任制的供水企业适用民法，年度资产负债表及损益表必须经过正式登记注册的会计师事务所审计并向社会公布审计结果。

而且监事会监督企业的运作，监事会（通常为9人）的成员多数由股东大会指派，其中有一人由工会指派。监事会大约每年召开10次。监督和管理企业由董事会的常务董事来执行，常务董事依法代表企业。股东大会每年召开两次，一次是在春天，召开股东大会审议资产负债表、损益表等财务报表以及常务董事关于企业业绩的报告以判断刚刚过去的一年的财务运行状况；还有一次是在秋天，股东大会审核并通过来年的预算以及关于水价的议案。因为股东是市政当局和省政府，所以供水企业有着间接公共责任。

水质必须达到国家标准，荷兰的国家标准是根据欧盟的指导方针制定的。水质由企业的品管研发部门负责监控，一旦试验失败，这些部门依法有义务直接告知环境部的巡视员并磋商解决措施。

水资源政策是由省政府制定实施的，所以中央政府的政策对供水企业的影响是间接的。收集地下水的特许权由省政府颁发给供水企业，这一特许权受地点、数量以及水资源保护措施等的条件限制。省政府可以通过特许制度影响用水量最终使得供水企业减少地下水的开采转而收集地表水。从整个国家来看，特许制度是公平的，并且代表了供水部门的利益，它是政府和各个企业间的一种合作方式。

8.6.3 公共关系及公众知晓

1. 公众知晓

在荷兰，消费者认为得到低成本的、24h不间断供应的优质直饮水是理所当然的事情，很多人甚至不知道他们的水费是多少。调查表明大约50%的消费者不知道他们喝的水是地下水还是地表水，在消费者看来供水部门是“不引人注目的形象”。

最近25年以来，公众对于环境质量越来越关注，污染直饮水水质的事件使供水部门立即成为关注的焦点。供水部门力图使公众看到他们为保持水质和服务的可靠性而做出的努力，公众也对于供水部门充满信心，但今后依然值得注意。

最近几年中，资源的短缺成为一大问题，从而按照中央政府的政策节约水资源也刻不容缓。

2. 公共关系

像Vitens NV这样的大供水企业拥有自己的公共关系服务部门，拥有强大的公关队伍。公共关系部门的任务涉及例如安排企业与外界的往来、为价格变动做广告、公布主网管线的冲洗时段、保护水表避免霜冻等。此外还包括围绕诸如水质、节水措施等主题组织大型活动。

区分与供水企业有关的特殊利益集团比如：股东、工业客户、农场主、家庭用户以及环保部门，然后以不同的方式施加影响。通过报纸广告影响家庭用户，而其他的则需要更有针对性的方式。面对工业客户的时候，技术衔接是衡量供需是否匹配的尺度。

从“不引人注目的形象”到专业供水部门的转变给予了供水企业保持水和服务的高品质最强大的动力，促使荷兰的供水企业重视其与公众的关系。这一转变的一个表现就是企业从一个被外部事件“牵着鼻子走”的被动者转变为一个自觉为自己未来规划的主动者。在环保方面这样的转变还需特别关注。

8.6.4　人事管理

1. 组织结构

一份图表是否能清晰地说明企业的组织结构是有争议的。组织结构图对于企业的实际状况并不能充分描述，书面形式并不能充分表明任何一个企业中的重要权力团体以及他们之间的联系。尽管组织结构图事实上没有阐明这些重要的非正式的联系，但是它却精确展现了人事决定，企业的职位也一目了然，结构图中企业的功能单位如何组建、设计的正式管理线也很清楚。图标中组织层次清晰可见，从上而下的直接管理成为调和机制。

组织结构可以这样定义：组织内人员划分、协调人事关系的方式。人员划分可以通过依据职能区别或者专业化来划分部门，专业化是以产品、地理位置、市场导向等为基础的。荷兰供水企业典型的组织方式是职能分工，生产部门、配送部门以及财务部门在各自的专业领域运作，然后有后勤部门提供支持，这些部门包括人事部、办公室和水质部门等。财务和生产部门再按职能细分，配送通常按照地理区域划分成分支，配送部门有一个调度办公室来协调本部门的业务。有时候供水企业由建设和维护部门组成。组织结构图遵循直接管理链，直接管理的一个重要原则就是一个工人有且只有一个直接上司。

企业的行为通常是对环境刺激的反应，比如说主管网的一处泄漏以及信用化的增加。对这类刺激做出充分的反应要求企业吸取以往的经验并不断学习和进步。在发生情况后企业要详细地说明当时的状况，进而制定一整套应对程序。如果相类似的突发事件再次发生，企业能按照常规状况来应对。外界的突发事件会直接导致一系列复杂而又有组织的应对，这样一套应对措施叫做应急方案或者称为方案。这种方案在很大程度上决定了相关岗位上员工的行为，从而也被执行的员工或者管理者深刻地铭记在心里，也可以以工作指导、工作程序或者工作方法等方式记录下来。

企业中更高层次的管理任务是调整产量或者员工的培训，这部分任务都有专业人员完成，比如说时间分析员、计划人员、设计人员、质检人员、会计人员以及自动化工程师。

企业制定了详尽的工序，尤其是在配送的核心操作环节，企业整体上看来像一台平稳运行的机器。工人们知道他们应该做什么，每天按照常规来完成他们的工作。工人操作的过程在很大程度上可以预见，新员工会跟着老员工进行一段时间的磨合训练。员工们同企业同进退，每年的人员流动大致为5%，大部分是因为退休，企业会发给这些人养老金。

企业会根据技术、计划编制和其他的职能部门等来做出有效的决策。企业的管理结构要求企业能够很大程度上自主决策，否则很容易受到外界的干扰。因为集体决策和解决问题的本质决定了需要获得充分的信息以避免武断。

2. 授权及控制范围

荷兰供水企业内部最重要的调和机制是标准，根据标准流程流水线作业。除开新工厂的设计等工作外，供水企业的所有生产过程都是重复作业。数以千计的新用户，数以十万的水表、账单要核对，数千个漏水处需要修补，长年累月对设备的维护等等，这些工作都由管理信息系统监控，不断评估并修正工序。

因为企业标准化运作，日常的决策被深度授权。矩阵式的授权结构实行垂直授权与水平授权给专家、顾问人员相结合。

相当多的职员站在在流水线站边备料、调节控制和检查生产程序，这样的结果是限制了直接管理，一个上司所直接管理的员工数量有限，大致管理8～12个职工，这个范围有时候也会高一点。企业严格遵循管理层次链，没有直接管理者的参加高级经理不能随便干涉员工的生产活动。

3. 职工人数及薪水

1988年的WASH指导方针以及1984年的WHO中建议稳定并良好发展的供水企业雇佣员工的人数为供水区域人口的

1/1600。在Vitens NV，这个比率大致为1/3600。大多数的企业因为生产力及自动控制的进步都在裁员，但这样的裁员并不影响企业的业务水平。

在荷兰水务企业中，雇主会和工会签订一份协议，在这份协议里规定了大致的雇用条款。协议给予企业人事制度相当大的自由空间，企业自行规定人事分工、绩效评价、劳动条件等，薪水按照职位划分，绩效评价系统并不提供财务激励。员工平均工龄大于20年。

平均薪水68000欧元，包括社保费用。所得税和社保费是累进征税，大致占薪水的50%。荷兰供水企业整个薪水成本占营业收入的33%。

4. 教育水平及培训

荷兰的教育水平是相当高的，供水企业员工的教育水平大致是：

5%	大学 university graduate
15%	工艺学校、管理和财务学校
20%	16～18年的技术和职业教育
55%	12～16年的技术和职业教育

在代尔夫特大学有专门的健康工艺系，学生们可以专修供水，没有专门的供水系。

除开大学毕业生，新招募的职员都受过普通教育。工艺学校或者中等学校会讲授国家水平的技术课程，一些私营企业则提供比较浅显实用的技术和职业训练，专业的培训机构有管理、财务和其他大量的专业课程供选择。每年企业花在员工再教育上的费用大致为薪水成本的2%。

8.7 供水企业管理——Vitens

8.7.1 绪论

在这份材料中，我们将更为深入地了解荷兰最大的供水企业-Vitens 的组织架构和运营方式。荷兰水务部门构成的最重要的特征是供水企业在市政范围内自主运营。只有在重大管理事项上求同存异才能使得运营像 Vitens 这样的企业成为可能。VITENS NV 是一家高科技供水企业，有着 100 多年的悠久历史。拥有 16 亿个接头，4 万公里的供水网络，供应荷兰北部、东部和中部地区超过 400 万居民优质的饮用水。Vitens 收集、净化水以至达到可以饮用的要求然后供应给 160 万个用户。它的工艺流程的设计、安装、生产过程、水的处理和运输以及配套服务均获得 ISO 9001 和 14001 认证。

Vitens 的管理模式由以下几部分构成：

(1) 使命，核心价值观和经营战略；

(2) 市场导向；

(3) 管理模式和股东结构；

(4) 组织架构及各部门职责；

(5) 计划和控制。

8.7.2 使命，核心价值观和经营战略

Vitens 的首要职责是以稳定合意的价格提供给用户优质的饮用水。为了达到这个目标，100 多年来 Vitens 不懈地努力。水生产、运输、收费环节所要求的基础技术本身并不复杂。取得优良业绩的主要障碍在于运营的规模：百万计的接头、4 万公里的运送管网、百万计的水表以及读表、帐单、无数的保养业务。供水业务的另外一些特殊性使得水业的运营更加复杂：安装的供水设备通常存续几十年，保持这些资产的价值需要大量的精力。

新技术、巨大的资金投入、账单和收费所必需的信息系统等带来的高额间接成本均要求企业规模运营。规模效应将会使得这些成本大大缩减。一旦系统运作顺畅，多增加一个接头的边际成本会很小。因此，虽然技术难度并不高，但是成本效益的商业性

质要求规模经济。

管理一个像Vitens这样规模的供水企业必须具有专业知识。供水企业存在着自然垄断性，所以市场不具有完全竞争型，顾客也没有其他的选择。这导致的结果是服务和收费由政府监管。另一方面，水业的特性需要专业的管理手段。在荷兰这样的矛盾得到比较好的解决，诸如Vitens这样的有限责任公司的运作遵循商业法规，这些法规要求供水公司必须有市政参股，通过这些股权政府可以监督Vitens的服务和收费。

这样的股权安排使得董事会的决策更合理。商业法规规定了这样的股权安排方式，也保证监事会行使他们的权力。同样这种商业法规也给予董事会自主决策的权力，以保证公司的日常运营不受外界的干扰。在核定预算和政策许可的范围内，董事会在人事、运营以及组织架构上有着自主权。

Vitens已经形成了理想中的公司模式：

1. 使命

作为一家领先的供水企业，Vitens基于合理的商业原则运营，有着良好的社会责任感，希望同规范的优秀企业合作，期待顾客、公众、员工的认同。

2. 核心价值观

生活中，水不可或缺。Vitens有良好的责任感，并遵循Vitens的核心价值观来运营企业。

(1) 诚信可靠　致力于对产品服务高品质的追求并坚守商业诚信。

(2) 开放　坦诚地展现自身，明确立场。

(3) 尊重　尊重投资者的利益。

(4) 积极上进　充满激情地为成为行业领先企业而努力。

3. 经营战略

Vitens的经营战略是致力于理想的经营成果，这就意味着以可接受的低成本提供优质的服务。荷兰供水企业的服务和成本的级别是根据荷兰平均水平为基准来衡量的。现代化的信息系统为扩大企业规模提供了途径，而扩大经营的一个手段就是兼并其他的供水企业，但这需要建立良好的商誉。

8.7.3 市场导向

Vitens 在四个不同的市场运作：

1. 直饮水

Vitens 的核心业务是生产和供应优质直饮水。2003 年的直饮水的营业额是 2 700 000 000 欧元（3 640 000 000 美元），这是企业的支柱产业，几十年来一直是企业稳定现金流的保证。在直饮水市场上企业的目标是培养更多的消费群，达到这一目标的惟一途径是兼并收购其他的荷兰直饮水企业，这样可以获得更大的规模效益。

为了扩大经营、拓展业务，企业还需运作直饮水外的市场。

2. 自由市场的商业咨询

为诸如食品和啤酒等行业的大客户提供定制的工业用水解决方案。这在营业额中所占比重并不大，但是在企业的整个业务范围中却融合得很好。

3. 全球水业市场

为了促进全球直饮水的供应在发展中国家为国际项目（如联合国的千年发展计划）提供有用的专业支持。Vitens 没有投资海外基本建设工程，这样把国际业务中的风险控制在咨询、技术援助和合同管理以内。

4. 水业及环保综合业务

Vitens 在服务区域内建立一个完整的供应链，整合供水、市政污水管网设施和污水处理平台，那么提供优质的服务、减少环境污染和为客户控制成本的目标在一个专业的企业中就能够完成。

在荷兰，与水相关的活动由三个不同的实体分工合作。下图说明了荷兰目前的水业运作模式。Vitens 负责生产和运送直饮水，市政和水务部负责排水设施和污水处理。这三个实体的深入合作将会带来财务上的多赢。

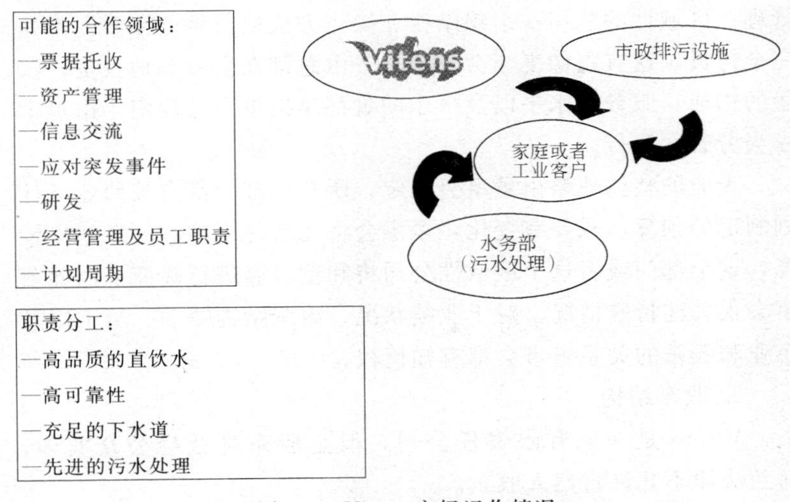

图 8-3　Vitens 市场运作情况

水业中深入合作的优点在于：

（1）污水处理及减少污染的综合解决方案增强了水系统的可持续性。

（2）业务的合作降低了社会成本。

（3）为客户提供更周到的服务。

8.7.4　管理模式和股东结构

1. 管理模式

Vitens 想要成为一个结构尽可能简单的组织，各部门的角色非常清晰，这样会使得原料和操作工艺的标准化；同样为了效益最大化，各部门之间的合作的过程也必须标准化。

Vitens 选择了一种特殊的模式在其服务的领域实施标准化

作业，它的业务覆盖3个省，具体的运作、管网设施维护以及重建或安装新的管网由所在省的区域性公司完成，总公司负责这种模式的设计、起草和培训，投资的分配权限也在总公司。这样清晰的分工使得首要的工艺流程更加专注于效率、标准化以及应变管理。区域性的公司在组织结构、操作方法以及生产原料上都是完全拷贝，这有点像麦当劳理念——由总部在世界各地投资，汉堡的构成、服务的水平以及可乐的量都是按事先的规定，由每个麦当劳餐厅执行。

企业的整体战略由董事会制定，所有的部门都有按照业务计划制定的预算，只要有变化，董事会将无条件干涉。一旦超出预算，这个部门或者这个区域性公司将和董事会进行磋商，因此董事会很关注特殊情况。对于业绩状况、组织结构变动、员工以及企业和股东的关系董事会都有知情权。

2. 股东结构

Vitens是一家有限责任公司，但是股东是社会公众实体，荷兰法律不允许自然人股东。

Vitens的股东如下：

NUON*	36.1%
上艾瑟尔省	31.2%
省政府	8.3%
地方政府（29）	22.9%
格尔德兰省	32.7%
省政府	8.7%
地方政府（53）	24.0%

* NUON占有36.1%的股份成为Vitens的第一大股东，但NUON也同样被省及地方政府所拥有。

8.7.5 组织架构及各部门职责

1. 组织架构

Vitens 的组织架构如下图 8-4 所示：

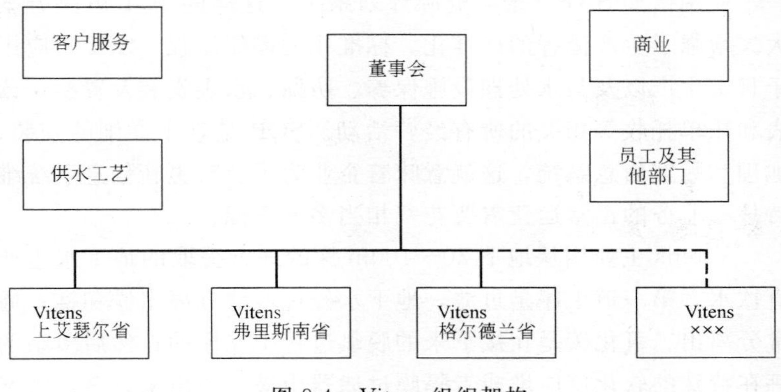

图 8-4　Vitens 组织架构

经理人员的职责根据组织架构区分，经理人员只对他们所管辖的范围负责。

2. 各部门职责

（1）董事会

董事会最终对整个企业、监事会以及股东负责。董事会根据对整个水业环境的分析决定企业战略和目标，并保证其最终实现。

董事会由监事会指定，监事会代表股东监督公司董事以及公司制度的执行。每个财年董事会都要像监事会和股东递交财务报告，年度报告和重大决策（如投资计划、中长期财务计划等）需要得到股东的认可，监事会的成员由股东提名。在 Vitens 监事会由 13 个成员组成：9 个是省和地方政府的代表，4 个是具有丰富商业经验的个人（这 4 个人中又有一个由工会提名的）。

（2）业务运作

Vitens 的生产、净化以及直饮水的配送业务在 3 个区域性的分公司进行，这几个区域公司高效运转，他们运用一致的标准化工艺和原材料。如果 Vitens 会在荷兰其他地区成立新的区域性公司拓展业务的话，新的公司也会采用相同的组织架构融入到

Vitens 特有的管理模式中。

使用诸如 SAP（企业资源计划系统）这样的 ICT 解决方案大大增强了生产流程的标准化。标准化的操作流程（SOP）应用于日常生产以及与水处理设施保养、防漏、水表安装及置换、读表和账单托收等相关的所有经营活动。SOP 是基于详细的安装、地理和顾客信息系统，这就意味着企业为了及时更新信息系统维持核心业务的正常运营需要花费相当多的资源。

Vitens 主要用从地下 20～100m 深的地方提取的地下水生产直饮水。第一道工序是过滤，地下水经过沙滤分离出铁和锰；通常分离出二氧化碳是在接下来的脱氧过程中完成的；然后多余的钙在特殊的软化反应堆或者隔膜过滤器中被分离出来，多数情况下还有一些使用活性炭、紫外线或者臭氧的附加步骤，这些处理步骤依据地区的不同而有所变化。生产出的直饮水被储存在蓄水池中，根据需求的变动供应直饮水。直饮水生产流程图如下图 8-5 所示：

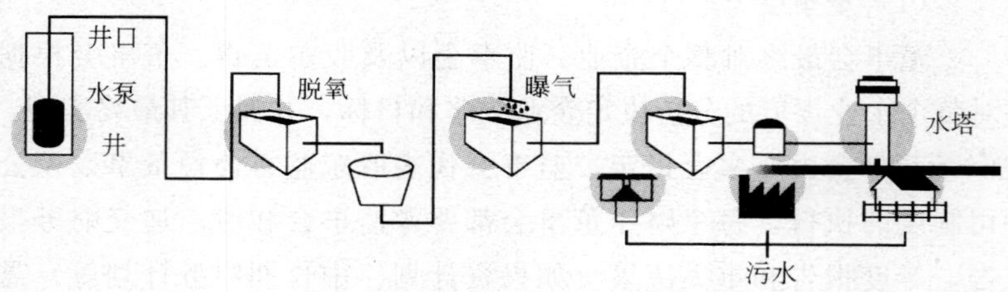

图 8-5　Vitens 直饮水生产流程图

（3）客服部门

客服部门负责搞好与客户的关系。读表、账单以及客户地址的变动等都有合同规定，当客户由于配送的原因断水或者对水的质量有疑问的时候，他们可以打电话给客服部门。总共有 1 600 000个家用水龙头安装了水表，根据这个地区的水质每个 6～10 年更换一次水表，水损失率控制在 5%以下。

（4）研发

研发部门负责所有阶段的水质监控，包括未加工的水、已经处理过得水还有客户水龙头流出的水。Vitens 供应的水的品质是世界领先的，为了保证水质，研发部门每天从水井、生产环节、水网管线以及客户的水龙头中提取数百份水样进行化验分析，这样就保证了 Vitens 的水符合水供应法案和水法中对 288 个参数所规定的标准，这样也满足直饮水对色、味、硬度以及卫生的要求。一旦有所背离这些规定，就需要咨询卫生部的巡视员，这些巡视员也监督水质控制过程。

(5) 工艺技术部门

Vitens 的供水工艺技术部门包括工程部、资产管理部、研发部以及技术等部门，他们根据各地区设备运营状况、对消费模式的预期以及水源的可靠性做出投资计划提案，然后把提案递交董事会和监事会讨论通过。投资计划提案的重点是财务测算，融资的渠道有固定资产提取的折旧、提取的盈余公积金以及商业贷款。

Vitens 的供水工艺技术部门还负责推动创新、标准化作业和为各个区域公司提供有针对性的支持。

(6) 后勤部门

后勤部门（包括财务、人力资源及交流部门）提供不可或缺的管理信息，为董事会推动企业业绩增长提供支持。采购部门和设备设施部门保障各个区域公司得到所需的资源。

8.7.6 计划编制、控制及企业管理

1. 计划编制和控制

计划编制和控制周期是从长期战略到一年的计划。每一年的计划都在有效的监控下执行，执行的结果反馈到长期计划和以后年度的预算中，同样也会影响到投资计划的编制。

(1) 长期战略

经理层制定企业的长期战略，并在商业计划中每 4 年更新一

次，但是每个部门的预算应每年编制。

(2) 预算编制

部门经理准备预算草案，这种预算草案必须包括符合企业长期战略的业务计划部分。

各部门的预算草案必须要得到董事会的认可，Vitens 各部门的合并预算则需监事会认可。

(3) 中期财务报告

为了监督预算的执行情况，要求每年向董事会报送 4 次中期财务报告（季报）。这种中期报告必须包括对本部门完成全年任务的预期。

(4) 年度财务报告

年度终了要提交一份年度财务报告和一份综合报告，在报告中对年度的经营成果和计划进行对比，提出背离计划的地方应在今后注意。年度财务报告需要得到监事会的认可。

(5) 反馈

每月董事会和部门经理都要讨论，交流意见和建议。

2. 绩效管理

近年来，Vitens 企业文化的一个主要的变迁是从行政式的领导向绩效管理和客户服务转变。绩效管理系统明确了各项工作都要符合企业目标，并把员工的发展和企业的目标联系起来，保证优质高效的业绩获得适当的回报。与所有的高级经理签订业绩激励合同，这相当大地增强了绩效管理系统。公司的业绩卡片被细化为部门业绩卡片，这样使管理层以及员工个人更广阔的前途与企业的业绩目标也联系在一起了，大家都明确了自己在企业中的角色并为实现整个组织的目标做出自己的贡献。

3. 企业管理

Vitens 引入了荷兰企业管理制度，注重风险管理和内部控制。

(1) 风险管理

Vitens 已经建立了风险管理制度，这一制度包含识别和评估商业风险。通过分析风险的本质、可能造成的影响、风险发生的概率、有效的风险控制以及需要改进的地方等来评价企业所面临的所有风险（包括战略、财务、运营、技术以及诉讼风险等）。

（2）内部控制

Vitens 已经按照荷兰企业管理法案建立起内部控制职能部门，内控部门对企业的所有部门（包括业务部门、操作部门和后勤部门）发表独立意见。内控部门的报告直接递交给董事长和监事会的审计委员会。根据董事会确认的高风险的地方，内控部门在 3 年审计计划上轮回一次。内控部门负责内部控制的有效性。

参 考 文 献

1 荷兰政府赠款项目．示范项目之项目可行性研究报告
2 毕星．项目管理．上海：复旦大学出版社
3 美国项目管理学会．项目管理知识体系指南，2004
4 王雪清．国际工程项目管理．北京：中国建筑工业出版社
5 Jack Gido．成功的项目管理．北京：机械工业出版社
6 The World Bank．STANDARD REQUEST FOR PROPOSALS
7 马秀岩．项目融资．大连：东北财经大学出版社
8 赵国杰．工程经济与项目评价．天津：天津大学出版社
9 国家计划委员会．建设项目经济评价方法与参数．北京：中国计划出版社
10 詹姆斯．管理经济学．辽宁：辽宁大学出版社
11 萨缪尔森．经济学．北京：北京经济学院出版社